# 美白化妆品配方与制备

MEIBAI HUAZHUANGPIN PEIFANG YU ZHIBEI

李东光　主编

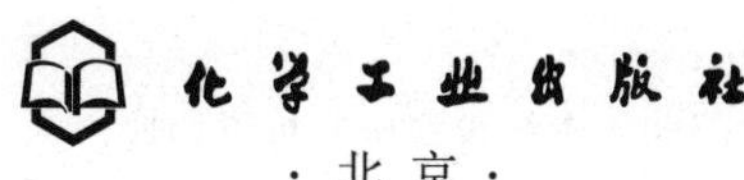


·北京·

## 内容简介

本书针对美白霜、美白乳、美白精华液、美白面膜等类型的181种配方进行了详细介绍，包括原料配比、制备方法、原料介绍、产品应用、产品特性等内容，简明扼要、实用性强。

本书适合从事化妆品生产、研发的人员使用，也可供精细化工等相关专业师生参考。

**图书在版编目（CIP）数据**

美白化妆品配方与制备/李东光主编．—北京：化学工业出版社，2020.2

ISBN 978-7-122-35677-2

Ⅰ．①美…　Ⅱ．①李…　Ⅲ．①化妆品-配方②化妆品-制备　Ⅳ．①TQ658

中国版本图书馆CIP数据核字（2020）第026809号

责任编辑：张　艳　刘　军　　文字编辑：陈　雨

责任校对：赵懿桐　　装帧设计：王晓宇

出版发行：化学工业出版社（北京市东城区青年湖南街13号　邮政编码100011）

印　　装：三河市延风印装有限公司

710mm×1000mm　1/16　印张12¼　字数255千字　2020年11月北京第1版第1次印刷

购书咨询：010-64518888　　售后服务：010-64518899

网　　址：http://www.cip.com.cn

凡购买本书，如有缺损质量问题，本社销售中心负责调换。

**定　　价：68.00元**

# 前言

光洁、白皙、红润的皮肤一直是东方女性所追求的。 随着人民生活水平的不断提高以及科学技术的日新月异，人们对化妆品的需求从过去的单一护理型向现代功能型转化。 尤其近年来随着生活、工作节奏的不断加快，以及由于污染而引起的环境和臭氧层的破坏，使得因黑色素形成酶引起的代谢紊乱所导致患有各种黑色斑症状人群增多。 正鉴于此，美白化妆品成为近年来化妆品领域较热门的一种功能性化妆品。

我国美白化妆品有着悠久的历史，东方女性历来崇尚“肤如雪，凝如脂”的美白效果。 近几年来，国内美白、祛斑产品市场发展十分迅速，此类产品成为护肤品的主流产品之一。

当代女性追求肌肤更深层次的生理性变化，追求整体皮肤的白皙，色斑的淡化、祛除，并设法防止色素沉着的产生。 对美白、祛斑产品的要求是安全、温和、有效，要求产品的品质更高，更具科技先进性，品牌更具知名度。

美白化妆品主要分为以下几类。

（1）美白精华素和乳霜：美白精华素和美白乳霜是肌肤最好的美白营养品。 用美白类清洁用品把脸部肌肤“打扫”干净后，就是补充美白养分的最佳时机。 完整的滋养过程包含了美白精华液、美白眼霜、美白乳液以及美白晚霜的使用。

（2）美白面膜：面膜是肌肤的超级保养品，美白面膜效果甚佳，可以在短时间内为肌肤提供充足的营养成分，通过超强渗透能力使肌肤达到理想状态。 面膜的密封覆盖形式，使肌肤表面的温度升高，从而令毛孔张开，使美白成分迅速被吸收。

（3）美白化妆水：美白化妆水可以有效地为皮肤补充水分，因为内部含有大量的透明质酸等高效补水成分，所以外观为稍显黏稠的乳液。

近年来，国内外美白化妆品技术发展日新月异，新配方、新产品层出不穷。 为满足有关单位技术人员的需要，我们编写了本书，涵盖了美白霜、美白乳、美白精华液、美白面膜四类美白化妆品，共收集化妆品新品种 181 个，在介绍配方的同时，详细介绍了制备方法、原料及产品特性等。 本书可作为从事化妆品科研、生产、销售人员的参考读物。

本书的配方以质量份表示，在配方中有注明以体积份表示的情况下，需注意质量份与体积份的对应关系。例如质量份以 g 为单位时，对应的体积份单位是 mL；质量份以 kg 为单位时，对应的体积份单位是 L，以此类推。

本书由李东光主编，参加编写的还有翟怀凤、李桂芝、吴宪民、吴慧芳、邢胜利、蒋永波、李嘉等。由于编者水平有限，书中不妥之处在所难免，敬请广大读者提出宝贵意见。主编的 E-mail 为 ldguang@163.com。

**主编**

**2020 年 5 月**

# 目录

## 二、美白乳　/072

# 一、美白霜

## 配方1 茶多酚美白淡斑霜

**〈原料配比〉**

| 原　料 | 配比(质量份) |
|---|---|
| 水 | 56.6 |
| 乙酰化羊毛脂 | 3 |
| 丁二醇 | 5 |
| 鲸蜡硬脂醇 | 0.8 |
| 甘油硬脂酸酯 | 1 |
| 环五聚二甲基硅氧烷 | 3 |
| 抗坏血酸磷酸酯镁 | 2 |
| 甜菜碱 | 2 |
| 尿囊素 | 0.3 |
| 维生素E | 0.5 |
| 小麦胚芽油 | 2 |
| 卵磷脂 | 0.5 |
| 燕麦蛋白提取物 | 1 |
| 甘草提取物 | 2 |
| 葡萄籽提取物 | 1 |
| 番石榴果提取物 | 5 |
| β-葡聚糖 | 3 |
| 咪唑烷基脲 | 0.1 |
| 茶多酚 | 5 |
| 山柰提取物 | 5 |
| 透明质酸钠 | 0.05～1.5 |
| 重组人表皮生长因子(EGF) | 0.05～0.15 |

**〈制备方法〉** 将各组分原料混合均匀即可。

**〈产品应用〉** 本品是一种茶多酚美白淡斑霜。

**〈产品特性〉** 本品充分利用了茶多酚的消毒、灭菌、抗皮肤老化、减少日光中的紫外线辐射对皮肤的损伤等功效。茶多酚还能够阻挡紫外线和清除紫外线诱导的

自由基，从而保护黑色素细胞的正常功能，抑制黑色素的形成。同时茶多酚还能对脂质氧化产生抑制作用，减轻黑色素沉着。由于茶多酚是从茶叶中提取的纯天然植物精华，对人体无害，可以长期使用，无任何毒副作用，不会产生依赖，是一种安全有效、值得推广应用的产品。

## 配方 2 茶多酚美白祛痘霜

**原料配比**

| 原　　料 | 配比(质量份) |
|---|---|
| 水 | 57.83 |
| 乙酰化羊毛脂 | 3 |
| 棕榈酸异己酯 | 3 |
| 丙二醇 | 5 |
| 甘油 | 3 |
| 鲸蜡硬脂醇 | 0.8 |
| 甘油硬脂酸酯 | 1 |
| 十六烷基葡糖苷 | 2 |
| 微晶蜡 | 0.3 |
| 番石榴果提取物 | 5 |
| 黄檗提取物 | 2 |
| 茶多酚 | 3 |
| 山柰提取物 | 3 |
| 冰片 | 0.02 |
| 红没药醇 | 0.3 |
| 尿囊素 | 0.3 |
| 黄原胶 | 0.15 |
| 咪唑烷基脲 | 0.1 |

**制备方法** 将各组分原料混合均匀即可。

**产品应用** 本品是一种茶多酚美白祛痘霜。

**产品特性** 本品充分利用茶多酚、山柰提取物的消毒、灭菌、抗皮肤老化、减少日光中的紫外线辐射对皮肤的损伤等功效。茶多酚还能够阻挡紫外线和清除紫外线诱导的自由基，从而保护黑色素细胞的正常功能，抑制黑色素的形成。同时茶多酚还能对脂质氧化产生抑制作用，减轻黑色素沉着。

## 配方 3 茶树精油美白霜

**原料配比**

| 原　　料 | 配比(质量份) | | |
|---|---|---|---|
| | 1# | 2# | 3# |
| 茶树精油 | 0.1 | 0.1 | 0.1 |
| 鲸蜡 | 3 | 3 | 3 |
| 角鲨烷 | 6 | 6 | 6 |

续表

| 原　料 | | 配比(质量份) | | |
|---|---|---|---|---|
| | | 1# | 2# | 3# |
| 聚氧乙烯失水山梨醇月桂酸酯 | | 8 | 8 | 8 |
| 山梨醇 | | 6 | 6 | 6 |
| 十二烷基葡糖苷 | | 2 | 2 | 2 |
| 皮肤美白剂 | 甘草查耳酮 A | 0.1 | — | 0.08 |
| | 毛蕊花糖苷 | — | 0.1 | 0.02 |
| 去离子水 | | 加至 100 | 加至 100 | 加至 100 |

**〈制备方法〉** 将茶树精油、鲸蜡、角鲨烷和聚氧乙烯失水山梨醇月桂酸酯混合而成的油相加热至 70℃；将山梨醇、十二烷基葡糖苷和去离子水混合而成的水相加热至 70℃；在搅拌下将水相加入油相中，冷却至 50℃，加入皮肤美白剂，搅拌冷却至室温，即可制得该茶树精油美白霜。

**〈原料介绍〉** 甘草查耳酮 A 能够抑制酪氨酸酶，又能抑制多巴色素互变酶和 DHICA 氧化酶的活性，有明显的清除自由基和抗氧化作用，是一种快速、高效的美白祛斑化妆品添加剂。毛蕊花糖苷具有抗氧化、美白、抗衰老的作用。将甘草查耳酮 A 和毛蕊花糖苷复配，酪氨酸酶活性抑制率显著提高，美白效果协同增效。

**〈产品应用〉** 本品是一种茶树精油美白霜。

**〈产品特性〉** 本品能够有效消除肌肤上的黑色素，美白肌肤。

## 配方 4　除皱美白霜

**〈原料配比〉**

| 原　料 | 配比(质量份) | |
|---|---|---|
| | 1# | 2# |
| 白及 | 18 | 20 |
| 白蔹 | 15 | 15 |
| 白附子 | 23 | 23 |
| 天花粉 | 25 | 25 |
| 藁本 | 4 | 4 |
| 川芎 | 130 | 130 |
| 半夏 | 7 | 7 |
| 白芷 | 15 | 15 |
| 当归 | 25 | 25 |
| 橘红 | 30 | 30 |
| 益母草 | 10 | 10 |
| 冬瓜仁 | 10 | 10 |
| 酸奶 | 35 | 50 |
| 渗透剂 | 20 | 10 |

**〈制备方法〉** 将白及、白蔹、白附子、天花粉、藁本、川芎、半夏、白芷、当归、橘红、益母草和冬瓜仁粉碎到 75 目左右，然后加入酸奶和渗透剂，搅拌均匀。

**〈产品应用〉** 本品是一种美容用除皱美白霜。

使用方法：除皱美白霜早晚各一次，坚持使用30天，皮肤更加湿润有光泽，更加白皙有弹性。

**〈产品特性〉** 本品原料全部是纯天然药物，无任何毒副作用，制作使用简单方便，使用效果明显，很方便在家里配制。

## 配方5 淡斑美白霜

**〈原料配比〉**

| 原　料 | 配比(质量份) | | |
|---|---|---|---|
| | 1# | 2# | 3# |
| 氨甲环酸 | 4 | 10 | 6 |
| 曲酸 | 3 | 2 | 3 |
| 熊果苷 | 3 | 5 | 4 |
| 维生素C | 3 | 2 | 2 |
| 芦荟 | 1.5 | 2.5 | 2 |
| 果酸AHA | 1.6 | 0.8 | 1.2 |
| 甘草黄酮 | 0.1 | 0.8 | 0.5 |
| *N*-乙酰氨基葡萄糖 | 1.5 | 1 | 1.2 |
| 烟酰胺 | 0.5 | 2 | 1 |
| 观音土 | 4 | 0.5 | 2 |
| 生育酚乙酸酯 | 0.2 | 2 | 1 |
| 纳米二氧化钛 | 1 | 0.2 | 0.8 |
| 埃洛石粉 | 0.5 | 0.8 | 0.6 |
| 升华硫 | 0.2 | 0.1 | 0.1 |
| 炉甘石 | 3 | 5 | 4 |
| 甘油硬脂酸酯 | 5 | 1 | 3 |
| 硬脂酸 | 1 | 3 | 2 |
| 棕榈酸异丙酯 | 8 | 4 | 6 |
| 氢化霍霍巴油 | 3 | 10 | 6 |
| 三乙醇胺 | 0.5 | 0.1 | 0.3 |
| 甜菜碱 | 0.5 | 3 | 1.5 |
| 甘油 | 8 | 0.5 | 4 |
| 丙二醇 | 1 | 10 | 5 |
| 甘草酸二钾 | 0.5 | 0.1 | 0.3 |
| 香精 | 1 | 0.1 | 0.5 |
| 凡士林 | 10 | 15 | 12 |
| 去离子水 | 20 | 30 | 25 |

**〈制备方法〉** 按照上述质量份配比分别称取原料，将称取的原料置于反应釜内，于80～90℃搅拌混合均匀，冷却至室温，即制得淡斑美白霜。

**〈产品应用〉** 本品是一种安全性高、效果较好、性能稳定且能够加速黑色素代谢排出的淡斑美白霜。

使用方法：早晚使用，取适量涂抹于面部，可在有斑部位重点涂抹，轻轻按摩至吸收。

**〈产品特性〉**

(1) 本品有效加速了黑色素新陈代谢排出，能够持久淡斑美白，实现了人们对淡斑美白化妆品安全性高、效果好且稳定的要求。

(2) 本品对于雀斑、痤疮、粉刺、黑头、黄褐斑、枯黄黑脸、太阳斑等症状有极佳的淡化效果，且有较好的美白功能。

## 配方 6　淡斑美白霜化妆品

**〈原料配比〉**

| 原料 | | 配比(质量份) | | |
|---|---|---|---|---|
| | | 1# | 2# | 3# |
| 主体淡斑美白组分 | | 0.2 | 4 | 6 |
| 辅助淡斑美白组分 | | 0.91 | 3.58 | 6.15 |
| 油相组分 | | 12.0 | 24 | 35 |
| 水相组分 | | 86.69 | 67.62 | 51.35 |
| 增稠稳定组分 | | 0.1 | 0.3 | 0.5 |
| 助剂组分 | | 0.1 | 0.5 | 1 |
| 主体淡斑美白组分 | 4-甲氧基水杨酸钾盐 | 0.1 | 2 | 3 |
| | 传明酸 | 0.1 | 2 | 3 |
| 辅助淡斑美白组分 | 透明质酸钠 | 0.01 | 0.08 | 0.15 |
| | 烟酰胺 | 0.5 | 1.8 | 3 |
| | 超细钛白粉 | 0.2 | 0.6 | 1 |
| | 生育酚乙酸酯 | 0.2 | 1.1 | 2 |
| 油相组分 | 山梨醇酐单硬脂酸酯 | 1 | 2 | 3 |
| | PEG-60 失水山梨醇硬脂酸酯 | 1 | 2 | 3 |
| | 甘油硬脂酸酯 | 1 | 3 | 5 |
| | 硬脂酸 | 1 | 2 | 3 |
| | 棕榈酸异丙酯 | 4 | 6 | 8 |
| | 氢化霍霍巴油 | 3 | 7 | 10 |
| | 牛油果树果脂 | 1 | 2 | 3 |
| 水相组分 | 三乙醇胺 | 0.5 | 0.3 | 0.1 |
| | 甜菜碱 | 3 | 1.8 | 0.5 |
| | 甘油 | 8 | 4.2 | 0.5 |
| | 丙二醇 | 10 | 5 | 1 |
| | 甘草酸二钾 | 0.5 | 0.3 | 0.1 |
| | 水 | 64.69 | 56.02 | 49.15 |
| 增稠稳定组分 | 卡波姆 | 0.1 | 0.3 | 0.5 |
| 助剂组分 | 香精 | 0.1 | 0.5 | 0.6 |
| | 防腐剂 | — | — | 0.4 |

**〈制备方法〉**

(1) 将油相升温到 70～90℃，保温到 70～80℃，再加入主体淡斑美白组分和辅

助淡斑美白组分，搅拌均匀；

（2）将水相升温到70～90℃，保温到70～80℃，再加入增稠稳定组分，搅拌均匀；

（3）先将油相抽入真空乳化锅，再缓缓抽入水相，混合，均质5～10min，保温搅拌5～15min，抽真空降温；

（4）55～65℃时，均质2～3min，继续抽真空降温，搅拌均匀；

（5）35～45℃时加入助剂，搅拌均匀，理化指标检验合格后，即可。

**〈产品应用〉** 本品主要对于雀斑、痤疮、粉刺、黑头、黄褐斑、枯黄黑脸、太阳斑等症状有极佳的淡化效果，且有较好的美白功效。

使用方法：早晚使用，取适量涂抹于面部，可在有斑部位重点涂抹，轻轻按摩至吸收。

**〈产品特性〉**

（1）本品安全有效，没有违禁成分添加，一周能见美白效果，两周有明显淡斑效果，连续用两个月能巩固美白、淡斑的效果。

（2）具有抑制黑色素的生成、防止黑色素聚集、防治因日晒而生成的色斑和雀斑的效果。

（3）本品能加速黑色素新陈代谢排出，持久淡斑美白，实现了人们对淡斑美白化妆品安全性高、效果好且稳定的要求。

## 配方7 多效修复美白霜

**〈原料配比〉**

| 原料 | 配比(质量份) | | |
|---|---|---|---|
| | 1# | 2# | 3# |
| 氧化锌 | 6 | 8 | 7 |
| 超细二氧化钛 | 6 | 8 | 7 |
| 卵磷脂 | 10 | 12 | 11 |
| 乙氧基丙酸酯 | 18 | 20 | 19 |
| 羽扇豆蛋白 | 16 | 20 | 18 |
| 维生素B | 3 | 5 | 4 |
| 维生素原$B_5$ | 2 | 4 | 3 |
| 乙二酸二乙酯 | 4 | 8 | 6 |
| 磷酸酯 | 10 | 12 | 11 |
| 去离子水 | 30 | 40 | 35 |
| 乳木果油 | 25 | 45 | 35 |

**〈制备方法〉** 先将氧化锌、超细二氧化钛、卵磷脂、乙氧基丙酸酯、维生素B、维生素原$B_5$加入去离子水中，充分混合均匀，然后加入羽扇豆蛋白、乙二酸二乙酯、磷酸酯和乳木果油，用搅拌机充分搅拌溶解即可。

**〈产品应用〉** 本品是一种多效修复美白霜。

**〈产品特性〉** 本产品不但具备了美白霜的美白效果，同时还具有保湿、修复、润肤的效果。

## 配方 8 复合植物美白防晒霜

**〈原料配比〉**

| 原料 | | 配比(质量份) | | |
|---|---|---|---|---|
| | | 1# | 2# | 3# |
| A液 | 粉末状蜂胶 | 100 | 100 | 100 |
| | 乙醇 | 500(体积) | 500(体积) | 500(体积) |
| B液 | 甘草黄酮 | 25 | 20 | 28 |
| | 去离子水 | 100(体积) | 100(体积) | 100(体积) |
| 复合精油 | 槐花精油 | 14 | 16 | 12 |
| | 姜黄精油 | 14 | 12 | 16 |
| | A液 | 4 | 2 | 5 |
| | B液 | 22 | 20 | 25 |
| | 氢化蓖麻油 | 46 | 50 | 42 |
| 卡波姆 | | 0.1 | 0.1 | 0.15 |
| 去离子水 | | 28 | 25 | 30 |
| 复合精油 | | 40 | 42 | 38 |
| 蜂蜡 | | 8 | 6 | 7 |
| 丝素蛋白 | | 4 | 4 | 6 |
| 甘油 | | 2 | 3 | 4 |
| EM-90 乳化剂 | | 18 | 20 | 15 |

**〈制备方法〉**

(1) A液配制：将蜂胶放入低温冰箱冷冻数小时，取出后立即进行粉碎，制成粉末，将粉末状蜂胶浸泡在乙醇中，搅拌溶解，放置48h，溶液达到饱和，取上清液为A液，备用；

(2) B液配制：将甘草黄酮溶解在去离子水中，配成含甘草黄酮为0.2～0.28g/mL的水溶液，得到B液，备用；

(3) 复合精油配制：在反应器中，将各组分加热至(80±2)℃，恒温高速搅拌混为一体，冷至室温，得到复合精油；

(4) 复合植物美白防晒霜制备：在反应器中，依次将卡波姆加入去离子水溶解后，再加入复合精油、蜂蜡、丝素蛋白、甘油、EM-90乳化剂，搅拌混匀，加入三乙醇胺，调节pH值为7.0左右，温度在(65±3)℃时，高速搅拌混为一体，再将温度升至(78±2)℃，恒温4h，冷至室温，放置一周，得到复合植物美白防晒霜，分装入容器中。

**〈产品应用〉** 本品是一种具有良好的防晒、美白、润肤效果的复合植物美白防晒霜。

**〈产品特性〉**

(1) 本产品采用天然植物提取的槐花精油、姜黄精油、甘草黄酮、蜂胶为主要成分，这些天然物质由于其所含组分具有共轭结构，在紫外区有明显的吸收，不含有化学防晒剂，绿色环保，安全无毒，对皮肤无刺激。

(2) 本产品使用时可直接涂抹在人体皮肤上。天然精油组合物散发出自然清香味，同时还添加了含有多种氨基酸的丝素蛋白，具有抑菌、润肤等作用，使用方便。

(3) 本产品由于添加了含有黄酮类化合物的蜂胶、酸、醇、酚、醛、酯、醚类以及烯、萜、甾类化合物和多种氨基酸、脂肪酸、酶类、维生素、多种微量元素和植物精油，具有缓释、润肤作用，使其防晒保留时间长，持续时间在10～12h。

## 配方9 含红景天提取物和活性多肽组合的美白祛斑化妆品

**〈原料配比〉**

| 原料 | | 配比(质量份) | | |
|---|---|---|---|---|
| | | 1# | 2# | 3# |
| 红景天提取物 | | 0.5 | 0.01 | 0.5 |
| 活性多肽组合 | | 10 | 1 | 10 |
| 化妆品辅料基质 | | 89.5 | 98.99 | 89.5 |
| 活性多肽组合 | 水 | 79.2 | 93.37 | 91 |
| | 甘油 | 8 | 2 | 3 |
| | 1,2-戊二醇 | 6 | 3 | 3 |
| | 辛甘醇 | 1 | 0.5 | 0.5 |
| | 焦谷氨酸钠 | 5 | 1 | 2 |
| | 九肽-1 | 0.1 | 0.01 | 0.05 |
| | 十肽-12 | 0.1 | 0.01 | 0.05 |
| | 肌肽 | 0.5 | 0.1 | 0.3 |
| | 四肽-30 | 0.1 | 0.01 | 0.1 |

**〈制备方法〉**

(1) 油相的调制：把油相组分加于烧杯内，再用搅拌器以200～300r/min的转速搅拌10～15min后，可见油相组分溶解均匀。

(2) 水相的调制：把亲水性成分如红景天提取物、多元醇、保湿剂、增稠剂等加入去离子水中，用搅拌器以300～400r/min的转速搅拌10～15min后，可见水相组分溶解均匀。

(3) 乳化：将溶解均匀的水相和油相混合后，用搅拌器以300～400r/min的转速搅拌3～5min后，用均质器以2000r/min的速度均质1～2min。

(4) 用pH调节剂调节pH值至5.5～6.5，然后加入活性多肽组合、香精，搅拌均匀后，出料，即得产品。

**〈产品应用〉** 本品是一种含红景天提取物和活性多肽组合的美白祛斑化妆品。

**〈产品特性〉**

(1) 本产品能抑制酪氨酸酶合成，从而有效地减少黑色素的产生，可通过减少酪氨酸酶的数量和抑制黑色素细胞激活而提亮皮肤；

(2) 本产品无过敏、刺激和发红等情况，并且适用于各种肤色的皮肤。

## 配方 10 含植物精华液的美白祛斑化妆品

**〈原料配比〉**

| 原料 | 配比(质量份) | | | | | |
|---|---|---|---|---|---|---|
| | 1# | 2# | 3# | 4# | 5# | 6# |
| 植物精华液 | 100 | 100 | 100 | 100 | 100 | 100 |
| 乙醇 | 96 | 96.5 | 97 | 98 | 97.5 | 97.8 |
| 甲基纤维素 | 73 | 81 | 80 | 82 | 79 | 80.5 |
| 透明质酸钠溶液 | 60 | 61 | 63 | 75 | 70 | 73 |
| 乙酸 | 38 | 42 | 39 | 43 | 42 | 41 |
| 氨基酸液 | 37 | 38 | 41 | 42 | 39 | 40 |
| 碳酸钠 | 4 | 4.05 | 4.15 | 4.2 | 4.1 | 4.18 |
| 碳酸钾 | 0.3 | 0.45 | 0.35 | 0.5 | 0.38 | 0.48 |
| 氯化钠 | 2 | 2.5 | 2.8 | 3.2 | 3.1 | 3.0 |
| 丙三醇 | 4 | 4.0 | 4.4 | 4.5 | 4.3 | 4.2 |
| 维生素 | 0.05 | 0.06 | 0.09 | 0.15 | 0.10 | 0.12 |

**〈制备方法〉**

(1) 按照上述比例将甲基纤维素、透明质酸钠溶液、植物精华液依次导入加热容器中，搅拌均匀，使之混合；

(2) 将上述混合溶液加热至80～92℃；

(3) 将氨基酸液、碳酸钠、碳酸钾、乙醇、氯化钠、乙酸、丙三醇、维生素搅拌混合；

(4) 在上述步骤 (2) 中加热后的混合溶液中加入上述步骤 (3) 的混合物，搅拌；

(5) 根据调制过程需要，适当加离子水，最终调制成稠糊状。

**〈产品应用〉** 本品主要用于祛除脸部、手部等处的色斑，美白皮肤。

使用时，清洗干净需要涂抹的部位，将本化妆品均匀地涂抹在色斑或患处，早晚两次。

**〈产品特性〉** 本产品能够给皮肤组织增加营养，可祛除皮肤黑色素，增加皮肤弹性，减少皮肤皱纹，特别对消除雀斑、色素痣、咖啡斑、黄褐斑、蜘蛛斑、黑痣、黑眼圈、老年疣引起的色素沉积、老年皮脂增生具有独特的疗效，对杀灭各种细菌、真菌、病毒具有一定作用，能够起到消炎、止痒的作用。本产品可美白皮肤、消除皮肤皱纹、紧致皮肤，还能够消除人体色斑，特别是外露部位的色斑。

# 配方 11 含六肽-2 的美白霜

**原料配比**

| 原料 | | 配比(质量份) | | | | |
|---|---|---|---|---|---|---|
| | | 1# | 2# | 3# | 4# | 5# |
| 六肽-2 | | 35 | 50 | 40 | 30 | 45 |
| 多甲氧基黄酮 | | 10 | 5 | 15 | 4 | 12 |
| 1,3-丁二醇 | | 15 | 10 | 20 | 25 | 20 |
| 硫酸角质素 | | 10 | 8 | 12 | 13 | 10 |
| 抗坏血酸 | | 8 | 5 | 15 | 4 | 4 |
| 防腐剂 | 羟苯甲酯 | 6 | — | — | 3 | — |
| | 羟苯丙酯 | — | 4 | — | — | — |
| | 氯苯甘醚 | — | — | 3 | 5 | — |
| | 辛酰羟肟酸 | — | — | — | — | 2 |
| 填充剂 | 甘露醇 | 5 | — | — | — | — |
| | 乳糖 | — | 7 | — | — | 3 |
| | 蔗糖 | — | — | 10 | 3 | — |
| | 明胶 | — | — | — | — | 3 |
| 去离子水 | | 加至 100 | 加至 100 | 加至 100 | 加至 100 | 加至 100 |

**制备方法**

(1) 将部分去离子水、六肽-2 和硫酸角质素混合，升温至 35～55℃，搅拌均匀，得第一混合溶液；

(2) 将 1,3-丁二醇加入上述第一混合溶液中，搅拌至溶解均匀，得第二混合溶液；

(3) 称取余下部分的水、多甲氧基黄酮、抗坏血酸、防腐剂、填充剂，溶解均匀，得含六肽-2 的美白霜。

**产品应用** 本品用于美白皮肤、防止皮肤老化、增加皮肤弹性或修复受损皮肤。

**产品特性** 本产品将六肽-2、硫酸角质素和抗坏血酸有效结合，可解决现有美白霜的不稳定、具有刺激性等缺陷，深度供给营养，促进细胞再生及改善肌肤纹理，从而使美白真正做到安全有效。

# 配方 12 含人参和鹿茸的美白霜

**原料配比**

| 原料 | | 配比(质量份) |
|---|---|---|
| A 组分 | 十六醇 | 7 |
| | 橄榄油 | 3 |
| | 硬脂酸 | 2 |

续表

| 原　　料 | | 配比(质量份) |
|---|---|---|
| A组分 | 角鲨烷 | 0.25 |
| | 单硬脂酸甘油酯 | 1 |
| | 吐温-80 | 2.1 |
| B组分 | 人参提取物 | 7 |
| | 鹿茸提取物 | 5 |
| | 甘油 | 9 |
| C组分 | 精油 | 1.5 |
| | 去离子水 | 加至100 |

**〈制备方法〉**

(1) 将A组分原料加热到83℃后搅拌，使其溶解完全，搅拌均匀；

(2) 将B组分原料溶于去离子中，加热至83℃搅拌均匀；

(3) 将步骤(1)中的物质加入(2)中的物质中，1000r/min乳化40min；

(4) 将步骤(3)中的物质加精油并冷却至室温即可。

**〈产品应用〉** 本品是一种含有人参提取物和鹿茸胶原多肽的美白霜化妆品，对皮肤具有良好的美白功效。

**〈产品特性〉** 本产品具有抑制酪氨酸酶活性、抗自由基及保湿的作用，能够有效地抑制黑色素的生成，缓解皮肤发暗、黄褐斑、皱纹增多，滋润肌肤等，无毒副作用，皮肤刺激性小，性质稳定，安全可靠。同时，还具有抗炎抑菌等功能，能促进皮肤新陈代谢，改善皮肤的营养与健康状态，具有很好的护肤效果。

## 配方13　含有巴西香可可果提取物的美白保湿滋润霜

**〈原料配比〉**

| 原　　料 | | 配比(质量份) |
|---|---|---|
| 美白保湿活性成分 | 巴西香可可果提取物 | 1.5 |
| | 枸杞多糖 | 1 |
| 化妆品常规成分 | 聚山梨醇60 | 1.5 |
| | 氢化蓖麻油 | 2 |
| | 液体石蜡 | 5 |
| | 角鲨烷 | 2 |
| | 辛酸 | 4 |
| | 甘油 | 5 |
| | 丁二醇 | 3 |
| | 三乙醇胺 | 0.2 |
| | 苯氧乙醇 | 0.02 |
| | 香精 | 0.02 |
| | 去离子水 | 加至100 |

**〈制备方法〉**

(1) 将原料分为以下三组：组一，聚山梨醇60、氢化蓖麻油、液体石蜡、角鲨烷、辛酸；组二，甘油、丁二醇、三乙醇胺、去离子水；组三，巴西香可可果提取物、枸杞多糖、苯氧乙醇、香精。

(2) 将组一所有组分混合后加入油相锅，升温到80～90℃，搅拌均匀，持续时间30min。

(3) 将组二所有组分混合后加入水相锅，升温到80～90℃，搅拌均匀，持续时间30min。

(4) 将步骤(2)、(3)的液体相互混合进行均质乳化，利用均质机进行均质，持续时间30min，乳化后将混合液冷却至45～55℃，加入组三所有组分，搅拌均匀，持续时间30min，最后冷却至室温即得。

**〈原料介绍〉**

所述巴西香可可果提取物的制备方法为：将巴西香可可果粉碎后，加入5～10倍量的体积分数为20%～30%的乙醇溶液中，浸泡4～12h，然后加热回流提取2～4次，每次回流提取时间为1～2h，提取液过滤，滤液经回收乙醇后浓缩成浸膏，加水溶解，用等体积的正己烷萃取至水相呈无色，所得正己烷萃取液经回收溶剂后干燥，即得。

所述枸杞多糖的提取方法为：

(1) 将枸杞加入8～10倍量的水，浸泡，打浆，充分搅拌悬浮果浆，然后静置使枸杞籽自然沉降，从而分离枸杞籽；

(2) 将枸杞果浆置循环超声提取机中进行提取，循环超声提取条件为：温度40～50℃，超声功率为400W，循环转速800～1000r/min，占空比1∶2，超声提取时间1～2h；

(3) 提取结束后，固液分离，上清液采用真空减压进行浓缩，浓缩倍数为提取液体积的1/10；

(4) 提取液浓缩后加乙醇至乙醇浓度为75%，静置沉淀，得枸杞粗多糖沉淀物；

(5) 粗多糖沉淀物采用冷冻干燥方式进行干燥即得。

**〈产品应用〉** 本品是一种含有巴西香可可果提取物的美白保湿滋润霜。

**〈产品特性〉** 本产品将巴西香可可果提取物和枸杞多糖按特定比例复配后得到的美白保湿活性成分，在美白、补水保湿方面起到了明显的协同增效作用，取得了令人意想不到的效果。

## 配方14 含有三七挥发油的美白霜

**〈原料配比〉**

| 原料 | 配比(质量份) | | | | |
|---|---|---|---|---|---|
| | 1# | 2# | 3# | 4# | 5# |
| 三七挥发油 | 0.2 | 0.1 | 0.3 | 0.2 | 0.2 |
| 角鲨烷 | 10 | 10 | 6 | 8 | 8 |

续表

| 原　料 | 配比(质量份) | | | | |
|---|---|---|---|---|---|
| | 1# | 2# | 3# | 4# | 5# |
| 丙二醇 | 7 | 3 | 5 | 4 | 4 |
| 十八烷基硫酸钠 | 1 | 4 | 2 | 3 | 3 |
| 月桂醇 PCA 酯 | 5 | 3 | 4 | 3 | 3 |
| 透明质酸钠 | 3 | 4 | 5 | 4 | 4 |
| 椰油 | 8 | 7 | 5 | 6 | 6 |
| 杀菌剂 | — | — | — | — | 0.1 |
| 防腐剂 | — | — | — | — | 0.2 |
| 香精 | — | — | — | — | 0.1 |
| 去离子水 | 加至 100 | 加至 100 | 加至 100 | 加至 100 | 加至 100 |

**〈制备方法〉**

(1) 将三七挥发油、角鲨烷、月桂醇 PCA 酯、椰油混合，加热至 60～68℃，搅拌均匀，得到油相；将丙二醇、十八烷基硫酸钠、透明质酸钠溶解于水中，加热至 72～78℃，搅拌混合均匀，得到水相。

(2) 保持油相搅拌状态，缓慢地将水相加入到其中，加入水相的同时控制反应乳液的温度在 55～60℃之间，水相完全加入以后，停止加热，加入杀菌剂、防腐剂和香精，持续搅拌物料，使物料自然降温至室温，得美白霜。

**〈产品应用〉** 本品是一种含有三七挥发油的美白霜。

**〈产品特性〉**

(1) 本产品利用三七挥发油成分，将三七挥发油复配到美白霜的乳液中，得到容易使用的含有三七挥发油的美白霜，具有美白功效好、方便使用、使用效果突出的特点。

(2) 本产品能够清除自由基，阻断黑色素形成的反应过程，避免黑色素沉积，达到良好的美白肌肤功效。

## 配方 15　含植物油的美白霜

**〈原料配比〉**

| 原　料 | 配比(质量份) | | | | |
|---|---|---|---|---|---|
| | 1# | 2# | 3# | 4# | 5# |
| 桧木芬多精 | 50 | 60 | 70 | 75 | 80 |
| 丁二醇 | 10 | 7 | 5 | 3 | 1 |
| 甘油 | 10 | 8 | 6 | 4 | 1 |
| 癸酸甘油三酯 | 10 | 8 | 6 | 4 | 1 |
| 鲸蜡硬脂基葡糖苷 | 2 | 1.5 | 1.0 | 0.5 | 0.1 |
| 桧木精油 | 2 | 1.5 | 1.0 | 0.5 | 0.1 |
| 鲸蜡硬脂醇 | 2 | 1.5 | 1.0 | 0.5 | 0.1 |
| 白蜂蜡 | 2 | 1.5 | 1.0 | 0.5 | 0.1 |

续表

| 原　　料 | 配比(质量份) | | | | |
|---|---|---|---|---|---|
| | 1# | 2# | 3# | 4# | 5# |
| 甘油硬脂酸酯 | 2 | 1.5 | 1.0 | 0.5 | 0.1 |
| 聚二甲基硅氧烷 | 2 | 1.5 | 1.0 | 0.5 | 0.1 |
| 桑根提取物 | 1 | 0.8 | 0.5 | 0.2 | 0.05 |
| 牛油果树果脂 | 1 | 0.8 | 0.5 | 0.2 | 0.05 |
| 羟苯甲酯 | 1 | 0.8 | 0.5 | 0.2 | 0.05 |
| 黄原胶 | 1 | 0.8 | 0.5 | 0.2 | 0.05 |
| EDTA 二钠 | 1 | 0.8 | 0.5 | 0.2 | 0.05 |
| 去离子水 | 加至 100 | 加至 100 | 加至 100 | 加至 100 | 加至 100 |

**制备方法**

(1) 将桧木芬多精、丁二醇、甘油、黄原胶、羟苯甲酯、EDTA 二钠投入料锅，不断搅拌均匀，形成水相，加热至 82℃，保温 10min。

(2) 先将鲸蜡硬脂基葡糖苷、癸酸甘油三酯、鲸蜡硬脂醇、白蜂蜡、聚二甲基硅氧烷、甘油硬脂酸酯、牛油果树果脂充分混合并搅拌均匀，再投入上述的料锅中，形成油相，保持 82℃，保温 10min。

(3) 搅拌油水两相，使其形成均质液体，待混合液冷却至 45℃，将桧木精油、桑根提取物投入料锅，适量补充去离子水，不断搅拌均匀 0.5h。

(4) 逐渐冷却至室温。

(5) 取样检查外观、香味、pH 值等指标，合格后即为成品。

**原料介绍**

所述桑根提取物，为中药桑根的天然有效成分提取物，棕黄色粉末。

所述牛油果树果脂，为牛油果树果实中萃取出的天然油脂，含有大部分不皂化甘油三酯的饱和与不饱和脂肪酸、油酸、三萜醇、蛋白质、维生素等。

所述桧木芬多精和桧木精油，是由多年生桧木的根茎经过蒸馏抽取及分离提纯所得。桧木芬多精为无色透明的水相液。桧木精油为纯净的淡黄色精油。两者的提取过程为：

(1) 将桧木洗净，去除表皮沙土等杂质，以红外干燥机烘焙至含水量在 10%以下，再以机械铡刀切割为长约 7cm、宽约 3cm、厚度在 0.3cm 左右的干木片。

(2) 精细粉碎桧木干木片，使其成为 10～30 目之间的颗粒粉末，装入蒸馏罐中部。

(3) 在蒸汽生成器中产生 100℃的水蒸气，从蒸馏罐的下部蒸汽进口进入，与装填好的桧木原料进行接触，在 50s 之后，启动油泵抽真空，产生 40kPa 的负压。

(4) 待气压稳定后，通过蒸馏罐顶部的常温水喷射降温，降压增湿，在减压条件下与桧木的根茎等木质原料进行充分的接触，使得原料组织内精油等挥发成分，在较少热解和水解的情况下，被蒸汽提取并混合。

(5) 30min 后，关闭油泵，使得负压逐渐变为正常大气压力，又 30min 后，打开蒸馏罐上方的蒸汽管路，接通蛇形冷凝器。将蒸汽冷凝后，得到的液体进入恒温油水分离器，根据两相色泽以及混浊度，加入活性炭进行脱色，再分离油水两相，用滤网进一步过滤去除杂质，可得桧木精油与桧木纯露，即水溶性桧木芬多精。

所述的桧木精油与桧木芬多精也可由常规的水蒸气蒸馏提取来制备。

**〈产品应用〉** 本品是一种含植物油的美白霜。

**〈产品特性〉** 本品除具有保湿增白效果之外，还可长期抑制细菌、真菌、螨虫，促进新陈代谢，保持肌肤柔滑，缓解压力。

## 配方 16 复合植物美白霜

**〈原料配比〉**

| 原料 | 配比(质量份) | |
|---|---|---|
| | 1# | 2# |
| 去离子水 | 56.6 | 56.6 |
| 甘油 | 5 | 5 |
| 1,3-丙二醇 | 5 | 5 |
| 卵磷脂 | 0.4 | 0.4 |
| 植酸钠 | 0.05 | 0.05 |
| 鲸蜡硬脂醇乙基己酸酯 | 6 | 6 |
| 油橄榄果油 | 2 | 2 |
| 己基癸醇 | 4 | 4 |
| 氢化聚异丁烯 | 4 | 4 |
| 山嵛醇 | 2 | 2 |
| 生育酚乙酸酯 | 0.4 | 0.4 |
| 甲基葡萄糖倍半硬脂酸酯 | 2 | 2 |
| PEG-20 甲基葡萄糖倍半硬脂酸酯 | 2.5 | 2.5 |
| 聚二甲基硅氧烷 | 2 | 2 |
| 丙烯酸(酯)类/$C_{10}$～$C_{30}$烷醇丙烯酸酯交联聚合物 | 0.4 | 0.4 |
| 氨甲基丙醇 | 0.25 | 0.25 |
| 苯氧乙醇 | 0.6 | 0.6 |
| 香精 | 0.25 | 0.25 |
| 红没药醇 | 0.15 | 0.15 |
| 光果甘草根提取物 | 0.06 | 0.1 |
| 烟酰胺 | 2 | 0.5 |
| 牡丹根皮提取物 | 1 | 0.5 |
| 牡丹水 | 2 | 1 |
| 桃花提取物 | — | 1 |
| 红花提取物 | — | 1 |
| 芍药提取物 | — | 1 |
| 香根鸢尾根提取物 | 0.8 | 2 |

**〈制备方法〉**

(1) 将去离子水、甘油、1,3-丙二醇、卵磷脂、植酸钠搅拌混合均匀后，搅拌

加热至 75～80℃，高速均质 10～30min。

（2）将鲸蜡硬脂醇乙基己酸酯、油橄榄果油、己基癸醇、氢化聚异丁烯、山嵛醇、生育酚乙酸酯、甲基葡萄糖倍半硬脂酸酯、PEG-20 甲基葡萄糖倍半硬脂酸酯搅拌加热至 75～80℃，溶解均匀；加入聚二甲基硅氧烷、丙烯酸（酯）类/$C_{10}$～$C_{30}$烷醇丙烯酸酯交联聚合物。

（3）将上述步骤（2）制得的成分加入步骤（1）制得的成分中，高速均质 1～5min，加入氨甲基丙醇。

（4）搅拌冷却至 40～45℃，加入苯氧乙醇、香精、红没药醇、光果甘草根提取物、烟酰胺、牡丹根皮提取物、牡丹水和香根鸢尾根提取物，搅拌冷却至室温。

**原料介绍**

所述的桃花提取物、红花提取物和芍药提取物分别为桃花、红花、芍药花经提取制备的提取物。牡丹花水为牡丹花进行蒸馏凝结制备的提取物。

所述的桃花提取物质量分数为 1%～2%；所述的红花提取物质量分数为 1%～2%；所述的芍药花提取物质量分数为 1%～2%；所述的牡丹花水质量分数为 1%～2%。

**产品应用** 本品是一种复合植物美白霜。

**产品特性** 本品以多种天然植物提取物为主要活性成分，通过协同发挥作用，抑制黑色素生成，清除自由基，达到皮肤美白的效果。

## 配方 17 活性肽美白霜

**原料配比**

| 原料 | | 配比(质量份) | | |
|---|---|---|---|---|
| | | 1# | 2# | 3# |
| 肽 | 肽(SEQ ID NO:1) | 0.001 | — | 0.0005 |
| | 肽(SEQ ID NO:2) | — | 0.001 | 0.0005 |
| 谷胱甘肽 | | 3.0 | 2.0 | 4.0 |
| 抗氧化剂 | 维生素 E | 1.5 | 0.5 | 2.5 |
| 植物油 | 玫瑰果油 | 1.5 | 0.5 | 2.5 |
| 光果甘草提取液 | | 3.0 | 2.0 | 4.0 |
| 桑叶提取物 | | 5.0 | 4.0 | 6.0 |
| 保湿剂 | 1,3-丙二醇 | 3.0 | 2.0 | 4.0 |
| | 透明质酸钠 | 5.0 | 3.0 | 6.0 |
| 玫瑰精油 | | 2.5 | 1.5 | 3.5 |
| 卵磷脂 | 大豆卵磷脂 | 3.0 | 2.0 | 4.0 |
| 白藜芦醇 | | 10.0 | 5.0 | 12.0 |
| 卡波姆 | | 0.6 | 0.4 | 0.8 |
| 葡聚糖 | | 3.0 | 2.0 | 4.0 |
| 银耳提取物 | | 3.0 | 2.0 | 4.0 |
| 防腐剂 | 月桂酰精氨酸乙酯 | 适量 | 适量 | 适量 |
| 去离子水 | | 加至 100 | 加至 100 | 加至 100 |

**制备方法** 将卡波姆溶于去离子水中，并加入 1,3-丙二醇，搅拌均匀后，加

入其他组分，搅拌并调制成美白霜。

**〈产品应用〉** 本品是一种包含活性肽的美白霜。

**〈产品特性〉** 本品具有紧致皮肤、美白等功效。

## 配方 18 肌肤美白霜

**〈原料配比〉**

| 原料 | | 配比(质量份) | | |
|---|---|---|---|---|
| | | 1# | 2# | 3# |
| 乳化剂 | $C_{20}$～$C_{22}$醇磷酸酯/$C_{20}$～$C_{22}$醇 | 1 | 3 | 5 |
| | 甘油硬脂酸酯/PEG-100 硬脂酸酯 | 5 | 3 | 1 |
| | 甘油硬脂酸酯柠檬酸酯 | 1 | 1.2 | 1.5 |
| | 硬脂醇 | 3 | 2 | 1 |
| | 甲氧基肉桂酸乙基己酯 | 1 | 3.5 | 6 |
| 润肤剂 | 异壬酸异壬酯 | 4 | 2.5 | 1 |
| | 生育酚乙酸酯 | 0.1 | 0.3 | 0.5 |
| 保湿剂 | 甘油 | 15 | 10 | 5 |
| | 丙二醇 | 5 | 10 | 15 |
| | 透明质酸 | 0.05 | 0.03 | 0.01 |
| 抗氧化剂 | 辅酶 Q10 | 0.05 | 0.18 | 0.2 |
| 抗敏消炎剂 | 尿囊素 | 0.5 | 0.3 | 0.1 |
| | 甘草酸二钾 | 0.1 | 0.3 | 0.5 |
| | 姜根提取物/红没药醇 | 0.2 | 0.12 | 0.05 |
| 螯合剂 | EDTA 二钠 | 0.02 | 0.03 | 0.05 |
| 增稠剂 | 黄原胶 | 0.1 | 0.08 | 0.05 |
| 中和剂 | 三乙醇胺 | 0.1 | 0.3 | 0.5 |
| 防腐剂 | 苯氧乙醇或乙基己基甘油 | 0.1 | 0.05 | 0.01 |
| 赋香剂 | 香精 | 0.05 | 0.08 | 0.1 |
| 美白剂 | 胡椒籽提取物 | 0.05 | 0.03 | 0.01 |
| | 光果甘草根提取物 | 0.05 | 0.13 | 0.2 |
| | 姜黄根提取物 | 3 | 2 | 1 |
| | 银杏叶提取物 | 0.05 | 0.05 | 0.07 |
| | 桑根提取物 | 0.05 | 0.05 | 0.08 |
| 维生素 $B_3$ | | 0.01 | 0.03 | 0.05 |
| 茶树精油 | | 0.05 | 0.10 | 0.15 |
| 芦荟素 | | 0.01 | 0.05 | 0.1 |
| 去离子水 | | 加至 100 | 加至 100 | 加至 100 |

**〈制备方法〉** 将各组分原料混合均匀即可。

**〈产品应用〉** 本品是一种肌肤美白霜。

**〈产品特性〉** 本产品富含植物精华成分，凝脂亲肤，清澈美白，打造最佳肌肤美白环境，温和注入美白活力，阻断肌肤变黑源头，还原肌肤立体美白，使肌肤持续纯净嫩白，符合天然绿色化妆品发展趋势。

# 配方 19 含有火龙果凝胶液的美白霜

**〈原料配比〉**

| 原　料 | 配比(质量份) |
|---|---|
| 硬脂酸 | 8 |
| 单硬脂酸甘油酯 | 1 |
| 棕榈酸异丙酯 | 3 |
| 液体石蜡 | 8 |
| 橄榄油 | 2 |
| 固体石蜡 | 2 |
| 甘油 | 5 |
| 吐温-80 | 1 |
| 香精 | 0.5 |
| 桑普 LGP | 0.5 |
| 火龙果枝条凝胶液 | 10 |
| 去离子水 | 59 |

**〈制备方法〉**

(1) 火龙果枝条凝胶液的制备：

① 拣选火龙果枝条。

② 火龙果枝条的清洗、剥膜、打浆：将步骤①得到火龙果枝条倒入输送带，输送到气泡冲洗机，清洗时间要短，随放随洗，清洗好后进行风干，然后用小刀剥去枝条表面的一层膜，放入切碎机切成碎片，通过提升机送入筛板孔径 0.7～1.0mm 的打浆机内打浆。

③ 将步骤②得到物料进行活性炭脱色，得上清液；所述的活性炭脱色即将步骤②得到物料加水稀释 5 倍，用 100 目滤布过滤两次后，加入活性炭（质量比 100∶1）搅拌均匀，沉淀至澄清，150 目滤布过滤，取上清液；得到的上清液加热沸腾至颜色褪去，然后在 5min 内冷却到 4～7℃，用 200 目滤布过滤。

④ 加热脱色：将步骤③得到的上清液加热沸腾至颜色褪去，然后在 5min 内冷却到 4～7℃，过滤，得凝胶液，备用。

(2) 油相制备：将硬脂酸、单硬脂酸甘油酯、棕榈酸异丙酯、液体石蜡、橄榄油、固体石蜡、甘油加入油相配料锅中，加热，搅拌均匀。

(3) 水相制备：将吐温-80、香精、桑普 LGP、去离子水加入水相配料锅中，加热，搅拌均匀。

(4) 混合：将步骤（2）得到的物料加入均质反应锅，边搅拌边加入步骤（3）得到的物料，70～75℃搅拌，转速 1500r/min，混合 15min，冷却至 60～65℃，均质 5min，转速 1500r/min，继续搅拌，转速 1500r/min，冷却至 40℃后，加入步骤（1）得到的物料，继续搅拌，转速 1500r/min，冷却至 35℃，出料，陈化 24h，经检验合格后分装。

**〈产品应用〉** 本品是一种含有火龙果凝胶液的美白霜。

**〈产品特性〉** 本品具有显著的保湿、美白效果。

## 配方 20 金银花美白霜

**〈原料配比〉**

| 原料 | 配比(质量份) | |
|---|---|---|
| | 1# | 2# |
| 金银花 | 25 | 40 |
| 硬脂酸 | 3 | 5 |
| 橄榄油 | 10 | 20 |
| 椰子油 | 4 | 7 |
| 棕榈油 | 9 | 6 |
| 珍珠粉 | 6 | 8 |
| 十六烷基葡糖苷 | 2 | 3 |
| 单硬脂酸甘油酯 | 2 | 3 |
| 十八醇 | 2 | 3 |
| EDTA 二钠 | 5 | 6 |
| 丙二醇 | 5 | 6 |
| 甘油 | 5 | 6 |

**〈制备方法〉**

(1) 将金银花粉碎，放入萃取罐内，用苛性钠的水溶液调至 pH 值=9～13，萃取 20～22h，过滤所得滤液加热至 50～80℃，浓缩 2～3h；

(2) 将硬脂酸、橄榄油、椰子油、棕榈油混合放在锅中，以隔水加热的方式加热至硬脂酸溶化，形成混合油；

(3) 将珍珠粉均匀地分散在上述油相体系中，加热至 80℃得到 A 相组分；

(4) 将乳化剂（十六烷基葡糖苷、单硬脂酸甘油酯、十八醇）与 EDTA 二钠混合加热至 80℃，缓慢加入 A 相组分中，同时快速搅拌，全部加入完毕后使用均质机进行均质处理，时间 3～5min，之后降温至 45℃；

(5) 加入保湿剂（丙二醇、甘油），继续搅拌至完全冷却，出料，得到成品。

**〈产品应用〉** 本品是一种金银花美白霜。

**〈产品特性〉** 本产品具有特殊金银花的香味，有较强的耐光、耐热特性，不仅具有保健作用，而且还有很好的美白效果。

## 配方 21 利用柑橘皮制备的抗氧化美白霜

**〈原料配比〉**

| 原料 | 配比(质量份) | | |
|---|---|---|---|
| | 1# | 2# | 3# |
| 柑橘皮与纤维素酶(柑橘皮质量的 1.5%)的混合物 | 65 | — | — |
| 柑橘皮与纤维素酶(柑橘皮质量的 2%)的混合物 | — | 70 | — |

续表

| 原料 | 配比(质量份) | | |
|---|---|---|---|
| | 1# | 2# | 3# |
| 柑橘皮与纤维素酶(柑橘皮质量的1%)的混合物 | — | — | 60 |
| 鸡蛋清 | 12 | 10 | 15 |
| 乳酸菌粉 | 2 | 1 | 3 |
| 去离子水 | 24 | 20 | 25 |
| 白芷 | 10 | 8 | 12 |

**〈制备方法〉**

(1) 取柑橘皮放入水中浸泡，再加热至40～50℃，保持温度40～50min后趁热过滤，将过滤后的柑橘皮浸泡在无水乙醇中，并置于冷冻箱中，在1～3℃下冷冻过夜，将冷冻后的柑橘皮放入粉碎机中粉碎，过100目筛，将过筛后的颗粒与质量分数为40%的碳酸钠溶液按质量比1∶1混合均匀，放入高压反应釜中；

(2) 使用氮气将上述高压反应釜空气置换出，并升压至1～3MPa，再升温至60～70℃，以200r/min搅拌10～15min后，在40～50s内降压至标准大气压，出料并过滤，将过滤物与石油醚按固液比1∶4，在100r/min下搅拌混合2～4h，再进行过滤，使用去离子水冲洗过滤物3～4次，随后将过滤物置于60℃烘箱中干燥1～2h，得处理柑橘皮；

(3) 将上述处理柑橘皮与其质量1%～2%的纤维素酶混合均匀，得混合物，按质量份计，取60～70份混合物、10～15份鸡蛋清、1～3份乳酸菌粉、20～25份去离子水及8～12份白芷，放入碾磨机中碾磨成浆状物，再将浆状物铺于新鲜桑树皮内表面，铺设厚度为1～2cm，再使用新鲜桑树皮将其覆盖，并置于玻璃容器内；

(4) 使用氢气将上述玻璃容器内的空气排出，保持温度25～32℃，待桑树皮表面有菌丝出现时，收集玻璃容器内的液体，备用，将容器内桑树皮覆盖的浆状物取出，与1.2mol/L乙醇溶液按固液比1∶3混合均匀，并放入回流装置中，在40～50℃下回流3～5h，再将回流后的剩余物置于挤压机中，在6～9MPa下进行挤压，直至无液体挤出，收集挤出液与所收集容器内的液体混合，得抗氧化美白液基液；

(5) 将上述所得的抗氧化美白液基液放入离心机中，在4000r/min下离心分离5～10min，收集上清液，并放入浓缩罐中浓缩至原体积的30%～40%，将浓缩液置于紫外灯下杀菌消毒，按质量比6∶2∶1将杀菌后浓缩液、透明质酸钠及单硬脂酸甘油酯搅拌均匀，即可得到抗氧化美白霜。

**〈产品应用〉** 本品是一种利用柑橘皮制备的抗氧化美白霜。

使用方法：在早晚清洁面部时，首先使用30～35℃的水清洗面部，再使用洁面乳将面部清洗干净，随后取本美白霜置于掌心，摩擦10～15s后，再用掌心轻揉面部1～3min。经检测使用15～20d后，可有效消除肌肤上的黑色素，美白肌肤，抑制酪氨酸酶的效率为93%～96%，对皮肤无刺激，皮肤抗氧化性提高了45%～55%。

**《产品特性》**

(1) 本产品利用柑橘皮内特有的精油、果胶及抑制酪氨酸酶的有效物质，制备的美白霜不易分解，抗氧化性好；

(2) 本产品能有效防止皮肤老化，促进血液循环，保持面部皮肤弹性有活力，能够对抗皮肤老化，减缓面部皮肤皱纹和色斑。

## 配方 22　磷酸胆碱改性的美白霜

**《原料配比》**

| 原料 | | 配比(质量份) | | |
|---|---|---|---|---|
| | | 1# | 2# | 3# |
| 中草药精华液 | 白芷 | 100 | 100 | 100 |
| | 白蔹 | 95 | 90 | 105 |
| | 川芎 | 38 | 35 | 40 |
| | 珍珠粉 | 75 | 70 | 80 |
| | 莪术 | 55 | 50 | 65 |
| | 丹皮 | 50 | 45 | 60 |
| | 中草药 | 100 | 100 | 100 |
| | 乙醇 | 400 | 300 | 500 |
| 油相 | 单硬脂酸甘油酯 | 100 | 100 | 100 |
| | 十八醇 | 25 | 22 | 30 |
| | 甘油 | 20 | 18 | 25 |
| | 中草药精华液 | 18 | 15 | 20 |
| 水相 | 丙二醇 | 100 | 100 | 100 |
| | 磷酸胆碱 | 4 | 3 | 5 |
| | 三乙醇胺 | 8 | 6 | 10 |
| | 烷基糖苷 | 16 | 12 | 18 |
| | 水 | 45 | 40 | 50 |
| 水相 | | 100 | 100 | 100 |
| 油相 | | 95 | 90 | 100 |
| 人参皂苷 | | 0.6 | 0.3 | 0.9 |
| 肉桂醛 | | 4 | 3 | 6 |
| 杨梅酮 | | 4 | 3 | 5 |

**《制备方法》**

(1) 将中草药粉碎，置于乙醇中煎煮，然后过滤取滤液，最后将滤液蒸馏以去除乙醇而制得中草药精华液；粉碎后的中草药的平均粒径为3～8μm。煎煮时间为2～4h。蒸馏采用旋转蒸馏的方式进行。

(2) 将单硬脂酸甘油酯、十八醇、甘油和中草药精华液进行加热，形成油相；加热温度为80～90℃，加热时间为1.5～2h。

(3) 将丙二醇、磷酸胆碱、三乙醇胺、烷基糖苷和水进行加热，形成水相；加热温度为80～90℃，加热时间为1.5～2h。

(4) 将水相加入油相中，并搅拌，接着冷却，然后加入人参皂苷、肉桂醛、杨

梅酮，搅拌，制得美白霜；冷却采用自然冷却的方式进行，且冷却结束后体系的温度为15～25℃。

**〈产品应用〉** 本品是一种磷酸胆碱改性的美白霜。

**〈产品特性〉** 本品能够改善皮肤锁水能力，同时美白霜本身具有优异的稳定性，能够长期贮存，从而具有更有益的实用性。

## 配方 23 芦荟美白霜

**〈原料配比〉**

| 原料 | | 配比(质量份) | | |
|---|---|---|---|---|
| | | 1# | 2# | 3# |
| 芦荟素 | | 0.2 | 0.2 | 0.2 |
| 可可油 | | 3 | 3 | 3 |
| 角鲨烷 | | 6 | 6 | 6 |
| 棕榈酸异丙酯 | | 8 | 8 | 8 |
| 甘油 | | 6 | 6 | 6 |
| 十二烷基硫酸钠 | | 3 | 3 | 3 |
| 皮肤美白剂 | 甘草查耳酮A | 0.1 | — | 0.08 |
| | 毛蕊花糖苷 | — | 0.1 | 0.02 |
| 水 | | 加至100 | 加至100 | 加至100 |

**〈制备方法〉** 将芦荟素、可可油、角鲨烷和棕榈酸异丙酯混合而成的油相加热至70℃；将甘油、十二烷基硫酸钠和水混合而成的水相加热至70℃；在搅拌下将水相加入油相中，冷却至50℃，加入皮肤美白剂，搅拌冷却至室温，即可制得该芦荟美白霜。

**〈产品应用〉** 本品是一种芦荟美白霜。

**〈产品特性〉**

(1) 本产品能够有效消除肌肤上的黑色素，美白肌肤。

(2) 甘草查耳酮A和毛蕊花糖苷均能够有效抑制酪氨酸酶活性，起到美白效果。将甘草查耳酮A和毛蕊花糖苷复配，酪氨酸酶活性抑制率大大提高，美白效果协同增效。

## 配方 24 芦荟祛痘美白霜

**〈原料配比〉**

| 原料 | 配比(质量份) | |
|---|---|---|
| | 1# | 2# |
| 芦荟凝胶冻干粉 | 20 | 25 |
| 珍珠粉 | 15 | 25 |
| 土茯苓 | 4 | 8 |
| 金银花 | 3 | 6 |

续表

| 原　　料 | 配比(质量份) | |
|---|---|---|
| | 1# | 2# |
| 葛根 | 5 | 7 |
| 菊花 | 5 | 8 |
| 维生素 E | 0.5 | 1.5 |
| 1,3-丁二醇 | 10 | 12 |
| 去离子水 | 加至 100 | 加至 100 |

**制备方法** 将固体原料分别粉碎，将芦荟凝胶冻干粉、珍珠粉以及粉碎后的固体原料过 110～120 目筛，备用；按照配方的比例称取各种原料，在混合机中混合均匀，在真空搅拌锅中加入一定比例的维生素 E、1,3-丁二醇和去离子水，搅拌 20～30min 后，转入陈化锅中陈化 36h，过滤，分装。

**产品应用** 本品是一种芦荟祛痘美白霜。

**产品特性** 本品含有芦荟凝胶冻干粉等具有中药效果的植物原料，能够清热解毒、活血化瘀，为纯中医药制剂，没有毒副作用。同时，芦荟粉和珍珠粉的美白、祛痘及保湿效果显著，中药原料配制的产品对肌肤具有全面的美容效果。

## 配方 25 玫瑰美白霜

**原料配比**

| 原　　料 | | 配比(质量份) | | |
|---|---|---|---|---|
| | | 1# | 2# | 3# |
| 玫瑰油 | | 0.1 | 0.1 | 0.1 |
| 鲸蜡 | | 3 | 3 | 3 |
| 角鲨烷 | | 6 | 6 | 6 |
| 月桂醇 PCA 酯 | | 8 | 8 | 8 |
| 山梨醇 | | 6 | 6 | 6 |
| 椰油酰胺丙基甜菜碱 | | 2 | 2 | 2 |
| 皮肤美白剂 | 甘草查耳酮 A | 0.1 | — | 0.08 |
| | 毛蕊花糖苷 | — | 0.1 | 0.02 |
| 水 | | 加至 100 | 加至 100 | 加至 100 |

**制备方法** 将玫瑰油、鲸蜡、角鲨烷和月桂醇 PCA 酯混合而成的油相加热至 70℃；将山梨醇、椰油酰胺丙基甜菜碱和水混合而成的水相加热至 70℃；在搅拌下将水相加入油相中，冷却至 50℃，加入皮肤美白剂，搅拌冷却至室温，即可制得该玫瑰美白霜。

**产品应用** 本品是一种玫瑰美白霜。

**产品特性**

(1) 本产品中的甘草查耳酮 A 既能抑制酪氨酸酶，又能抑制多巴色素互变酶和 DHICA 氧化酶的活性，有明显的清除自由基和抗氧化作用，是一种快速、高效的美白祛斑化妆品添加剂。毛蕊花糖苷具有抗氧化、美白、抗衰老的作用。

(2) 本产品能够有效消除肌肤上的黑色素，美白肌肤。

## 配方 26 美白保湿护肤品

**〈原料配比〉**

| 原料 | | 配比(质量份) | | | | | | |
|---|---|---|---|---|---|---|---|---|
| | | 1# | 2# | 3# | 4# | 5# | 6# | 7# |
| 辛酸/癸酸甘油三酯 | | 70 | 70 | 70 | 70 | 70 | 70 | 70 |
| 硬脂酸 | | 50 | 50 | 50 | 50 | 50 | 50 | 50 |
| 甘油硬脂酸酯柠檬酸酯 | | 10 | 10 | 10 | 10 | 10 | 10 | 10 |
| 鲸蜡硬脂醇 | | 3 | 3 | 3 | 3 | 3 | 3 | 3 |
| 聚二甲基硅氧烷 | | 1.5 | 1.5 | 1.5 | 1.5 | 1.5 | 1.5 | 1.5 |
| 1,3-丙二醇 | | 80 | 80 | 80 | 80 | 80 | 80 | 80 |
| 甘油 | | 10 | 10 | 10 | 10 | 10 | 10 | 10 |
| 表面活性剂 | | 15 | 15 | 15 | 15 | 15 | 15 | 15 |
| 水仙花提取物 | | 3 | 3 | 3 | 3 | 3 | 3 | 3 |
| 抑菌剂 | | 0.3 | 0.3 | 0.3 | 0.3 | 0.3 | 0.3 | 0.3 |
| 水 | | 600 | 600 | 600 | 600 | 600 | 600 | 600 |
| 表面活性剂 | 羊毛酸异丙酯 | 1 | 1 | 1 | 1 | — | 1 | 1 |
| | 硬脂酸异丙酯 | 1 | 1 | 1 | 1 | 1 | — | 1 |
| | 肉豆蔻酸异丙酯 | 1 | 1 | 1 | 1 | 1 | 1 | — |
| 抑菌剂 | 木犀草苷 | 1 | — | 1 | 1 | 1 | 1 | 1 |
| | 熊果苷 | 1 | 1 | — | 1 | 1 | 1 | 1 |
| | 紫云英苷 | 1 | 1 | 1 | — | 1 | 1 | 1 |

**〈制备方法〉**

(1) 将水加入均质乳化机的水相锅中，加入1,3-丙二醇、甘油，以400r/min搅拌10min后，加入水仙花提取物，加热至85℃，以400r/min搅拌10min，混合均匀，得到水相料；

(2) 将辛酸/癸酸甘油三酯、硬脂酸、甘油硬脂酸酯柠檬酸酯、鲸蜡硬脂醇、聚二甲基硅氧烷、表面活性剂、抑菌剂依次加入均质乳化机的油相锅中，加热至85℃，以400r/min搅拌15min，混合均匀，得到油相料；

(3) 将85℃的水相料抽入均质乳化机的乳化锅中，搅拌均质下抽入85℃的油相料，在85℃下均质6min，然后保温20min，得到美白保湿护肤品。

**〈原料介绍〉** 所述的水仙花提取物制备方法为：取水仙花的干燥花瓣1.16kg，用121倍量的体积分数为95%的乙醇溶液浸泡24h后，加热回流提取3次，每次提取时间为2h，合并提取液，过滤，滤液经回收乙醇后浓缩成浸膏，加800mL水溶解，用氯仿进行等体积萃取多次至提取液无色，所得氯仿萃取液经回收溶剂后干燥，粉碎过100目筛，得水仙花氯仿提取物干粉。

**〈产品应用〉** 本品是一种美白保湿护肤品。

**〈产品特性〉** 本品美白护肤效果显著，可增强皮肤的锁水能力，降低皮肤黑色素含量，具有美白保湿的功效；同时，产品对皮肤无刺激性，安全可靠。

## 配方 27 美白保湿护手霜

**原料配比**

| 原料 | 配比(质量份) | | | | | |
|---|---|---|---|---|---|---|
| | 1# | 2# | 3# | 4# | 5# | 6# |
| 甘油 | 28 | 26 | 22 | 30 | 24 | 20 |
| 珍珠粉 | 6 | 10 | 9 | 5 | 7 | 8 |
| 羊奶 | 6 | 9 | 5 | 7 | 10 | 8 |
| 橄榄油 | 3 | 1 | 2 | 2 | 1 | 3 |
| 樱花精油 | 6 | 56 | 6 | 4 | 4 | 5 |
| 玫瑰精油 | 3 | 5 | 4 | 3 | 6 | 5 |
| 去离子水 | 56 | 52 | 44 | 60 | 48 | 40 |

**制备方法**

(1) 将甘油和去离子水按比例调和，搅拌均匀；

(2) 将珍珠粉缓慢加入到步骤 (1) 的混合物中，至黏稠状，并搅拌均匀；

(3) 将羊奶、橄榄油、樱花精油和玫瑰精油添加到步骤 (2) 的混合物中，搅拌均匀；

(4) 将上述步骤 (3) 中的混合物进行加热，边加热边搅拌，至乳膏状，温度设定为 60～80℃，时间为 6～10min；

(5) 消毒包装：将乳膏状混合物投入紫外线消毒柜中进行消毒杀菌，时间为 1～3min 包装成成品。

**产品应用** 本品是一种美白保湿护手霜。

**产品特性** 本产品原料易得，生产简单易操作，大多采用天然物质，成本低，营养价值高，不仅味道清香、清爽不油腻、易吸收，还能够有效补水保湿，抑制黑色素沉淀，促进新陈代谢，达到去黄去黑、美白的显著效果。

## 配方 28 美白淡斑的皮肤护理化妆品

**原料配比**

| 原料 | 配比(质量份) | | | | | | |
|---|---|---|---|---|---|---|---|
| | 1# | 2# | 3# | 4# | 5# | 6# | 7# |
| 曲克芦丁 | 2 | 2 | 2 | 2 | 2 | 2 | 2 |
| 木瓜蛋白酶 | 3 | 3 | 3 | 3 | 3 | 3 | 3 |
| 甘油 | 6 | 6 | 6 | 6 | 6 | 6 | 6 |
| 1,3-丙二醇 | 4 | 4 | 4 | 4 | 4 | 4 | 4 |
| 丝氨酸 | 1 | 1 | 1 | 1 | 1 | 1 | 1 |
| 辛酸/癸酸甘油三酯 | 10 | 10 | 10 | 10 | 10 | 10 | 10 |
| 鲸蜡硬脂醇 | 3 | 3 | 3 | 3 | 3 | 3 | 3 |

续表

| 原料 | | 配比(质量份) | | | | | | |
|---|---|---|---|---|---|---|---|---|
| | | 1# | 2# | 3# | 4# | 5# | 6# | 7# |
| 聚二甲基硅氧烷 | | 1.5 | 1.5 | 1.5 | 1.5 | 1.5 | 1.5 | 1.5 |
| 苯氧乙醇 | | 0.4 | 0.4 | 0.4 | 0.4 | 0.4 | 0.4 | 0.4 |
| EDTA二钠 | | 0.2 | 0.2 | 0.2 | 0.2 | 0.2 | 0.2 | 0.2 |
| 表面活性剂 | | 15 | 15 | 15 | 15 | 15 | 15 | 15 |
| 抑菌剂 | | 0.21 | 0.21 | 0.21 | 0.21 | 0.21 | 0.21 | 0.21 |
| 水 | | 55 | 55 | 55 | 55 | 55 | 55 | 55 |
| 表面活性剂 | 羊毛酸异丙酯 | 1 | 1 | 1 | 1 | 1 | — | 1 |
| | 硬脂酸异丙酯 | 1 | 1 | 1 | 1 | — | 1 | 1 |
| | 肉豆蔻酸异丙酯 | 1 | 1 | 1 | 1 | 1 | 1 | — |
| 抑菌剂 | 木犀草苷 | 1 | — | 1 | 1 | 1 | 1 | 1 |
| | 熊果苷 | 1 | 1 | — | 1 | 1 | 1 | 1 |
| | 紫云英苷 | 1 | 1 | 1 | — | 1 | 1 | 1 |

**制备方法**

(1) 将水加入均质乳化机的水相锅中，加入EDTA二钠、1,3-丙二醇、甘油，以400r/min搅拌15min，加热至75℃，得到水相料。

(2) 将辛酸/癸酸甘油三酯、鲸蜡硬脂醇、聚二甲基硅氧烷、苯氧乙醇、表面活性剂、抑菌剂依次加入均质乳化机的油相锅中，加热至75℃，以400r/min搅拌15min混合均匀，得到油相料。

(3) 将75℃的水相料抽入均质乳化机的乳化锅中，搅拌均质下抽入75℃的油相料，在75℃下均质6min，然后75℃下保温20min；然后降温至35℃，加入曲克芦丁、木瓜蛋白酶、丝氨酸，以400r/min搅拌20min混合均匀，得到美白淡斑的皮肤护理化妆品。

**产品应用** 本品是一种美白淡斑的皮肤护理化妆品。

**产品特性** 本品添加了曲克芦丁、丝氨酸和木瓜蛋白酶，达到了优异的美白皮肤、淡化斑痕、提亮肤色的效果。

## 配方 29　美白淡斑组合物

**原料配比**

| 原料 | | | 配比(质量份) | | | | |
|---|---|---|---|---|---|---|---|
| | | | 1# | 2# | 3# | 4# | 5# |
| A相 | 乳化剂 | 甘油硬脂酸酯/PEG-100硬脂酸酯 | 0.5 | 2 | 0.5 | 1 | — |
| | | 鲸蜡醇棕榈酸酯/山梨醇酐单棕榈酸酯/山梨坦橄榄油酸酯 | 0.5 | — | 0.7 | 1 | — |
| | | $C_{14}$～$C_{22}$醇/$C_{12}$～$C_{20}$烷基葡糖苷 | 0.5 | 1 | — | 1 | 0.2 |
| | | 橄榄油PEG-7 | 0.5 | — | 0.8 | 1 | — |

续表

| 原料 | | | 配比(质量份) | | | | |
|---|---|---|---|---|---|---|---|
| | | | 1# | 2# | 3# | 4# | 5# |
| A相 | 润肤剂 | 角鲨烷 | 0.5 | 1 | — | — | 2 |
| | | 鲸蜡硬脂醇 | 1.5 | — | 2 | 1 | 2 |
| | | 聚二甲基硅氧烷 | 0.5 | 2 | 2 | 2 | 0 |
| | | 牛油果树果脂 | 0.5 | — | 2 | 3 | 2 |
| | | 氢化霍霍巴油 | 1 | 3 | 2 | — | 2 |
| | | 聚二甲基硅氧烷/聚二甲基硅氧烷醇 | 1 | — | 1 | — | — |
| B相 | 保湿剂 | 透明质酸钠 | 3 | 2 | — | 4 | 2 |
| | | 甘油 | 3 | — | 3 | 4 | 5 |
| | | 山梨醇 | 3 | — | 3 | 4 | 2 |
| | 增稠剂 | 黄原胶 | 0.06 | 0 | 0.1 | 0.1 | 0.05 |
| | | 羟乙基纤维素 | 0.06 | 0.1 | 0.1 | 0 | 0.05 |
| | | 羟甲基纤维素钠 | 0.06 | 0 | 0.1 | 0.1 | 0.05 |
| | 去离子水 | | 78.22 | 87.88 | 76.9 | 68.1 | 77.35 |
| 氢氧化钾 | | | 1.5 | 0.02 | 2.1 | 3 | 0.5 |
| 防腐剂 | 苯氧乙醇 | | 0.3 | 0 | 0.2 | 0.5 | 0.2 |
| | 羟苯甲酯 | | 0.3 | 0 | 0.5 | 0.2 | 0.2 |
| | 羟苯丙酯 | | 0.3 | 0.2 | 0.3 | 0.2 | 0.2 |
| 美白淡斑植物组合物 | 滨海卡克勒叶提取物 | | 1.5 | 0.5 | 0.9 | 2.8 | 1.9 |
| | 葛根提取物 | | 0.8 | 0.2 | 1.3 | 1.4 | 1.1 |
| | 核桃青皮提取物 | | 0.9 | 0.3 | 0.5 | 1.8 | 1.2 |

**〈制备方法〉**

(1) 将乳化剂、润肤剂投入油相锅中，加热至70～85℃，待所有组分溶解后保温，制得A相。

(2) 将保湿剂、增稠剂和去离子水依次投入乳化锅中，加热至70～85℃，保温15～30min使其充分溶解，制得B相。

(3) 将A相、B相依次抽入到均质机中，均质5～15min，搅拌速率为2000～4000r/min，而后保温搅拌15～45min，搅拌速率为30～50r/min；冷却至40～45℃，加入氢氧化钾，搅拌均匀。

(4) 加入美白淡斑植物组合物、防腐剂，搅拌均匀，得到美白淡斑组合物。

**〈原料介绍〉**

所述滨海卡克勒叶提取物的制备方法为：取滨海卡克勒叶，粉碎成粗末，加4～6倍量去离子水煎煮30～900min，重复2～4次，合并煎液，过滤，常压浓缩至糊状；取上述糊状物，加4倍量75%～90%乙醇搅拌均匀，滴加氢氧化钠溶液调节pH值至8，密闭静置过夜；将料液减压抽滤，滤液回收乙醇至无醇味，0～4℃冷藏24h后滤液常压浓缩，得滨海卡克勒叶提取物。

所述葛根提取物的制备方法为：取新鲜葛根，洗净干燥，粉碎成粗粒，粗粒用水煎煮提取2～3次，煎煮时间每次2～3h，合并两次滤液，静置2～4h，过滤，滤

液备用；将滤液减压浓缩得稠浸膏，将稠浸膏进行喷雾干燥后粉碎成65～80目大小的细粉，即得所述葛根提取物。

所述核桃青皮提取物的制备方法为：取核桃青皮洗净，放入榨汁机中榨碎；将榨好的青皮汁倒入容器中，加入浓度75%～85%的乙醇溶液，搅拌均匀；萃取15～24h，滤去残渣，将滤液用旋转蒸发仪加压浓缩至固体；将所得固体粉碎成60～80目细粉，即得所述核桃青皮提取物。

**〈产品应用〉** 本品是一种安全有效的植物美白淡斑组合物，将其添加在面霜中，可赋予面霜显著的美白淡斑功效。

**〈产品特性〉**

（1）本产品提供的保湿剂和润肤剂有优异的保湿润肤效果，补水锁水的同时增加了皮肤胶原蛋白层的活力，使得皮肤更有弹性；

（2）本产品的面霜温和不刺激，安全性高，稳定性好。

## 配方30 美白防晒护肤品

**〈原料配比〉**

| 原料 | | 配比(质量份) | | |
|---|---|---|---|---|
| | | 1# | 2# | 3# |
| 美白剂 | 阿魏酸异辛酯 | 10 | 45 | 50 |
| | 甘草提取物 | 1 | 2 | 3 |
| | 苦参根＋黄芩根提取物 | 3 | 3 | 3 |
| 保湿剂 | 甘油 | 40 | 50 | 60 |
| | 丙二醇 | 30 | 40 | 50 |
| | 甜菜碱 | 50 | 60 | 70 |
| | 燕麦葡聚糖 | 10 | 20 | 30 |
| | 尿囊素 | 6 | 7.5 | 9 |
| | 神经酰胺 | 10.8 | 10 | 10 |
| 增稠剂 | 黄原胶 | 1 | 1.5 | 2 |
| | 丙烯酸羟乙酯/丙烯酰二甲基牛磺酸钠共聚物20 | 3.5 | 5 | 2 |
| | 聚二甲基硅氧烷交联聚合物 | 4 | 5 | 6 |
| 抗氧化剂 | 肌肽 | 1 | 1.5 | 2 |
| | 维生素E | 4 | 6 | 8 |
| 防腐剂 | 羟苯甲酯 | 1 | 1.5 | 2 |
| | 羟苯丙酯 | 1 | 1.5 | 2 |
| | 辛酰羟肟酸和2-溴-2-硝基-1,3-丙二醇的混合物 | 1 | 1 | 1 |
| 去离子水 | | 589.8 | 547.3 | 504.8 |
| 油脂 | 聚二甲基硅氧烷 | 10 | 20 | 30 |
| | 辛酸/癸酸甘油三酯 | 40 | 50 | 60 |
| | 植物甾醇类 | 10 | 10 | 10 |
| | 肉豆蔻酸异丙酯 | 40 | 50 | 60 |
| | 棕榈酸乙基己酯 | 20 | 30 | 40 |
| | 卵磷脂 | 10 | 10 | 10 |
| 乳化剂 | 鲸蜡硬脂醇橄榄油酸酯和山梨醇橄榄油酸酯的混合物 | 30 | 35 | 45 |
| | 鲸蜡硬脂醇 | 10 | 15 | 20 |

**〈制备方法〉**

(1) 将甘草提取物、甘油、丙二醇、甜菜碱、尿囊素、黄原胶以及去离子水称重后，加入第一容器内加热至90～95℃，搅拌均匀后保温30min，形成第一混合物。

(2) 将鲸蜡硬脂醇橄榄油酸酯和山梨醇橄榄油酸酯的混合物、鲸蜡硬脂醇、聚二甲基硅氧烷、辛酸/癸酸甘油三酯、植物甾醇类、肉豆蔻酸异丙酯、棕榈酸乙基己酯、羟苯甲酯、羟苯丙酯、维生素E原料称重后，加入第二容器内加热至70～75℃，溶解完全待用，形成第二混合物。

(3) 将第一混合物与第二混合物混合后均质8～15min，搅拌保温30min，降温至60～65℃后加入以下原料：阿魏酸异辛酯、神经酰胺、卵磷脂、丙烯酸羟乙酯/丙烯酰二甲基牛磺酸钠共聚物20、聚二甲基硅氧烷交联聚合物。

(4) 将以上混合物搅拌均匀后均质3～5min，降温至40～45℃后加入以下原料：苦参根+黄芩根提取物、燕麦葡聚糖、肌肽、辛酰羟肟酸和2-溴-2-硝基-1,3-丙二醇的混合物。

(5) 将最终所得混合物搅拌均匀后出锅，静置24h后即成产品。

**〈产品应用〉** 本品主要用于美白淡斑、抗氧化、减少紫外线辐射引起的损伤等。

**〈产品特性〉** 本品制备工艺简单，具有美白淡斑、抗氧化、抗炎症、减少紫外线辐射引起的损伤等作用，且安全有效。

## 配方31 美白护肤品

**〈原料配比〉**

| 原料 | | 配比(质量份) | | | | | | |
|---|---|---|---|---|---|---|---|---|
| | | 1# | 2# | 3# | 4# | 5# | 6# | 7# |
| 甲基葡萄糖苷倍半硬脂酸酯 | | 3 | 3 | 3 | 3 | 3 | 3 | 3 |
| 甘油 | | 7 | 7 | 7 | 7 | 7 | 7 | 7 |
| 熊果苷 | | 2 | 2 | 2 | 2 | 2 | 2 | 2 |
| 蜂蜡 | | 3 | 3 | 3 | 3 | 3 | 3 | 3 |
| 鲸蜡硬脂醇 | | 5 | 5 | 5 | 5 | 5 | 5 | 5 |
| 角鲨烷 | | 38 | 38 | 38 | 38 | 38 | 38 | 38 |
| 棕榈酸乙基己酯 | | 11 | 11 | 11 | 11 | 11 | 11 | 11 |
| 山梨醇 | | 3 | 3 | 3 | 3 | 3 | 3 | 3 |
| 乳化剂 | | 3 | 3 | 3 | 3 | 3 | 3 | 3 |
| 抑菌剂 | | 0.21 | 0.21 | 0.21 | 0.21 | 0.21 | 0.21 | 0.21 |
| 水 | | 38 | 38 | 38 | 38 | 38 | 38 | 38 |
| 乳化剂 | 正十六烷基硫酸钠 | 1 | 1 | 1 | 1 | — | 1 | 1 |
| | 月桂基磷酸单酯钾 | 1 | 1 | 1 | 1 | 1 | — | 1 |
| | 鲸蜡醇磷酸酯钾 | 1 | 1 | 1 | 1 | 1 | 1 | — |
| 抑菌剂 | 莱菔素 | 1 | — | 1 | 1 | 1 | 1 | 1 |
| | 异茳草素 | 1 | 1 | — | 1 | 1 | 1 | 1 |
| | 牡荆素 | 1 | 1 | 1 | — | 1 | 1 | 1 |

**〈制备方法〉**

(1) 将水加入均质乳化机的水相锅中，加入甘油，以400r/min搅拌15min，加

热至 85℃，得到水相料；

（2）将甲基葡萄糖苷倍半硬脂酸酯、熊果苷、蜂蜡、鲸蜡硬脂醇、角鲨烷、棕榈酸乙基己酯、山梨醇、乳化剂、抑菌剂依次加入均质乳化机的油相锅中，加热至 85℃，以 400r/min 搅拌 15min 混合均匀，得到油相料；

（3）将 85℃的水相料抽入均质乳化机的乳化锅中，搅拌均质下抽入 85℃的油相料，在 85℃下均质 6min，然后 85℃下保温 20min，得到美白护肤品。

**产品应用** 本品是一种美白护肤品。

**产品特性** 本品能修复受损皮肤，使皮肤柔嫩并富有弹性，持久保持年轻态；并能够有效消除肌肤上的黑色素，美白肌肤。

## 配方 32 美白抗衰老护肤品（一）

**原料配比**

| 原料 | | 配比（质量份） | | | | | | | |
|---|---|---|---|---|---|---|---|---|---|
| | | 1# | 2# | 3# | 4# | 5# | 6# | 7# | 8# |
| 木瓜干细胞提取物 | | 5 | 6 | 6.5 | 8 | 10 | 12 | 14 | 15 |
| 牡丹提取物 | | 8 | 5 | 8 | 10 | 12 | 15 | 18 | 20 |
| 蓝莓提取物 | | 3 | 5 | 6 | 8 | 10 | 12 | 20 | 16 |
| 乳化剂 | 吐温-80 | 5 | — | — | — | 8 | — | — | — |
| | 十六/十八醇 | — | 6 | — | — | — | — | — | — |
| | 单硬脂酸甘油酯 | — | — | 5.5 | — | — | — | — | — |
| | PEG-100 硬脂酸甘油酯 | — | — | — | 6 | — | 6 | — | — |
| | 质量比为 1∶2 的十六/十八醇和吐温-80 的混合物 | — | — | — | — | — | — | 8 | — |
| | 质量比为 1∶2 的 PEG-100 硬脂酸甘油酯和吐温-80 的混合物 | — | — | — | — | — | — | — | 10 |
| 油脂 | 葡萄籽油 | 10 | — | — | — | — | — | — | — |
| | 乳木果油 | — | 12 | — | — | — | — | — | — |
| | 霍霍巴油 | — | — | 15 | — | — | — | — | — |
| | 聚二甲基硅氧烷 | — | — | — | 14 | 16 | — | — | — |
| | 角鲨烷 | — | — | — | — | — | 18 | — | — |
| | 质量比为 2∶3 的聚二甲基硅氧烷和角鲨烷混合物 | — | — | — | — | — | — | 18 | — |
| | 质量比为 1∶3 的乳木果油和角鲨烷混合物 | — | — | — | — | — | — | — | 20 |
| 防腐剂 | 山梨酸钾 | 0.1 | — | — | 0.25 | 0.3 | — | — | — |
| | 1,2-己二醇 | — | 0.2 | 0.25 | — | — | — | — | — |
| | 质量比为 1∶1 的山梨酸钾和 1,2-己二醇混合物 | — | — | — | — | — | 0.3 | 0.3 | 0.5 |
| 去离子水 | | 80 | 100 | 120 | 125 | 140 | 160 | 200 | 180 |

**制备方法**

（1）木瓜干细胞提取物的制备：

① 将木瓜新茎条杀菌、去除木质部和髓后，接种于诱导培养基，诱导培养基获

得形成层细胞；

② 从木瓜中获取含有形成层的组织，并将其置于固体培养基中培养后，分离出木瓜干细胞；

③ 再将所述木瓜干细胞置于培养基中进行体外培养，获得扩增后的木瓜干细胞；

④ 所述扩增后的木瓜干细胞经冷冻破碎后浓缩，即得木瓜干细胞提取物。

(2) 取去离子水，升温至90℃，保温30min灭菌，加入乳化剂，在25r/min搅拌转速下，混合均匀。

(3) 向 (2) 中的混合物加入油脂，3～5min后，保温10～15min至消泡完全，待温度降至55～60℃左右时搅拌均匀。

(4) 依次加入木瓜干细胞提取物、牡丹提取物、蓝莓提取物，真空混合搅拌，在80～85℃下保温，搅拌降温到45℃以下。

(5) 向步骤 (4) 中的混合物加入防腐剂，搅拌均匀。

(6) 所得混合物过200目筛，调pH值至3.5～8.5，真空搅拌，降温至38℃，陈化24h后分装。

**〈产品应用〉** 本品是一种美白抗衰老护肤品。

**〈产品特性〉** 本产品选用木瓜干细胞提取物，利用木瓜的有效成分，能够活化细胞，清除自由基，消除皮肤黑色素，使得皮肤洁白美丽。木瓜的干细胞对人体具有良好的相容性，更易于被人体吸收，对皮肤细胞的生长具有良好的促进作用，可以加快细胞的新陈代谢，增强皮肤细胞的活力，同时添加具有美白、活肤、可以减少氧自由基的蓝莓提取液、牡丹提取液，与木瓜干细胞提取物发挥协同增效作用，在多种中药提取物协同作用下，产品可以明显改善肤质，提高皮肤弹性，达到美白抗衰老、抗氧化的目的。

## 配方33 美白抗衰老护肤品（二）

**〈原料配比〉**

| 原料 | | 配比(质量份) | | | | | |
|---|---|---|---|---|---|---|---|
| | | 1# | 2# | 3# | 4# | 5# | 6# |
| 山竹干细胞提取物 | | 0.05 | 3 | 0.08 | 1.5 | 2.5 | 2 |
| 越桔花提取物 | | 1 | 5 | 1.5 | 2 | 4 | 3.5 |
| 海藻提取物 | | 0.5 | 8 | 1.5 | 2.3 | 7 | 4 |
| 绿泥 | | 0.5 | 3 | 0.8 | 2 | 2.5 | 1.5 |
| 绿茶提取物 | | 1 | 10 | 2 | 6.5 | 8.5 | 5 |
| 护肤品基质 | | 加至100 | 加至100 | 加至100 | 加至100 | 加至100 | 加至100 |
| 护肤品基质 | 甘油 | 5 | 5 | 5 | 5 | 5 | 5 |
| | 丙二醇 | 4 | 4 | 4 | 4 | 4 | 4 |
| | 丁二醇 | 4 | 4 | 4 | 4 | 4 | 4 |
| | 透明质酸 | 0.03 | 0.03 | 0.03 | 0.03 | 0.03 | 0.03 |
| | 香精 | 0.2 | 0.2 | 0.2 | 0.2 | 0.2 | 0.2 |
| | 防腐剂 | 0.5 | 0.5 | 0.5 | 0.5 | 0.5 | 0.5 |
| | 去离子水 | 加至100 | 加至100 | 加至100 | 加至100 | 加至100 | 加至100 |

**《制备方法》**

（1）按比例称取所述的山竹干细胞提取物、越桔花提取物、海藻提取物、绿泥和绿茶提取物，混匀；

（2）在不超过40℃的条件将步骤（1）中的混合物缓慢加入由护肤品领域可接受的其他辅料制成的护肤品基质中，搅拌均匀，保温20min，即得所述美白抗衰老护肤品。

**《原料介绍》** 所述越桔花提取物的制备方法包括以下步骤：

（1）将越桔花干燥粉碎，加入粗粉质量8倍体积的85%乙醇浸泡1h；

（2）将步骤（1）中的浸泡液于250W条件下超声提取45min；

（3）过滤提取液，干燥即得。

**《产品应用》** 本品主要用于改善肌肤暗淡无光、色素沉积、粗糙和衰老等问题，使肌肤亮白、细腻、有弹性。

**《产品特性》** 本产品含有多种天然活性护肤成分，尤其是含有山竹干细胞提取物，使得护肤品易于被皮肤所吸收，加速肌肤自我更生及修复，安全高效，具有很好的美白补水和抗衰老功效。

## 配方34　美白面霜

**《原料配比》**

| 原料 | | 配比(质量份) | | |
|---|---|---|---|---|
| | | 1# | 2# | 3# |
| 翻炒物 | 茅岩莓茶 | 3 | 7 | 9 |
| | 溪黄草 | 1 | 2 | 2 |
| | 亚麻籽 | 2 | 4 | 4 |
| 发酵底物 | 去离子水 | 80 | 83 | 85 |
| | 翻炒物 | 40 | 43 | 45 |
| | 蔗糖 | 15 | 17 | 20 |
| | 碳酸氢铵 | 6 | 7 | 8 |
| | 磷酸氢二钾 | 1 | 1 | 2 |
| | 磷酸二氢钾 | 1 | 1 | 2 |
| 过滤液 | 发酵底物 | 8 | 8 | 4 |
| | 酵母菌粉 | 1 | — | — |
| | 纳豆菌粉 | — | 1 | — |
| | 乳酸菌粉 | — | — | 1 |
| | 助剂 | 0.8 | 1.04 | 1 |
| 上清液 | 过滤液 | 3 | 3 | 3 |
| | 活性炭 | 1 | 1 | 1 |
| 上清液 | | 9 | 10 | 11 |
| 海藻酸钠 | | 2 | 4 | 5 |
| 羊毛脂 | | 3 | 3 | 3 |
| 助剂 | 仙人掌茎 | 5 | 5 | 5 |
| | 柠檬酸 | 2 | 2 | 2 |

**《制备方法》**

(1) 将茅岩莓茶、溪黄草及亚麻籽放入粉碎机中进行粉碎，收集粉碎物，将粉碎物放入自动炒货机中进行翻炒，收集翻炒物。

(2) 按质量份数计，取 80～85 份去离子水、40～45 份翻炒物、15～20 份蔗糖、6～8 份碳酸氢铵、1～2 份磷酸氢二钾及 1～2 份磷酸二氢钾，搅拌均匀，并杀菌消毒，得发酵底物。

(3) 将发酵底物与菌粉放入发酵罐中进行发酵 1～3 天，在发酵过程中每 3～5h 添加助剂，收集发酵混合物。

(4) 将发酵混合物放入蒸煮锅中进行蒸煮，趁热过滤，收集过滤液，再将过滤液与活性炭混合，静置，离心分离，收集上清液；过滤液与活性炭的质量比为 3∶1。

(5) 将上清液、海藻酸钠、羊毛脂搅拌混合，收集搅拌混合物，并进行浓缩至搅拌混合物体积的 60%～65%，收集浓缩物，即可得美白面霜。

**《产品应用》** 本品是一种美白面霜。

**《产品特性》** 本品通过提取纯天然植物中的有益物，作为基体，有益物中含有黄酮类物质，可对皮肤进行保护，防止氧化；有益物中的维生素类物质可减少皮肤基层的氧自由基，降低酪氨酸转化为多巴、进而转化为黑色素的条件，保持了皮肤的白皙光泽。有益物还能促进皮肤表面血液循环，祛瘀生新，同时再利用仙人掌茎内的提取物对外部环境辐射的光线进行吸收，进一步保护皮肤；羊毛脂作为润滑剂，减少了在皮肤上的沉积。本品采用天然提取物，避免了对皮肤刺激的问题。

## 配方 35 美白嫩肤护肤品

**《原料配比》**

| 原 料 | 配比(质量份) | | | | | | |
|---|---|---|---|---|---|---|---|
| | 1# | 2# | 3# | 4# | 5# | 6# | 7# |
| 甘油硬脂酸酯柠檬酸酯 | 3 | 3 | 3 | 3 | 3 | 3 | 3 |
| 硬脂酸 | 1 | 1 | 1 | 1 | 1 | 1 | 1 |
| 乳木果油 | 3 | 3 | 3 | 3 | 3 | 3 | 3 |
| 聚二甲基硅氧烷 | 1 | 1 | 1 | 1 | 1 | 1 | 1 |
| 肉豆蔻酸异丙酯 | 50 | 50 | 50 | 50 | 50 | 50 | 50 |
| 维生素 E | 0.5 | 0.5 | 0.5 | 0.5 | 0.5 | 0.5 | 0.5 |
| 维生素 C | 2 | 2 | 2 | 2 | 2 | 2 | 2 |
| 甘油 | 4 | 4 | 4 | 4 | 4 | 4 | 4 |
| 尿囊素 | 0.1 | 0.1 | 0.1 | 0.1 | 0.1 | 0.1 | 0.1 |
| 黄原胶 | 0.2 | 0.2 | 0.2 | 0.2 | 0.2 | 0.2 | 0.2 |
| 熊果苷 | 1.5 | 1.5 | 1.5 | 1.5 | 1.5 | 1.5 | 1.5 |
| 乳化剂 | 3 | 3 | 3 | 3 | 3 | 3 | 3 |
| 抑菌剂 | 0.021 | 0.021 | 0.021 | 0.021 | 0.021 | 0.021 | 0.021 |
| 水 | 35 | 35 | 35 | 35 | 35 | 35 | 35 |

续表

| 原料 | | 配比(质量份) | | | | | | |
|---|---|---|---|---|---|---|---|---|
| | | 1# | 2# | 3# | 4# | 5# | 6# | 7# |
| 乳化剂 | 正十六烷基硫酸钠 | 1 | 1 | 1 | 1 | — | 1 | 1 |
| | 月桂基磷酸单酯钾 | 1 | 1 | 1 | 1 | 1 | — | 1 |
| | 鲸蜡醇磷酸酯钾 | 1 | 1 | 1 | 1 | 1 | 1 | — |
| 抑菌剂 | 莱菔素 | 1 | — | 1 | 1 | 1 | 1 | 1 |
| | 异荭草素 | 1 | 1 | — | 1 | 1 | 1 | 1 |
| | 牡荆素 | 1 | 1 | 1 | — | 1 | 1 | 1 |

**〈制备方法〉**

(1) 将水加入均质乳化机的水相锅中，加入甘油、黄原胶，以 400r/min 搅拌 15min，加热至 75℃，得到水相料。

(2) 将甘油硬脂酸酯柠檬酸酯、硬脂酸、乳木果油、聚二甲基硅氧烷、肉豆蔻酸异丙酯、熊果苷、乳化剂、抑菌剂依次加入均质乳化机的油相锅中，加热至 75℃，以 400r/min 搅拌 15min，混合均匀，得到油相料。

(3) 将 75℃的水相料抽入均质乳化机的乳化锅中，搅拌均质下抽入 75℃的油相料，在 75℃下均质 6min，然后 75℃下保温 20min；降温至 35℃，加入维生素 E、维生素 C、尿囊素后以 400r/min 搅拌 20min 混合均匀，得到美白嫩肤护肤品。

**〈产品应用〉** 本品是一种美白嫩肤护肤品。

**〈产品特性〉** 本产品各原料的用量科学合理，原料间可产生协同作用，从而达到去黄淡斑、增加皮肤弹性的效果。本产品 pH 值与人体皮肤接近，对皮肤无刺激性；使用后明显感到舒适、柔软、无油腻感，具有明显的亮白嫩肤、修复护肤的效果。

## 配方 36 美白祛斑护肤霜

**〈原料配比〉**

| 原料 | 配比(质量份) | | |
|---|---|---|---|
| | 1# | 2# | 3# |
| 羊毛脂 | 10 | 12 | 8 |
| 肉豆蔻酸异丙酯 | 6 | 8 | 4 |
| 角鲨烷 | 6 | 8 | 4 |
| 十六醇 | 4 | 3 | 5 |
| 丙三醇 | 20 | 15 | 25 |
| 玫瑰花提取物 | 8 | 9 | 7 |
| 桑叶提取物 | 8 | 7 | 9 |
| 白芍提取物 | 8 | 9 | 7 |
| 水蜜桃粉 | 6 | 7 | 5 |
| 熊果苷 | 6 | 5 | 7 |
| 植物香精 | 3 | 2 | 4 |
| 苯甲酸 | 0.3 | 0.4 | 0.2 |

**〈制备方法〉**

(1) 将所述质量份数的羊毛脂、肉豆蔻酸异丙酯、角鲨烷、十六醇加入搅拌机中，在60～70℃条件下，以2000～3000r/min的转速搅拌5～10min；

(2) 取丙三醇，加入玫瑰花提取物、桑叶提取物、白芍提取物、水蜜桃粉、熊果苷，混合，在60～70℃条件下，以2000～3000r/min的转速搅拌5～10min；

(3) 将步骤(1)的混合物加入步骤(2)的混合物中，然后加入所述质量份数的植物香精、苯甲酸，在40～60℃条件下，以3000r/min的转速搅拌10～30min，即得。

**〈产品应用〉** 本品是一种美白祛斑护肤霜。

**〈产品特性〉** 本产品有良好的护肤美白效果，原料天然纯净，能有效发挥提取物的护肤美白功效，适合大多数肤质人群，特别是需要美白护肤的爱美人士使用。本产品对皮肤无刺激性，使用后明显感到舒适、柔软，无油腻感，对皮肤具有明显的祛斑防皱、修护养颜的效果。

## 配方37 美白祛斑霜

**〈原料配比〉**

| 原料 | 配比(质量份) | | |
|---|---|---|---|
| | 1# | 2# | 3# |
| MONTANOV 68 | 1 | 2 | 3 |
| 单硬脂酸甘油酯 | 1.5 | 2.5 | 1 |
| 二十二醇 | 0.5 | 1.5 | 1 |
| 异壬酸异壬酯 | 7.5 | 6 | 5 |
| 硅油DC345 | 4 | 2.5 | 3 |
| 硅油DC350 | 2 | 1.5 | 3.5 |
| 硅油DC556 | 1 | 2 | 0.5 |
| (金色)霍霍巴油 | 3 | 4 | 2 |
| 角鲨烷 | 4 | 2.5 | 3 |
| 羟苯甲酯 | 0.2 | 0.2 | 0.2 |
| 丙酯 | 0.1 | 0.1 | 0.1 |
| 苯氧乙醇 | 0.4 | 0.4 | 0.4 |
| BHT | 0.1 | 0.1 | 0.1 |
| 维生素E | 0.6 | 0.3 | 0.8 |
| 甘油 | 4 | 3 | 5 |
| 尿囊素 | 0.15 | 0.2 | 0.3 |
| 透明质酸钠 | 0.05 | 0.02 | 0.08 |
| 糖基海藻糖/氢化淀粉水解物 | 2 | 3 | 1 |
| EMT-10(用2份硅油DC345分散) | 2 | 1.5 | 1 |
| 雏菊提取物 | 3 | 2 | 2.5 |
| 光甘草定提取物 | 0.1 | 0.12 | 0.15 |
| 黄芩提取物 | 2 | 1.5 | 1.5 |
| 奥婷敏 | 0.5 | 0.5 | 0.5 |
| 香精 | 0.05 | 0.05 | 0.05 |
| 无菌水 | 加至100 | 加至100 | 加至100 |

**《制备方法》**

(1) 将乳化剂、防腐剂、抗氧化剂、霍霍巴油、角鲨烷溶于硅油，搅拌，加热，均质；加热至85℃以上。均质时间为3～5min。

(2) 将尿囊素、甘油、透明质酸钠、糖基海藻糖/氢化淀粉水解物溶于无菌水中，加热均质；加热至85℃以上。均质时间为3～5min。

(3) 将步骤(2)溶解均质至无颗粒的均一体系加入步骤(1)均质得到的体系中，高速搅拌至完全混匀；搅拌速度为1800r/min。

(4) 将步骤(3)所得体系继续搅拌，降温后(45℃以下)，加入皮肤美白剂、抗敏剂、赋色剂、赋香剂等其余原料，并搅拌均匀，结膏即得所述美白祛斑霜。

**《原料介绍》** 所述的乳化剂可为高级脂肪酸、脂肪醇及卵磷脂，优选MONTANOV 68、单硬脂酸甘油酯、二十二醇复合乳化剂等中的一种或几种。

所述的防腐剂为对羟基苯甲酸酯(尼泊金酯)、苯甲醇、苯甲酸、苯氧乙醇、山梨醇、山梨酸钾、季铵盐、咪唑烷基脲以及各混合比例的植物性防腐剂等中的一种或几种。

所述的抗氧化剂包括但不限于2,6-二叔丁基-4-甲基苯酚(BHT)、没食子酸丙酯、维生素E及其衍生物、谷氨酸、酪蛋白、卵磷脂等中的一种或几种。

本品中的增稠剂包括但不限于动植物来源、微生物多糖胶等有机天然聚合物及改性纤维淀粉类半合成增稠剂及乙烯、丙烯酸合成类或胶性硅酸铝镁无机增稠剂等中的一种或多种。

所述的皮肤美白剂可为一种或多种具备抑制黑色素产生源，或阻断黑色素形成链，或加速黑色素代谢排出的皮肤美白成分。

所述的抗敏剂可为光甘草定提取物、虎杖提取物、柚果提取物、洋甘菊提取物、茶提取物、迷迭香、积雪草提取物、黄芩提取物、豆类发酵液等镇静消炎抗敏物中一种或多种，本产品优选黑豆发酵液抗敏剂(奥婷敏)。

**《产品应用》** 本品是一种用于亮肤、美白、淡斑的美白祛斑霜。

**《产品特性》**

(1) 本产品的关键成分雏菊提取物、黄芩提取物、光甘草定提取物均是采用植物性美白成分，绿色健康，不仅安全有效，而且可以发挥协同作用，从源头击退黑色素，祛斑美白，提亮肤色。

(2) 本产品性质温和无刺激，能结合酪氨酸酶，抑制酪氨酸酶活性、阻断黑色素形成、改善皮肤微循环，加速色素排出。产品中的黄芩提取物所含的黄芩一方面能抑制酪氨酸酶活性，另一方面能还原黑色素，将细胞内已经形成的氧化态黑色素还原成无色状态，阻断黑色素的形成链。此外，黄芩诱导物还被证明具有广谱的防晒功效，能吸收320～400nm范围内的光，可达到多方位的美白效果。本产品采用三种植物性美白成分，按照科学合理的比例复配后，再通过搭配角鲨烷、(金色)霍霍巴油等高品质油脂帮助渗透，协同增效，能提高美白成分的运输效率与功效发挥，还能协助抵抗衰老、增加皮肤纤维组织弹性，淡化细纹；进一步搭配糖基海藻糖/氢化淀粉水解物、小分子透明质酸钠等锁水成分，能持久水润肌肤，满足皮肤细胞的正常活力代谢与自我修复所需。

## 配方 38 抗敏美白霜

**〈原料配比〉**

| 原料 | | 配比(质量份) | | |
|---|---|---|---|---|
| | | 1# | 2# | 3# |
| A组分 | 霍霍巴油 | 5 | 10 | 7.5 |
| | 聚二甲基硅氧烷 | 5 | 10 | 7.5 |
| | 角鲨烷 | 1 | 5 | 3 |
| | 牛油果树果脂 | 1 | 5 | 3 |
| | 鲸蜡硬脂醇 | 0.5 | 3 | 2 |
| | 鲸蜡硬脂基葡糖苷 | 1.5 | 3 | 2 |
| | 甘油硬脂酸酯/PEG-100 | 1.5 | 3 | 2.2 |
| | 甘油硬脂酸酯/维生素E | 0.05 | 1 | 0.5 |
| | 二甲基甲氧基苯并二氢吡喃棕榈酸酯 | 0.05 | 1 | 0.5 |
| B组分 | 丁二醇 | 5 | 10 | 7.5 |
| | 甘油 | 5 | 10 | 7.5 |
| | 卡波姆 | 0.05 | 0.3 | 0.2 |
| | 透明质酸钠 | 0.05 | 1 | 0.5 |
| C组分 | 三乙醇胺 | 0.05 | 0.3 | 0.18 |
| | 聚丙烯酸酯交联聚合物-6 | 0.1 | 3 | 1.5 |
| D组分 | 聚谷氨酸 | 0.5 | 3 | 1.75 |
| | 烟酰胺 | 1 | 5 | 3 |
| | 芦荟提取物 | 0.5 | 5 | 2.75 |
| | 北美金缕梅提取物 | 1 | 5 | 3 |
| | 马齿苋提取物 | 0.5 | 5 | 2.75 |
| | 辛酰羟肟酸 | 0.5 | 1.5 | 1 |
| | 香精 | 0.001 | 0.1 | 0.05 |

**〈制备方法〉**

(1) 将配方中的原料按质量份数分别称取好；

(2) 将A组分加热至80～85℃，溶解完全；将B组分加入部分去离子水，一起加热至80～85℃，溶解完全；余量的去离子水加入到C组分中，分散完全；

(3) 快速搅拌下将A组分缓慢加入B组分中，高速均质均匀，保温15～25min；

(4) 降温至70～80℃，加入用去离子水预分散好的C组分，均质均匀；

(5) 降温至35～45℃，加入D组分，搅拌均匀，即可得到抗敏美白霜。

**〈产品应用〉** 本品是一种抗敏美白霜。

**〈产品特性〉** 本品添加了二甲基甲氧基苯并二氢吡喃棕榈酸酯和烟酰胺，前者对抑制合成黑色素的关键成分酪氨酸酶的活性有很好的抑制作用，后者可以抑制黑素小体从黑色细胞转移到角质细胞，双效合一，可以达到很好的美白功效，

使肌肤细腻爽滑，光滑通透，宛如新生，同时配合使用植物润肤保湿抗敏成分，消除了顾客对美白产品刺激性强、容易过敏的忧虑。本品无毒无刺激，适合所有人使用。

## 配方 39 滋润美白霜

**〈原料配比〉**

| 原料 | | 配比(质量份) | | | |
|---|---|---|---|---|---|
| | | 1# | 2# | 3# | 4# |
| 美白成分 | | 2 | 1.6 | 0.5 | 2 |
| 油脂 | 可可籽脂 | 0.1 | 0.1 | 2.0 | 1.0 |
| | 芒果籽脂 | 0.3 | 0.3 | 2.0 | 0.1 |
| | 牛油果树果脂 | 0.5 | 0.5 | 2.0 | 0.1 |
| | 辛基十二醇肉豆蔻酸酯 | 2.0 | 2.0 | 5.0 | 0.5 |
| | 聚二甲基硅氧烷 | 3.0 | 3.0 | 5.0 | 0.5 |
| 助乳化剂 | 氢化卵磷脂 | 0.1 | — | 1.0 | 0.5 |
| 增稠剂 | 卡波姆 | 0.5 | 0.5 | 0.8 | 0.5 |
| | 丙烯酰二甲基牛磺酸铵/VP共聚物 | 0.3 | 0.3 | 0.5 | 0.3 |
| | 黄原胶 | 0.1 | 0.1 | 0.5 | 0.1 |
| 乳化剂 | 鲸蜡硬脂基葡糖苷 | 0.5 | 0.5 | 2.0 | 0.1 |
| 保水剂 | 甘油 | 2 | — | 10.0 | 0.1 |
| | 丁二醇 | 5 | — | 2.5 | 0.1 |
| | 透明质酸钠 | 0.02 | — | 0.1 | 0.02 |
| | 乳酸钠 | 0.1 | — | 0.5 | 0.1 |
| 香精 | | 0.1 | — | 0.5 | 0.1 |
| 防腐剂 | 苯氧乙醇 | 0.391 | 0.293 | 0.295 | 0.393 |
| | 甲基异噻唑啉酮 | 0.009 | 0.007 | 0.005 | 0.007 |
| pH调节剂 | 精氨酸 | 0.5 | — | 0.8 | 0.5 |
| 去离子水 | | 加至100 | 加至100 | 加至100 | 加至100 |

**〈制备方法〉**

(1) 将增稠剂、乳化剂和水混合均匀，加热至78～82℃，保温至完全溶胀，得混合物A；同时将油脂加热至78～82℃，保温25～35min，得油相B；

(2) 将混合物A和油相B混合均匀，均质乳化，脱泡，得混合物C；

(3) 将混合物C降温至45～50℃，与美白成分混合均匀，冷却，出料，即可。

当向美白霜中添加保水剂时，将保水剂与增稠剂、乳化剂和水混合均匀；当向美白霜中添加助乳化剂时，将助乳化剂与油脂混合均匀后再加热；当向美白霜中添加防腐剂、香精和pH调节剂中的一种或多种时，将其在步骤(3)时加入。

**〈产品应用〉** 本品是一种滋润美白霜。

**〈产品特性〉** 本产品利用植物提取物作为美白活性成分，能够抑制内皮素-1的产生、抑制酪氨酸酶活性、抑制麦拉宁产生和转移，并加速新陈代谢，具有来源天然、对人体和环境安全性高等优点。

# 配方 40 舒缓美白霜

**原料配比**

| 原料 | 配比(质量份) | | |
|---|---|---|---|
| | 1# | 2# | 3# |
| 甘油 | 6 | 8 | 7 |
| 丙二醇 | 2 | 4 | 3 |
| 棕榈酸异丙酯 | 1 | 3 | 2 |
| 十八醇 | 3 | 6 | 5 |
| 硬脂酸 | 4 | 8 | 6 |
| 单硬脂酸甘油酯 | 4 | 8 | 6 |
| 白油 | 10 | 20 | 16 |
| 三乙醇胺 | 1 | 3 | 2 |
| 羟苯乙酯 | 0.1 | 0.3 | 0.2 |
| 玫瑰香精 | 0.1 | 0.3 | 0.2 |
| 去离子水 | 60 | 80 | 70 |

**制备方法**

(1) 按配比，将丙二醇、十八醇、硬脂酸、甘油及白油混合，加热至 60～80℃，反应 1～3h；

(2) 将除香精外的其余组分混合，搅拌分散均匀；

(3) 将步骤 (1) 和步骤 (2) 的产物混合，搅拌分散均匀；

(4) 冷却至室温后，加入香精，分散均匀后即可得成品。

**产品应用** 本品是一种舒缓美白霜。

**产品特性**

(1) 制备工艺简单，成本低廉；

(2) 对人体无毒无害，可靠性高。

# 配方 41 修复美白霜

**原料配比**

| 原料 | 配比(质量份) | | |
|---|---|---|---|
| | 1# | 2# | 3# |
| 丁二醇 | 4 | 8 | 6 |
| 丙二醇 | 3 | 8 | 5 |
| 甘油 | 3 | 8 | 5 |
| 酵母提取物 | 3 | 7 | 5 |
| 辛酸/癸酸甘油三酯 | 1 | 5 | 3 |
| 3-*O*-乙基抗坏血酸 | 1 | 5 | 3 |
| 鲸蜡硬脂醇/鲸蜡硬脂基葡糖苷 | 1 | 3.5 | 2.5 |
| 环五聚二甲基硅氧烷/环己硅氧烷 | 1 | 3 | 2 |

续表

| 原料 | 配比(质量份) | | |
|---|---|---|---|
| | 1# | 2# | 3# |
| 聚二甲基硅氧烷 | 1 | 3 | 2 |
| 鲸蜡硬脂醇 | 0.9 | 1.5 | 1.2 |
| 甘油硬脂酸酯/PEG-100 硬脂酸酯 | 0.9 | 1.5 | 1.2 |
| 月桂氮䓬酮 | 0.5 | 1.6 | 1 |
| 聚丙烯酰胺/$C_{13}$～$C_{14}$异链烷烃/月桂醇聚醚-7 | 0.4 | 1 | 0.7 |
| 生育酚 | 0.3 | 0.8 | 0.5 |
| 苯氧乙醇 | 0.35 | 0.45 | 0.45 |
| 1,2-己二醇 | 0.1 | 0.5 | 0.3 |
| 甘草黄酮 | 0.1 | 0.4 | 0.2 |
| 黄原胶 | 0.05 | 0.2 | 0.1 |
| 丁羟甲苯 | 0.02 | 0.07 | 0.05 |
| 透明质酸钠 | 0.01 | 0.03 | 0.02 |
| 去离子水 | 加至 100 | 加至 100 | 加至 100 |

**〈制备方法〉**

(1) 将鲸蜡硬脂醇/鲸蜡硬脂基葡糖苷、鲸蜡硬脂醇、甘油硬脂酸酯/PEG-100硬脂酸酯、环五聚二甲基硅氧烷/环己硅氧烷、聚二甲基硅氧烷、辛酸/癸酸甘油三酯、生育酚、月桂氮䓬酮、丁羟甲苯混合作为A相投入油相锅，加热至85℃，搅拌溶解完全后保温待用；

(2) 将丙二醇、甘油、黄原胶、透明质酸钠、去离子水混合作为B相加入水相锅中，加热至85℃，搅拌溶解完全后保温待用；

(3) 将乳化锅预热至60～65℃，搅拌速度45r/min，先将B相抽入，再将A相抽入，搅拌30min，温度保持在85℃；均质3min；

(4) 将C相加入乳化锅，均质4min，保温搅拌30min，温度保持在80～85℃，搅拌速度35r/min。所述C相为聚丙烯酰胺/$C_{13}$～$C_{14}$异链烷烃/月桂醇聚醚-7；

(5) 降温至40℃，依此加入E、F、G相，保温搅拌10min，搅拌速度35r/min，最后加入D相，保温10～20min。所述D相为苯氧乙醇、1,2-己二醇，所述E相为甘草黄酮、丁二醇，所述F相为3-*O*-乙基抗坏血酸，所述G相为酵母提取物；

(6) 搅拌降温至40℃，抽真空出料。

**〈产品应用〉** 本品是一种具有保湿、美白、抗衰老等功效的修复美白霜。

**〈产品特性〉**

(1) 本产品以酵母提取物、3-*O*-乙基抗坏血酸和甘草黄酮为主要功效成分，并与其他组分按照特定的比例复配形成美白霜，各有效成分互补、协同、配合，得到了更合理高效的利用。

(2) 本美白霜中还包含可以修复肌肤损伤、补水保湿的透明质酸钠，可以补充肌底水分，有助于降低皮肤络氨酸酶活性。本品中的生育酚可修复皮肤，使肌肤屏障功能健康，抵御外界对皮肤的伤害。通过以上各组分的共同作用，使本品在抑制黑色素形成、滋养美白肌肤的同时，还可以修复肌肤损伤，抗皱抗衰老。

# 配方 42 提亮美白霜

**〈原料配比〉**

| 原料 | | 配比(质量份) |
|---|---|---|
| A 组分 | 氢化卵磷脂 | 2 |
| | 硬脂酸酯 | 0.5 |
| | 鲸蜡硬脂醇 | 0.2 |
| | 聚二甲基硅氧烷 | 2 |
| | 环聚二甲基硅氧烷 | 3 |
| | 甘油三(乙基己酸)酯 | 8 |
| | 生育酚 | 0.5 |
| | 植物甾醇类 | 1 |
| | 牛油果树果脂 | 2 |
| | 羟苯甲酯 | 0.15 |
| B 组分 | 水 | 68.37 |
| | 保湿剂 | 0.2 |
| | 透明质酸钠 | 0.08 |
| | 丁二醇 | 5 |
| C 组分 | 聚丙烯酰胺和 $C_{13}$～$C_{14}$ 异链烷烃 | 1 |
| D 组分 | 双甘油 | 2 |
| | 白藜芦醇 | 0.5 |
| | 脱氧熊果苷 | 2 |
| | 小球藻/白羽扇豆蛋白发酵产物 | 1 |
| | 防腐剂 | 0.5 |

**〈制备方法〉**

(1) A 组分的制备：将氢化卵磷脂、硬脂酸酯、鲸蜡硬脂醇、聚二甲基硅氧烷、环聚二甲基硅氧烷、甘油三（乙基己酸）酯、生育酚、植物甾醇类、牛油果树果脂和羟苯甲酯依次加入乳化锅中，逐步升温到 75～80℃，打散，完全溶解，得到 A 组分；

(2) B 组分的制备：将水、保湿剂、透明质酸钠和丁二醇加入乳化锅中，升温到 85℃，得到 B 组分；

(3) 均质混合：保持步骤（2）中装有 B 组分的乳化锅的温度不变，将步骤（1）乳化锅中的 A 组分抽入步骤（2）中装有 B 组分的乳化锅中，一边抽料一边进行均质搅拌，抽料时长为 3min，得到 AB 混合原料，然后向 AB 混合原料中加入 C 组分，均质 30s，得到 ABC 混合原料；

(4) 混合出料：保持装有 ABC 混合原料的乳化锅的温度不变，保持 30min 灭菌，降温到 40℃，加入 D 组分，均质搅拌 45s，检验出料。

**〈原料介绍〉**

所述硬脂酸酯包括甘油硬脂酸酯和 PEG-100 硬脂酸酯。

所述保湿剂是甜菜碱或甘油聚丙烯酸酯或甜菜碱和甘油聚丙烯酸酯的混合物。

所述防腐剂包括苯氧乙醇和乙基己基甘油。

所述C组分是一种乳液状增稠、乳化和稳定剂。

**产品应用** 本品主要用于对抗黑色素的产生，同时能够修复损伤皮肤。

**产品特性** 本品配方合理，使用方便，易于吸收，可提高细胞的再生能力，提高皮肤的光泽度，美白效果好。

## 配方 43 鞣花酸美白霜

**原料配比**

| 原 料 | 配比(质量份) | | |
|---|---|---|---|
| | 1# | 2# | 3# |
| 对苯二酚 | 10 | 20 | 30 |
| 鞣花酸 | 10 | 20 | 30 |
| 烟酰胺 | 10 | 15 | 20 |
| 维生素C | 5 | 8 | 10 |
| 蜂胶 | 5 | 8 | 10 |
| 聚氧乙烯十二烷基醚 | 2 | 3 | 5 |
| 丙二醇 | 2 | 3 | 5 |
| 硬脂酸丁酯 | 5 | 8 | 10 |
| 聚乙二醇 | 10 | 15 | 20 |
| 苯甲酸钠 | 2 | 3 | 5 |
| 香精 | 1 | 2 | 3 |
| 去离子水 | 加至100 | 加至100 | 加至100 |

**制备方法**

(1) 将称量好的对苯二酚、鞣花酸、烟酰胺加入去离子水中，加热搅拌至70～80℃，均质5min待用；

(2) 将称好的丙二醇、硬脂酸丁酯、蜂胶分散均匀放入烧杯中，在水浴中加热至80～90℃熔融；

(3) 将步骤(2)所得溶液不断搅拌，将步骤(1)所得溶液徐徐加入搅匀，开启冷却循环水，搅拌降温，待温度冷却至60℃时加入聚氧乙烯十二烷基醚、维生素C，继续搅拌至40℃左右，均质5min，加入香精、聚乙二醇、苯甲酸钠，搅拌溶解完全；搅拌时间为5～10min；

(4) 继续搅拌至25℃，停止搅拌，装瓶。

**产品应用** 本品是一种能抑制黑色素细胞的形成、提高亮度的鞣花酸美白霜。

**产品特性** 本品涂用在皮肤表面可起到抑制黑色素细胞的形成，淡化已形成的黑色素、美白皮肤的作用，且对皮肤无刺激性，滋润、保湿效果均较好，制备过程简单、无任何有害的添加剂，使用安全。

## 配方 44 美白止痒护手霜

**〈原料配比〉**

| 原　　料 | 配比(质量份) | | | | |
|---|---|---|---|---|---|
| | 1# | 2# | 3# | 4# | 5# |
| 土木香提取物 | 1.05 | 0.67 | 0.3 | 1.42 | 1.8 |
| 委陵菜提取物 | 0.7 | 0.45 | 0.2 | 0.95 | 1.2 |
| 天葵提取物 | 0.3 | 0.2 | 0.1 | 0.4 | 0.5 |
| 矿油 | 5.5 | 4.25 | 3 | 6.75 | 8 |
| 鲸蜡醇乙基己酸酯 | 2 | 1.5 | 1 | 2.5 | 3 |
| 角鲨烷 | 2.5 | 2.20 | 2 | 2.7 | 3 |
| 聚山梨醇酯-60 | 0.35 | 0.27 | 0.2 | 0.4 | 0.5 |
| 丙二醇 | 9.5 | 8.25 | 7 | 10.75 | 12 |
| 聚二甲基硅氧烷 | 3.75 | 3.12 | 2.5 | 4.3 | 5 |
| 凡士林 | 3.5 | 2.75 | 2 | 4.25 | 5 |
| 甘油 | 9 | 7 | 5 | 11 | 13 |
| 甘油硬脂酸酯/PEG-100 硬脂酸酯 | 2.5 | 2 | 1.5 | 3 | 3.5 |
| 卡波姆 | 0.15 | 0.12 | 0.1 | 0.1 | 0.2 |
| 尿囊素 | 0.25 | 0.22 | 0.2 | 0.2 | 0.3 |
| 羟苯甲酯 | 0.01 | 0.01 | 0.01 | 0.01 | 0.02 |
| 羟苯丙酯 | 0.01 | 0.01 | 0.01 | 0.01 | 0.02 |
| 碳酸二辛酯 | 0.75 | 0.62 | 0.5 | 0.8 | 1 |
| 丁羟甲苯 | 0.2 | 0.15 | 0.1 | 0.25 | 0.3 |
| 去离子水 | 57.98 | 66.16 | 74.28 | 50.21 | 41.66 |

**〈制备方法〉**

(1) 将矿油、鲸蜡醇乙基己酸酯、角鲨烷、聚山梨醇酯-60、聚二甲基硅氧烷、凡士林、甘油硬脂酸酯/PEG-100 硬脂酸酯、羟苯甲酯、羟苯丙酯混合构成油相加入油相锅，搅拌加热至 75～85℃，待所有组分溶解后保温，制得 A 相；

(2) 将甘油、丙二醇、尿囊素、卡波姆、碳酸二辛酯和去离子水混合构成水相加入水相锅，搅拌加热至 70～85℃，保温 15～30min 使其充分溶解，制得 B 相；

(3) 将 A 相、B 相依次抽入到乳化锅中，均质 5～15min，搅拌速率为 2000～4000r/min，而后保温搅拌 15～45min，搅拌速率为 30～50r/min；冷却至 40～45℃，加入上述植物提取物的组合物、丁羟甲苯，搅拌均匀即可。

**〈原料介绍〉**

所述土木香提取物的制备方法：将土木香洗净烘干，粉碎过 20～40 目筛，按料液比 1∶(8～12) 加入 55%～75%乙醇，回流提取 1～2h，提取液经旋转蒸发仪浓缩除去乙醇即可。

所述委陵菜提取物的制备方法：将委陵菜洗净烘干，粉碎过 20～40 目筛，按料液比 1∶(30～40) 加入 60%～80%乙醇，浸泡 5～7h，70～90℃超声提取 45～75min，收集提取液，经旋转蒸发仪浓缩除去乙醇即可。

所述天葵提取物的制备方法：将天葵洗净烘干，粉碎过 40～60 目筛，按 1∶(10～13)

的固液比加入80%乙醇，70～90℃恒温水浴浸提1.5～2h，低速离心10～30min，上清液经旋转蒸发仪减压浓缩即可。

**〈产品应用〉** 本品是一种美白止痒护手霜。

**〈产品特性〉** 本产品天然无刺激，不会引起过敏反应。

## 配方 45　美白组合护肤品

**〈原料配比〉**

| 原料 | | 配比(质量份) | | | | | | |
|---|---|---|---|---|---|---|---|---|
| | | 1# | 2# | 3# | 4# | 5# | 6# | 7# |
| 美白组合物 | 乙酰半胱氨酸、丙氨酸及乙酰酪氨酸的混合物 | 2 | 3 | 2 | 3 | 2 | 2 | 2 |
| | 烟酰胺 | 3 | 2 | 2 | 3 | 2 | 2 | 2 |
| | 仙人掌提取物 | 1 | 3 | 1 | 3 | 2 | 2 | 2 |
| | 苹果酸 | 0.7 | 0.2 | 0.2 | 0.7 | 0.5 | 0.5 | 0.5 |
| 美白组合物 | | 6.7 | 8.2 | 5.2 | 9.7 | 6.5 | 6.5 | 6.5 |
| 去离子水 | | 35 | 45 | 40 | 45 | 43 | 43 | 43 |
| 润肤剂 | | 5.5 | 16.2 | 10.2 | 8 | 5.5～16.2 | 5.5～16.2 | 5.5～16.2 |
| 保湿剂 | | 1 | 18 | 11 | 9 | 1～18 | 1～18 | 1～18 |
| 三乙醇胺 | | — | 0.8 | 1.2 | 1 | 0.8～1.2 | 0.8～1.2 | 0.8～1.2 |
| 着色剂 | 二氧化钛 | — | — | — | 7 | 5 | 6 | 6 |
| | CI77492 | — | — | 0.02 | 0.3 | — | — | — |
| 增稠剂 | 白蜂蜡 | — | — | — | 1 | — | 1.5 | 1.5 |
| | 卡波姆 | — | — | — | — | 2 | 2 | 2 |
| 防腐剂 | 羟苯丙酯 | — | — | — | — | 0.05 | 0.1 | — |
| | 双(羟甲基)咪唑烷基脲、碘丙炔醇丁基氨甲酸酯的混合物 | — | — | — | — | — | 0.3 | 0.2 |
| | 羟苯甲酯 | — | — | — | — | — | 0.2 | 0.1 |
| 硬脂酸 | | 12 | 8 | 10 | 10 | 10 | 10 | 10 |
| 润肤剂 | 环五聚二甲基硅氧烷 | 0.5 | 1.2 | — | 1 | — | — | — |
| | 矿油 | 5 | 10 | 8 | 5 | 9 | 9 | 9 |
| | 环聚二甲基硅氧烷 | — | 3 | 1 | 2 | — | — | — |
| | 聚二甲基硅氧烷 | — | 2 | 1 | — | 1 | 1 | 1 |
| 保湿剂 | 甜菜碱 | 1 | 2 | — | — | 2 | 2 | 2 |
| | 甘油 | — | 10 | 8 | 9 | 10 | 10 | 10 |
| | 丙二醇 | — | 6 | 3 | | 5 | 5 | 5 |

**〈制备方法〉**

(1) 将硬脂酸、二氧化钛、CI77492、白蜂蜡、羟苯丙酯、羟苯甲酯和润肤剂混合均匀，加热至70～80℃，得到油相混合物；

(2) 将水、卡波姆和保湿剂均质分散至完全溶解，加热至80～85℃，得到水相混合物；

(3) 将所述油相混合物和水相混合物混合，在80～85℃下均质乳化8～15min，然后保温 10～15min，得到乳化混合物，再将其降温至 70～75℃，加入三乙醇胺，混合均匀；

(4) 将步骤 (3) 得到的混合物降温至 45～55℃时，加入乙酰半胱氨酸、丙氨酸及乙酰酪氨酸的混合物、烟酰胺以及苹果酸，混合均匀，得到混合物；

(5) 步骤 (4) 得到的混合物温度降至 38～43℃时，加入所述仙人掌提取物和双（羟甲基）咪唑烷基脲、碘丙炔醇丁基氨甲酸酯的混合物，混合均匀，得到美白组合护肤品。

**〈原料介绍〉**

所述仙人掌提取物的提取方法为：将仙人掌处理干净后，置于 35～42℃的 0.01%～0.02% 的熟石灰溶液中浸泡 2～3h，然后经 95～105℃的水清洗后，50～70℃干燥至仙人掌含水率小于 35%，以干燥后的仙人掌 8～10 倍质量的玉米丙二醇和 0.01～0.02 倍质量纤维素酶进行浸提 3～5h，然后用微波处理 2～3 次，过滤，干燥，至含水率小于 5%，得到所述仙人掌提取物。所述丙二醇为以玉米为原料生产得到的丙二醇。所述微波处理即以 1000～1800MHz 的频率处理 5～8min。

**〈产品应用〉** 本品是一种可以快速穿透真皮层、深入毛孔底层、瓦解已生成的黑色素、防止黑色素堆积、改善皮肤状态的美白组合护肤品。

**〈产品特性〉** 本产品经科学合理配比，协同作用，可溶解皮肤角质层，促进小分子成分达到皮肤真皮层，抑制黑色素生成，减少色斑的生成，同时可深层保湿补水和锁水，达到美白并维持美白效果和修护受损皮肤的效果。

## 配方 46 美白组合物

**〈原料配比〉**

| 原料 | | 配比(质量份) | | | | | |
|---|---|---|---|---|---|---|---|
| | | 1#美白凝胶 | 2#美白乳液 | 3#美白乳液 | 4#美白膏霜 | 5#美白膏霜 | 6#美白乳液 |
| 油相 | $C_{14}$～$C_{22}$醇/$C_{12}$～$C_{20}$烷基葡糖苷 | — | 2.0 | 2.0 | 2 | 2 | 2.0 |
| | 甘油硬脂酸酯/PEG-100 硬脂酸酯 | — | 1.5 | 1.5 | 1 | 1 | 1.5 |
| | 乙二醇棕榈酸酯 | — | — | — | 2.2 | 2.2 | — |
| | 鲸蜡硬脂醇 | — | 0.6 | 0.6 | — | — | 0.6 |
| | 环五聚二甲基硅氧烷 | — | 3.0 | 3.0 | 5 | 5 | 3.0 |
| | 辛酸/癸酸甘油三酯 | — | — | — | 5 | 5 | — |
| | 合成角鲨烷 | — | — | — | 5 | 5 | — |
| | 澳洲坚果籽油 | — | 4.0 | 4.0 | 4 | 4 | 4.0 |
| | 聚二甲基硅氧烷 | — | 1.5 | 1.5 | 2 | 2 | 1.5 |
| | 维生素 E 乙酸酯 | — | 0.5 | 0.5 | 0.5 | 0.5 | 0.5 |
| 水相 | 去离子水 | — | 加至 100 | 加至 100 | 加至 100 | 加至 100 | 加至 100 |
| | 甘油 | — | 4 | 4 | 5 | 5 | 4 |
| | 丁二醇 | — | 4 | 4 | 5 | 5 | 4 |
| | 黄原胶 | — | 0.3 | 0.3 | 0.2 | 0.2 | 0.3 |
| | 尿囊素 | — | 0.15 | 0.15 | 0.15 | 0.15 | 0.15 |
| | 卡波姆 | — | — | — | 0.4 | 0.4 | |

续表

| 原料 | | 配比(质量份) | | | | | |
|---|---|---|---|---|---|---|---|
| | | 1#美白凝胶 | 2#美白乳液 | 3#美白乳液 | 4#美白膏霜 | 5#美白膏霜 | 6#美白乳液 |
| 乳化后低温添加(40℃) | X50 PURE WHITE | 0.05 | 0.1 | 0.2 | 0.7 | 0.5 | 0.1 |
| | 1-抗坏血酸 2-葡糖苷 | 0.5 | 1 | 0.5 | 1.5 | 2 | 0.5 |
| | 桑树根提取物 | 1.0 | 2 | 2.5 | 5 | 5 | 2.5 |
| | 甘油 | 4.0 | — | — | — | — | — |
| | 丁二醇 | 3.0 | — | — | — | — | — |
| | 海藻糖 | 2.0 | — | — | — | — | — |
| | 卡波姆 | 0.6 | — | — | — | — | — |
| | 三乙醇胺 | 0.6 | — | — | — | — | — |
| | 香精 | 适量 | 适量 | 适量 | 适量 | 适量 | 适量 |
| | 防腐剂 | 适量 | 适量 | 适量 | 适量 | 适量 | 适量 |
| | 去离子水 | 加至 100 | | | | | |

**〈制备方法〉**

(1) 将化妆品外用型的常用基质和/或去离子水搅拌至完全溶解后，加入 X50 PURE WHITE、1-抗坏血酸 2-葡糖苷和桑树根提取物搅拌均匀，即得美白凝胶。

(2) 将部分化妆品外用型的常用基质制备油相，将其余部分化妆品外用型的常用基质和去离子水制备水相，将上述油相和水相分别加热后混合均匀，搅拌降温后，加入 X50 PURE WHITE、1-抗坏血酸 2-葡糖苷和桑树根提取物，搅拌均匀得美白乳液。

(3) 将部分化妆品外用型的常用基质制备油相，将其余部分化妆品外用型的常用基质和去离子水制备水相，将上述油相和水相分别加热后混合均匀，搅拌降温后得膏霜，加入 X50 PURE WHITE、1-抗坏血酸 2-葡糖苷和桑树根提取物后搅拌均匀得美白膏霜。

**〈原料介绍〉**

所述化妆品外用型的常用基质选自乳化剂、润肤剂、保湿剂、增稠剂、皮肤调理剂中的一种或多种；

所述乳化剂选自 PEG-100 硬脂酸酯、$C_{12}$～$C_{20}$烷基葡糖苷、乙二醇棕榈酸酯中的一种或多种；

所述润肤剂选自合成角鲨烷、澳洲坚果籽油、聚二甲基硅氧烷、环五聚二甲基硅氧烷、辛酸/癸酸甘油三酯的一种或多种；

所述保湿剂选自甘油、丁二醇、甲基丙二醇、泛醇、海藻糖中的一种或多种；

所述增稠剂选自卡波姆、黄原胶、丙烯酸钠/丙烯酰二甲基牛磺酸钠共聚物中的一种或多种；

所述皮肤调理剂选自尿囊素、维生素 E 乙酸酯中、烟酰胺中的一种或多种；

所述美白组合物的外形为美白凝胶、美白乳液、美白膏霜中的一种或多种。

**〈产品应用〉** 本品是一种使皮肤白皙、肤色匀称、肤质亮泽的美白组合物。

**〈产品特性〉** 本产品精准针对影响皮肤黑色素的关键蛋白，使有效成分直接作用于黑色素产生、扩散和传递的生理过程，能够让使用者更加精准有效地获得美白淡斑的效果。

## 配方 47 柠檬精油美白霜

**〈原料配比〉**

| 原　　料 | 配比(质量份) |
|---|---|
| 柠檬精油 | 适量 |
| 甘草根部萃取液 | 5(体积) |
| 传明酸粉 | 0.5 |
| 多元醇保湿剂 | 10(体积) |
| 油溶性维生素 E | 2 |
| 简易乳化剂 | 2(体积) |
| 去离子水 | 75(体积) |
| 天然植物抗菌剂 | 0.5(体积) |

**〈制备方法〉**

（1）将传明酸粉加入去离子水中，搅拌至溶解，将甘草根部萃取液和多元醇保湿剂倒入混合搅拌均匀。

（2）将油溶性维生素 E 和简易乳化剂混合均匀。

（3）把（2）缓慢地倒入（1）中，边倒边搅拌，搅拌均匀。

（4）如需添加抗菌剂，则等（3）搅拌均匀后加入，再次搅拌后滴入柠檬精油搅拌均匀即可。

**〈产品应用〉** 本品是一种柠檬精油美白霜。

**〈产品特性〉** 本品对皮肤温和，可防止皱纹产生、增加皮肤光泽、淡化雀斑、美白、帮助油性肌肤减少皮脂分泌等。

## 配方 48 祛斑紧致美白霜

**〈原料配比〉**

| 原　　料 | 配比(质量份) | | |
|---|---|---|---|
| | 1# | 2# | 3# |
| 当归 | 15 | 19 | 30 |
| 桃仁 | 20 | 26 | 32 |
| 川芎 | 10 | 17 | 24 |
| 菊花 | 16 | 23 | 29 |
| 白果 | 14 | 17 | 24 |
| 栀子 | 9 | 12 | 15 |
| 白术 | 11 | 15 | 17 |
| 醋 | 15 | 19 | 23 |
| 黄瓜 | 13 | 16 | 19 |

续表

| 原料 | 配比(质量份) | | |
|---|---|---|---|
| | 1# | 2# | 3# |
| 黑豆 | 13 | 15 | 17 |
| 淀粉 | 16 | 18 | 25 |
| 鲜乳 | 30 | 40 | 50 |
| 蜂蜜 | 10 | 18 | 16 |
| 橄榄油 | 9 | 11 | 14 |

**制备方法**

(1) 取当归15～30份、桃仁20～32份、川芎10～24份、菊花16～29份、白果14～24份和栀子9～15份洗净，并通过干燥机进行干燥，使其变脆，然后通过碾磨机碾磨成50目的粉末，备用；

(2) 取白术11～17份洗净并截断，然后添加醋15～23份，将白术浸泡1天，制得醋制白术，然后通过干燥机进行脱水干燥，并碾磨成50目的粉末，备用；

(3) 取黄瓜13～19份洗净，并将黄瓜表面的小刺清除掉，然后将黄瓜用榨汁机榨汁，得到黄瓜汁，然后通过过滤器将黄瓜汁过滤，得到无渣黄瓜汁，备用；

(4) 取黑豆13～17份，焙干然后通过碾磨机碾磨成50目的粉末，备用；

(5) 取淀粉16～25份与步骤(1)、步骤(2)和步骤(4)制得的粉末混合，并搅拌均匀，备用；

(6) 取鲜乳30～50份并进行提炼，制得黏稠的乳制品，然后将步骤(3)制得的黄瓜汁与步骤(5)相搅拌，并添加乳制品混合搅拌，使得粉末材料与乳制品混合均匀，制成祛斑面霜，备用；

(7) 取蜂蜜10～16份和橄榄油9～14份滴在步骤(6)制得的祛斑面霜表面，然后通过搅拌机搅拌，使得祛斑面霜更加均匀，备用；

(8) 将步骤(7)制得祛斑面霜放入冰箱冷存起来，使得祛斑面霜凝结成胶状，便于使用。

**产品应用** 本品是一种具有祛斑美白、净化皮肤油脂、促进皮肤光滑细腻的祛斑紧致美白霜。所述的祛斑面霜因无添加防腐剂，用完之后需要通过冰箱保存。

**产品特性** 本品采用多种中药药材进行相互配合使用，使其达到祛斑的效果，通过中药成分由外到内、由内到外进行双重作用，对人体皮肤进行改善，能够将皮肤上的斑点、痘印以及黑刺进行祛除，同时通过多种天然材料对祛斑后进行护肤，有利于降低皮肤斑点复发等情况。

## 配方 49 祛斑美白精华霜

**原料配比**

| 原料 | | 配比(质量份) |
|---|---|---|
| A组分 | 去离子水 | 34.05 |
| | 月桂醇聚醚-7 | 1 |

续表

| 原料 | | 配比(质量份) |
|---|---|---|
| A组分 | 甘油 | 3 |
| | 黄原胶 | 0.3 |
| | 羟苯甲酯 | 0.2 |
| | 丙二醇 | 0.1 |
| | 羟苯丙酯 | 0.1 |
| | 肉豆蔻酸异丙酯 | 5 |
| | 环五聚二甲基硅氧烷 | 3 |
| | 聚二甲基硅氧烷 | 2 |
| | 聚丙烯酸钠 | 0.8 |
| B组分 | 苦参根提取物 | 8 |
| | 防风根提取物 | 8 |
| | 膜荚黄芪根提取物 | 10 |
| | 红花提取物 | 8 |
| | 当归根提取物 | 8 |
| | 朝鲜淫羊藿提取物 | 8 |
| | 苯氧乙醇 | 0.45 |

**制备方法** 准确称取料体，在乳化锅中加入A组分原料，混合搅拌，加热至80℃至完全溶解且保温10min，后降温至45℃，将B组分原料依次加入乳化锅，搅拌均匀；检验合格，出料静置待灌；灌装机灌装，包装、成品检验合格，入库。

**原料介绍** 所述的苦参、防风、膜荚黄芪、红花、当归、淫羊藿，分别加12～10质量倍水分别煎煮2～1.5h，收集滤液，浓缩至相对密度至1.30（60℃热测），加乙醇至60%，静置48h，取滤液浓缩干燥，即为所述的提取物。

**产品应用** 本品是一种祛斑美白精华霜。

使用方法：将产品均匀涂抹于面部20min后，再用温水洗净，每天早晚各一次，即可达到祛斑美白、修复肌肤、滋养肌肤的效果。

**产品特性** 本产品具有分解黑色素，美白皮肤，活化祛斑，去皱，延缓皮肤衰老，提高皮肤免疫力的功效。

## 配方50 无刺激祛斑美白霜

**原料配比**

| 原料 | 配比(质量份) |
|---|---|
| 曲酸 | 3.0 |
| 丝素 | 3.5 |
| 乙醇 | 2.5 |
| 聚丙烯酸 | 1.0 |
| 羟苯甲酯 | 0.1 |
| 蜂胶 | 3.0 |
| 角鲨烷 | 2.0 |
| 丙二醇 | 4.0 |
| 氧化锌 | 10.0 |
| 高岭土 | 10.0 |
| 去离子水 | 60.88 |
| 香精 | 0.02 |

**〈制备方法〉**

(1) 将曲酸、丝素、蜂胶、乙醇、聚丙烯酸、角鲨烷加入去离子水中，搅拌均匀混合后，加入氧化锌和高岭土，搅匀。

(2) 将丙二醇、香精、羟苯甲酯混合搅拌，使固体物溶解。

(3) 将步骤 (1) 和 (2) 所得混合物进一步混合搅拌即得成品。

**〈产品应用〉** 本品是一种无刺激祛斑美白霜。

使用时，取少量本品涂抹于面部色斑处即可。

**〈产品特性〉** 本品对雀斑、老年斑、蝴蝶斑等有明显的消除效果，安全、无毒、无刺激，同时还具有美白润肤的作用。

## 配方 51 滋养祛斑美白霜

**〈原料配比〉**

| 原　　料 | 配比(质量份) |
|---|---|
| 去离子水 | 70 |
| 硫辛酸 | 0.3 |
| 甘油 | 5.5 |
| 卡波姆 | 0.3 |
| 山梨酸钾 | 0.2 |
| 甘油硬脂酸酯 | 6 |
| 丹参提取物 | 0.3 |
| 维生素 E | 1.5 |
| 初榨橄榄油 | 6 |
| 肉豆蔻酸异丙酯 | 6 |
| 聚山梨醇酯 80 | 4.6 |
| 香精 | 0.5 |

**〈制备方法〉**

(1) 组合物制备：将硫辛酸、甘油、卡波姆、山梨酸钾、甘油硬脂酸酯、丹参提取物、维生素 E、初榨橄榄油、肉豆蔻酸异丙酯、聚山梨醇酯 80 在搅拌釜中混合搅拌均匀，加入去离子水，并加热至 90～95℃；

(2) 在搅拌釜中以 350～400r/min 的速度搅拌至上述组合物冷却至 42～45℃，将香精加入其中，在室温下和惰性气体保护的条件下，再以 350～400r/min 的速度搅拌至组合物冷却到 30～35℃，得到祛斑美白霜。

**〈产品应用〉** 本品是一种滋养祛斑美白霜。

**〈产品特性〉** 本产品具有滋养细胞、脱敏消炎、美白祛斑、去皱、嫩肤、去黄、褪黑、收缩毛孔、预防衰老等功效；使用安全可靠。

# 配方 52　中药祛斑美白霜

**《原料配比》**

| 原　　料 | | 配比(质量份) | | |
|---|---|---|---|---|
| | | 1# | 2# | 3# |
| 中药提取物 | 人参 | 5 | 15 | 10 |
| | 白及 | 15 | 45 | 20 |
| | 何首乌 | 15 | 45 | 30 |
| | 红花 | 30 | 45 | 20 |
| 基质 | 甘油 | 10 | 5 | 10 |
| | 抗坏血酸 | 0.1 | 2 | 0.1 |
| | 透明质酸 | 5 | 1 | 5 |
| | 山梨醇 | 5 | 1 | 5 |
| | 卵磷脂 | 2 | 0.1 | 2 |
| 中药提取物 | | 1 | 20 | 1 |
| 基质 | | 99 | 80 | 99 |

**《制备方法》** 称取人参、白及、何首乌、红花的提取物固体，透明质酸，抗坏血酸溶于水中，在搅拌速度为10r/min的条件下加热至75℃，保持10min，得水相；将甘油、山梨醇、卵磷脂放入容器中，在搅拌速度20r/min的条件下加热至80℃，保持15min后，得油相；将油相和水相混合500s，降温至35～45℃，即得。

**《原料介绍》** 所述的中药均为其提取物。中药提取物的制备方法为按照上述质量比称取药材，挑选除杂，加80%的乙醇水溶液煎煮1h与0.5h，取煎煮液，将液体浓缩得浸膏，将浸膏放入60℃的恒温箱中，得中药提取物固体。

**《产品应用》** 本品是一种能够祛斑美白的中药祛斑美白霜。

**《产品特性》** 本品具有活血化瘀、加速血液循环、促进新陈代谢的功效，能够排出黑色素细胞所产生的黑色素，促进滞留于体内的黑色素分解，使之不能沉淀形成色斑，或使沉淀的色素分解而排出体外，达祛斑润颜、疗疮化瘀之效。

# 配方 53　祛斑美白霜组合物

**《原料配比》**

| 原　　料 | | 配比(质量份) |
|---|---|---|
| 化斑霜 | 密陀僧 | 50 |
| | 白附子 | 10 |
| | 当归 | 10 |
| | 白及 | 10 |
| | 白茯苓 | 10 |
| | 白芷 | 10 |
| | 滑石粉 | 20 |
| | 氧化锌 | 20 |
| | 鸡蛋清 | 80 |

续表

| 原　　料 | | 配比(质量份) |
|---|---|---|
| 祛斑膏 | 10%过氧化氢溶液 | 10 |
| | 5%～10%白降汞软膏 | 10 |
| | 1%的升汞酒精 | 10 |
| | 20%的苯二酚单苯乳剂 | 10 |
| | 川芎 | 15 |
| | 桃花 | 15 |
| | 冬瓜仁 | 15 |
| | 蜂蜜 | 55 |
| 雀斑膜 | 猪牙皂 | 30 |
| | 紫背浮萍 | 30 |
| | 白梅肉 | 30 |
| | 甜樱桃枝 | 30 |
| | 鸽粪白 | 30 |
| | 杏仁 | 30 |
| 美白液 | 瓜蒌 | 90 |
| | 猪肚子 | 90 |

**制备方法** 将密陀僧、白附子、当归、白及、白茯苓、白芷共研细末，和滑石粉、氧化锌混匀，加鸡蛋清调成糊状制成化斑霜；将过氧化氢溶液、白降汞软膏、升汞酒精、苯二酚单苯乳剂调好，加川芎、桃花、冬瓜仁提取物浓缩液，再加蜂蜜调匀制成祛斑膏；将猪牙皂、紫背浮萍、白梅肉、甜樱桃枝、鸽粪白、杏仁研细末，用水调制成雀斑膜；将瓜蒌、猪肚子焙干共研细末加酸性水制成美白液。

**产品应用** 本品是一种祛黄褐斑、美白的组合物。

**产品特性** 本品主要功效为活血通络、化瘀祛斑、祛黄褐斑、雀斑、美白、减皱、美容。

## 配方 54　祛痘美白护肤品

**原料配比**

| 原　　料 | | 配比(质量份) | | | | | | | |
|---|---|---|---|---|---|---|---|---|---|
| | | 1# | 2# | 3# | 4# | 5# | 6# | 7# | 8# |
| 木瓜提取物 | | 1 | 3 | 4 | 5 | 7 | 8 | 9 | 10 |
| 金银花提取物 | | 3 | 2 | 4 | 4.5 | 5 | 6 | 8 | 7 |
| 茶树油 | | 3 | 4 | 5 | 5.5 | 6 | 6.5 | 7 | 8 |
| 乳化剂 | 十六/十八醇 | 5 | — | — | — | — | — | — | — |
| | 单硬脂酸甘油酯 | — | 6 | 5.5 | — | — | — | — | 8 |
| | PEG-100 硬脂酸甘油酯 | — | — | — | 6 | — | — | 8 | — |
| | 十六/十八醇和单硬脂酸甘油酯以 1∶2 混合 | — | — | — | — | 6.5 | — | — | — |
| | PEG-100 硬脂酸甘油酯和单硬脂酸甘油酯以 1∶2 混合 | — | — | — | — | — | 7 | — | — |

续表

| 原料 | | 配比(质量份) | | | | | | | |
|---|---|---|---|---|---|---|---|---|---|
| | | 1# | 2# | 3# | 4# | 5# | 6# | 7# | 8# |
| 增稠剂 | 卡波姆 980 | 0.3 | — | 0.2 | — | — | — | — | — |
| | 丙烯酸酯类 | — | — | — | 0.15 | 0.4 | 0.5 | — | 0.4 |
| | 黄原胶 | — | 0.1 | — | — | — | — | 0.2 | — |
| 保湿剂 | 海藻提取物 | — | — | 18 | — | 18 | 20 | 19 | — |
| | 水解 β-葡聚糖 | 15 | — | — | 15.5 | — | — | — | — |
| | 小分子透明质酸 | — | 16 | — | — | — | — | — | 16 |
| 防腐剂 | 山梨酸钾 | — | — | 0.3 | 0.4 | — | — | 0.2 | — |
| | 苯氧乙醇 | 0.2 | 0.1 | — | — | 0.5 | 0.2 | — | 0.2 |
| 去离子水 | | 加至100 | 加至100 | 加至100 | 加至100 | 加至100 | 加至100 | 加至100 | 加至100 |

**〈制备方法〉**

(1) 将乳化剂加入油相锅，加热至 70～85℃，搅拌至乳化剂溶解后，备用；

(2) 将增稠剂、保湿剂、去离子水投入乳化锅，加热至 70～85℃，搅拌保温 15～30min；

(3) 将步骤 (1) 中的乳化剂加入步骤 (2) 中的乳化锅中，均质 (3000r/min) 3～15min 后，保温搅拌 (30r/min) 15～45min；

(4) 将 (3) 中所得的物质温度降至 40～45℃，加入木瓜提取物、金银花提取物、茶树油、防腐剂，搅拌均匀，降温至 36℃，停止搅拌，出料。

**〈原料介绍〉** 所述的茶树油、木瓜提取物、金银花提取物可采用水蒸气蒸馏法、榨磨法、溶剂 (乙醚、石油醚) 浸提法、超临界 $CO_2$ 萃取等方法提取，亦可选自市售产品。

**〈产品应用〉** 本品是一种祛痘美白护肤品。

**〈产品特性〉** 本产品中的木瓜有效成分，能够活化细胞，清除自由基，消除皮肤黑色素，减少、祛除青春痘，使得皮肤洁白美丽，同时添加具有美白、活肤、促进新陈代谢、抗炎祛痘等功效的金银花提取物、茶树油与木瓜提取物发生协同作用，起到美白祛痘的增效作用。在多种中药提取物协同作用下，可以明显改善肤质，有效祛痘以及痘印，保护皮肤，效果明显高于单独添加其中一种或两种植物提取物。

## 配方 55 祛痘美白凝胶

**〈原料配比〉**

| 原料 | 配比(质量份) | |
|---|---|---|
| | 1# | 2# |
| 芹菜提取液 | 0.8 | 1.5 |
| 柠檬提取液 | 0.6 | 2 |

续表

| 原　　料 | 配比(质量份) | |
|---|---|---|
| | 1# | 2# |
| 乳香提取液 | 0.5 | 1.5 |
| 丹参提取液 | 0.6 | 2 |
| 猕猴桃提取液 | 0.6 | 1.5 |
| 樱桃提取液 | 0.7 | 1.4 |
| 丁二醇 | 4 | 5 |
| 甘油 | 6 | 10 |
| 卡波姆 | 0.08 | 1.6 |
| 三乙醇胺 | 0.1 | 0.25 |
| 羧甲基纤维素钠 | 0.09 | 0.4 |
| 去离子水 | 加至100 | 加至100 |

**〈制备方法〉**

(1) 向羧甲基纤维素钠中加入15%～22%的去离子水，搅拌，得羧甲基纤维素钠溶液；向卡波姆中加入15%～20%的去离子水，搅拌，得卡波姆溶液，待用；

(2) 将丁二醇、甘油、三乙醇胺、芹菜提取液、柠檬提取液、乳香提取液、丹参提取液、猕猴桃提取液和樱桃提取液混合均匀；

(3) 向步骤(2)制备的混合体系中加入步骤(1)制备的羧甲基纤维素钠溶液和卡波姆溶液，搅拌条件下，加入配方量剩余的去离子水，即得祛痘美白凝胶。

**〈原料介绍〉** 所述芹菜提取液的制备方法为：芹菜切碎，先加入15～20倍质量乙醇中，50～60℃提取1～2h，过滤后，滤渣加6～10倍质量的乙醇，提取2～2.5h，合并滤液，滤液加热浓缩至芹菜质量的5～8倍。

所述柠檬提取液的制备方法为：柠檬切碎，先加入10～20倍质量乙醇中，50～65℃提取1～2.5h，过滤后，滤渣加5～10倍质量的乙醇，提取1.5～2.5h，合并滤液，滤液加热浓缩至柠檬质量的5～8倍。

所述乳香提取液的制备方法为：乳香切碎，先加入10～16倍质量水，90～100℃提取1～2h，过滤后，滤渣加7～15倍质量的水，提取1.5～2.5h，合并滤液，滤液加热浓缩至乳香质量的4～6倍。

所述丹参提取液的制备方法为：丹参切碎，先加入10～20倍质量水，90～100℃提取0.5～1.5h，过滤后，滤渣加5～10倍质量的水，提取1～2.5h，合并滤液，滤液加热浓缩至丹参质量的3～8倍。

所述的猕猴桃提取液的制备方法为：猕猴桃先加入6～12倍质量水，90～100℃提取0.5～1.5h，过滤后，滤渣加4～8倍质量的水，提取1～2.5h，合并滤液，滤液加热浓缩至猕猴桃质量的3～8倍。

所述的樱桃提取液的制备方法为：猕猴桃先加入10～20倍质量水，90～100℃提取0.5～2h，过滤后，滤渣加5～8倍质量的水，提取1～2.5h，合并滤液，滤液加热浓缩至猕猴桃质量的3～6倍。

**〈产品应用〉** 本品是一种祛痘美白凝胶。

**〈产品特性〉** 本产品可从根本上抑菌消炎，调控油脂分泌，达到快速治疗痤疮的效果。产品中含美白抗氧化及保湿成分，滋润保湿皮肤、抗氧化、促进伤口愈合、避免伤口二次感染恶化，还能抗氧化抗衰老，达到美白皮肤、消除痘印的效果。

## 配方 56 祛痘祛斑美白膏

**〈原料配比〉**

| 原料 | | 配比(质量份) | | |
|---|---|---|---|---|
| | | 1# | 2# | 3# |
| 水凝胶基质 | | 20 | 30 | 25 |
| 中药成分与水果成分 | | 100 | 100 | 100 |
| 中药成分 | 白芷 | 10 | 5 | 15 |
| | 当归 | 10 | 5 | 15 |
| | 蒲黄 | 3 | 4 | 2 |
| | 金银花 | 7 | 5 | 15 |
| | 桃仁 | 5 | 6 | 2 |
| | 川芎 | 12 | 40 | 15 |
| | 丹参 | 12 | 10 | 15 |
| | 水溶性珍珠粉 | 8 | 5 | 10 |
| | 柿叶 | 6 | 4 | 8 |
| | 甘草 | 6 | 4 | 8 |
| | 芦荟 | 6 | 8 | 4 |
| 水果成分 | 香蕉 | 15 | 10 | 20 |
| | 西瓜 | 15 | 20 | 10 |
| | 猕猴桃 | 15 | 10 | 20 |

**〈制备方法〉**

(1) 按照配比，称取白芷、当归、蒲黄、金银花与桃仁进行混合，经过水蒸气蒸馏，提取并收集挥发油；

(2) 按照配比，称取香蕉、西瓜与猕猴桃混合打碎，用75%乙醇浸泡打碎物2～3天，离心过滤得到水果滤液；

(3) 按配比称取川芎、丹参、柿叶、甘草与芦荟，再与收集挥发油后的药渣以及水果滤液共同进行煎煮、浓缩、醇沉、回收溶媒，得到中药流浸膏；

(4) 将步骤(1)的挥发油、步骤(3)的浸膏合并，加入水溶性珍珠粉和水凝胶基质匀浆，乳化均匀得到膏状物。

**〈产品应用〉** 本品主要用于祛除粉刺、黄褐斑、蝴蝶斑等，而且可以淡化雀斑、收缩毛孔，同时具有美白的作用。

用法及用量：涂抹于患处，涂抹面积以大于患病面积为佳，为不影响患者工作或学习，可以利用晚上睡眠时间进行治疗，早晨起床后温热水洗净即可。

**〈产品特性〉** 该美容产品中富含大量活性营养物质及营养成分，能很快渗透皮肤，起到杀菌、消炎、活血化瘀、溶解角质、剥离老皮等作用。

# 配方 57 祛皱嫩肤美白霜

**《原料配比》**

| 原料 | 配比(质量份) | | | | | | | | | | | |
|---|---|---|---|---|---|---|---|---|---|---|---|---|
| | 1# | 2# | 3# | 4# | 5# | 6# | 7# | 8# | 9# | 10# | 11# | 12# |
| 食用原浆白醋 | 20 | 20 | 20 | 30 | 20 | 20 | 25 | 25 | 25 | 25 | 30 | 27 |
| 光果甘草浓缩原液 | 25 | 25 | 20 | 30 | 20 | 20 | 20 | 20 | 35 | 35 | 32 | 33 |
| 甘油 | 40 | 40 | 40 | 40 | 40 | 40 | 40 | 40 | 35 | 35 | 37 | 38 |
| 维生素 C | 5 | 5 | 5 | 5 | 7 | 7 | 5 | 5 | 6 | 6 | 6 | 7 |
| 维生素 E | — | — | — | — | — | — | — | 2 | 1 | 1 | 1.5 | 2 |
| 水蛭素 | 2 | 2 | 2.5 | 2.5 | 2.5 | 2.5 | 2.5 | 2.5 | 2.5 | 2.5 | 3 | 2 |
| 玫瑰提取物 | — | 5 | 5 | 5.5 | 5 | 5 | 5 | 5 | 6 | — | 5 | 7 |
| 玫瑰浓缩原液 | 20 | — | — | — | — | — | — | — | — | 25 | — | — |
| 玫瑰香精 | — | — | — | — | — | 1 | — | 1 | — | — | — | — |
| 胶原蛋白多肽 | — | — | — | — | — | 5 | — | — | 6 | 5 | 4 | 5 |

**《制备方法》**

(1) 将光果甘草浓缩原液置于容器内，按配方比例计算出批次生产用除甘油和食用原浆白醋以外的其他成分质量，先将玫瑰提取物或者玫瑰浓缩原液慢慢加入光果甘草浓缩原液内，搅拌 5～10min 后，再将天然水蛭素冻干粉加入，搅拌 5～10min，再加维生素 C 和其他成分后，搅拌 15～20min，得祛皱嫩肤美白霜中间体。

(2) 分别将按配方比例计算批次生产数量的甘油和食用原浆白醋依次放于容器内搅拌 10～15min，得甘油醋混合液。

(3) 将甘油醋混合液置于容器内，再将第（1）步得到的祛皱嫩肤美白霜中间体加入到甘油醋混合液容器内，混合搅拌 10～15min，得祛皱嫩肤美白霜。

**《原料介绍》**

所述光果甘草浓缩原液的浓度为 30%～40%，制备方法如下：

(1) 将光果甘草原料进行粉碎，置于反应容器内，加水浸泡 4～6h，光果甘草和水的质量比为 2∶(10～15)；

(2) 将光果甘草浸泡 4～6h 后，加温至 70～80℃，反应 40～60min，冷却 25～40min，再次慢升温至 70～80℃，反应 40～60min，离心分离；

(3) 将离心分离液浓缩至质量分数为 30%～40%，用活性炭脱色，用板框加 600～800 目过滤布过滤，得光果甘草浓缩原液。

所述玫瑰浓缩原液浓度为 30%～40%，制备方法如下：

(1) 将玫瑰进行粉碎，置于反应容器内，加水浸泡 4～6h，玫瑰和水的质量比为 2∶(10～15)；

(2) 将玫瑰浸泡 4～6h 后，加温至 70～80℃，反应 40～60min，冷却 25～40min，再次慢升温至 70～80℃反应 40～60min，离心分离；

(3) 将离心分离液浓缩至质量分数为 30%～40%，用活性炭脱色，用板框加 600～800 目过滤布过滤，得玫瑰浓缩原液。

**〈产品应用〉** 本品主要用于消祛眼角皱纹、鱼尾纹、额头纹，消祛黄褐斑、蝴蝶斑、日晒斑、妊娠斑（孕斑）、真皮斑、黑斑、雀斑、晒斑、老人斑等各类色斑的黑色素，快速去黑美白、快速祛斑、抗衰老、嫩肤养颜、保湿。

使用方法如下：

（1）用温水将皮肤洗净后风干；

（2）滴 3～5 滴于手心，反复轻柔后抹在脸上打圈，再用手心轻轻拍打脸部至完全吸收；

（3）每天坚持早晚各一次。

**〈产品特性〉** 本品中生物活性小分子的分子量仅为传统植物萃取精华成分的七十分之一，更容易直达人体肌肤基底层，用后 0.5h 可吸收，其主要功能是通过改善皮肤的微循环和营养状况，达到活血化瘀、平衡色素、皮肤保湿、消皱祛斑、平皱嫩肤、养颜美白的效果，使皮肤光滑细腻。

## 配方 58 润肤美白霜

**〈原料配比〉**

| 原料 | | 配比(质量份) | | | |
|---|---|---|---|---|---|
| | | 1# | 2# | 3# | 4# |
| 甲基葡萄糖苷倍半硬脂酸酯 | | 5 | 5 | 5 | 5 |
| 异壬酸异壬酯 | | 3 | 3 | 3 | 3 |
| 鲸蜡硬脂醇乙基己酸酯 | | 2 | 2.5 | 2.5 | 2 |
| 环五聚二甲基硅氧烷 | | 2 | 3 | 2 | 2 |
| 聚二甲基硅氧烷 | | 1.5 | 1.5 | 1.5 | 1.5 |
| 甘油 | | 2 | 2 | 2 | 2 |
| 丁二醇 | | 1 | 1 | 1 | 1 |
| 卡波姆 | | 0.75 | 0.8 | 0.8 | 0.8 |
| EDTA | | 0.1 | 0.1 | 0.1 | 0.1 |
| 尿囊素 | | 0.75 | 0.75 | 0.75 | 0.75 |
| 3-*O*-乙基抗坏血酸 | | 2 | 2 | 2 | 2 |
| 柠檬果提取物 | | 2 | 2 | 2 | 2 |
| 生育酚乙酸酯 | | 1.5 | 1.5 | 1.75 | 1.5 |
| 丙烯酸钠 | | 1.5 | 1.5 | 1.5 | 1.5 |
| 三乙醇胺 | | 2 | 2 | 2 | 2 |
| 透明质酸钠 | | 2 | 2 | 2 | 2 |
| 鞣花酸 | | 1.2 | 1.2 | 1.2 | 1.2 |
| 植物防腐剂 | 白头翁提取物 | 1.5 | — | — | 0.7 |
| | 秦椒果实提取物 | — | 1.5 | — | 0.3 |
| | 须松萝提取物 | — | — | 1.5 | 0.5 |
| 水 | | 47 | 46 | 45 | 47 |

**〈制备方法〉** 将各组分原料混合均匀即可。

**〈产品应用〉** 本品是一种润肤美白的膏霜。

**〈产品特性〉**

（1）本产品制备的复合美白剂的粒径小于400nm，在皮肤上可以形成很好的闭合体系，可增强皮肤的水合作用，应用于护肤产品中可提高产品的保湿性能。

（2）本产品与皮肤角质层有很好的亲和性，能有效地将活性组分输送并渗透进角质层，使得活性组分有效地作用于皮肤的深层细胞，使其有效地发挥美白功效。

## 配方 59　润肤美白乳膏

**〈原料配比〉**

| 原　　料 | 配比(质量份) | | |
|---|---|---|---|
| | 1# | 2# | 3# |
| 鲸蜡醇 | 10 | 21 | 30 |
| 鹿茸 | 12 | 19 | 28 |
| 肉豆蔻醇 | 15 | 21 | 33 |
| 熊果苷 | 20 | 32 | 40 |
| 木瓜 | 11 | 18 | 30 |
| 夏枯草 | 5 | 11 | 15 |
| 二甲亚砜 | 22 | 27 | 30 |
| 丙二醇 | 50 | 60 | 70 |
| 三乙醇胺 | 28 | 39 | 45 |
| 乳酸 | 10 | 17 | 23 |
| 单硬脂酸甘油酯 | 20 | 30 | 40 |
| 癸醇 | 10 | 20 | 30 |
| 蜂蜡 | 10 | 35 | 60 |
| 液蜡 | 30 | 40 | 50 |
| 去离子水 | 110 | 177 | 220 |

**〈制备方法〉** 将上述物料加入反应釜中，在常温下搅拌4h，即可制得成品。

**〈产品应用〉** 本品是一种润肤美白乳膏。

**〈产品特性〉** 本品能够减轻皮肤表皮色素沉着，对雀斑、黄褐斑和瑞尔氏黑皮症具有较好的祛除效果，可以有效减少黑色素的形成，对已形成的黑色素具有淡化色斑等功效。

## 配方 60　沙棘油美白霜

**〈原料配比〉**

| 原　　料 | 配比(质量份) | | |
|---|---|---|---|
| | 1# | 2# | 3# |
| 沙棘油 | 0.1 | 0.1 | 0.1 |
| 玉米胚芽油 | 3 | 3 | 3 |
| 角鲨烷 | 6 | 6 | 6 |
| 硬脂酸异辛酯 | 8 | 8 | 8 |

续表

| 原料 | | 配比(质量份) | | |
|---|---|---|---|---|
| | | 1# | 2# | 3# |
| 山梨醇 | | 6 | 6 | 6 |
| 丁二酸二异辛酯磺酸钠 | | 2 | 2 | 2 |
| 皮肤美白剂 | 甘草查耳酮A | 0.1 | — | 0.08 |
| | 毛蕊花糖苷 | — | 0.1 | 0.02 |
| 去离子水 | | 加至100 | 加至100 | 加至100 |

**《制备方法》** 将沙棘油、玉米胚芽油、角鲨烷和硬脂酸异辛酯混合而成的油相加热至70℃；将山梨醇、丁二酸二异辛酯磺酸钠和去离子水混合而成的水相加热至70℃；在搅拌下将水相加入油相中，冷却至50℃，加入皮肤美白剂，搅拌冷却至室温，即可制得该沙棘油美白霜。

**《产品应用》** 本品是一种沙棘油美白霜。

**《产品特性》**

（1）本产品中的甘草查耳酮A能够抑制酪氨酸酶、多巴色素互变酶和DHICA氧化酶的活性，有明显的清除自由基和抗氧化作用，是一种快速、高效的美白祛斑化妆品添加剂。毛蕊花糖苷具有抗氧化、美白、抗衰老的作用。

（2）本产品能够有效消除肌肤上的黑色素，美白肌肤。

## 配方61 水仙花美白霜

**《原料配比》**

| 原料 | 配比(质量份) | | | |
|---|---|---|---|---|
| | 1# | 2# | 3# | 4# |
| 水仙花鳞茎提取物 | 5 | 3 | 4 | 3.5 |
| 黄原胶 | 0.4 | 0.1 | 0.3 | 0.3 |
| 1,3-丁二醇 | 12 | 8 | 10 | 9 |
| 透明质酸 | 0.1 | 0.03 | 0.05 | 0.08 |
| 尿囊素 | 0.5 | 0.2 | 0.3 | 0.25 |
| 水溶性维生素C | 3 | 2 | 2.5 | 2.3 |
| 传明酸 | 3 | 1 | 2 | 1.3 |
| 胶原蛋白 | 4 | 3 | 3.5 | 3.4 |
| 甘草酸二钾 | 0.5 | 0.3 | 0.4 | 0.35 |
| 油溶性甘草黄酮 | 1 | 0.1 | 0.5 | 0.7 |
| 十六/十八醇 | 3 | 4 | 2 | 2.4 |
| 硬脂酸甘油酯 | 2 | 3 | 1 | 1.5 |
| 角鲨烷 | 10 | 5 | 8 | 7 |
| 聚二甲基硅氧烷 | 4 | 5 | 3 | 3.5 |
| 香精 | 0.1 | 0.03 | 0.05 | 0.07 |
| 双(羟甲基)咪唑烷基脲 | 0.3 | 0.1 | 0.2 | 0.1 |
| 硬脂醇聚醚-21 | 1 | 2 | 1.5 | 0.5 |
| 硬脂醇聚醚-2 | 3 | 1 | 2 | 1.5 |
| 去离子水 | 100 | 110 | 80 | 75 |

**《制备方法》**

（1）油相：将油溶性甘草黄酮、十六/十八醇、硬脂酸甘油酯、角鲨烷、聚二甲

基硅氧烷、硬脂醇聚醚-21、硬脂醇聚醚-2混合，加热到75～85℃；

(2) 水相：将去离子水、传明酸、黄原胶、尿囊素、胶原蛋白、水溶性维生素C、甘草酸二钾混合，加热到75～85℃；

(3) 将透明质酸和1,3-丁二醇混合均匀，在搅拌的情况下加入水相中；

(4) 在真空的条件下把已加热到75～85℃的水相抽入搅拌的乳化锅中，再抽入油相，均质5～10min，再恒温25～35min，保持真空缓慢搅拌（20～40r/min）的情况下，降温到50℃，加入水仙花鳞茎提取物，降温到45℃，加入香精、双（羟甲基）咪唑烷基脲，最后冷却到40℃以下即可。

**原料介绍**

所述油溶性甘草黄酮自制方法为：首先将甘草粉碎至20～40目，然后用75%～80%的乙醇或80%～85%的甲醇提取三次，每次1～1.5h，合并提取液，减压浓缩，得浸膏。将7～8倍的水加入到浸膏中，搅拌，放置，过滤。将滤液过大孔吸附树脂M130，用水洗杂，用60%乙醇洗脱，浓缩洗脱液，干燥得油溶性甘草黄酮。

**产品应用** 本品是一种水仙花美白霜。

**产品特性** 本产品可保护皮肤，恢复肌肤弹性，提升细胞活力，从而强化肌肤细胞的天然保护屏障。本产品还具有抑制毛发生长、抗衰老、美白、抵制外界不良因素的伤害（如干燥、粗糙、脱皮、皲裂等）等功效，能通过减缓黑色素细胞的繁殖和黑色素的合成达到祛斑的功效；能抑制神经肌肉中的肌肉收缩，因此可作为有效的肉毒素替代物，综合达到抗老化、抗皱和美白的功效。

## 配方62 天然植物美白霜

**原料配比**

| 原料 | 配比(质量份) | | | | |
|---|---|---|---|---|---|
| | 1# | 2# | 3# | 4# | 5# |
| 玉米丙二醇 | 3 | 4 | 5 | 6 | 10 |
| 黄原胶 | 0.2 | 0.3 | 0.4 | 0.5 | 1 |
| 甘油 | 6 | 8 | 5 | 5 | 10 |
| 鲸蜡硬脂基葡糖苷 | 1 | 1.5 | 2 | 2.5 | 3 |
| 鲸蜡硬脂醇 | 1 | 2 | 3 | 4 | 5 |
| 油橄榄果油 | 5 | 7 | 5 | 7 | 8 |
| 甜扁桃油 | 7 | 7 | 5 | 5 | 8 |
| 鳄梨油 | 8 | 7 | 5 | 8 | 8 |
| 厚朴树皮提取物 | 0.2 | 0.3 | 0.1 | 0.4 | 0.5 |
| 余干子果实提取物 | 0.3 | 0.2 | 0.1 | 0.5 | 0.4 |
| 雏菊提取物 | 0.4 | 0.3 | 0.1 | 0.2 | 0.5 |
| 光果甘草根提取物 | 0.5 | 0.4 | 0.1 | 0.3 | 0.2 |
| 桑树皮提取物 | 0.4 | 0.5 | 0.1 | 0.2 | 0.3 |
| 去离子水 | 加至100 | 加至100 | 加至100 | 加至100 | 加至100 |

**制备方法**

(1) 将黄原胶分散在甘油中，然后加入玉米丙二醇和去离子水，加热到80～90℃保温，得到备用水相A；

(2) 将鲸蜡硬脂基葡糖苷、鲸蜡硬脂醇、油橄榄果油、甜扁桃油和鳄梨油混合加热至完全溶解，得到备用油相 B；

(3) 将油相 B 抽入水相 A，在真空条件下均质 3～10min；

(4) 搅拌降温到室温，依次加入厚朴树皮提取物、余干子果实提取物、雏菊提取物、光果甘草根提取物和桑树皮提取物，搅拌均匀即可。

〈原料介绍〉 余干子果实提取物、雏菊提取物、光果甘草根提取物和桑树皮提取物构成美白活性组合物。

所述鲸蜡硬脂醇为含有 $C_{16}$ 醇鲸蜡硬脂醇和 $C_{18}$ 醇鲸蜡硬脂醇的天然脂肪醇混合物，且 $C_{16}$ 醇鲸蜡硬脂醇与 $C_{18}$ 醇鲸蜡硬脂醇的质量比为 4：6。

所述黄原胶是由糖类经黄单胞杆菌发酵，产生的胞外微生物多塘，是由 $\beta$-葡萄糖、D-甘露糖和 D-葡萄糖醛酸按 2：2：1 组成的多糖类高分子化合物，由于它的大分子特殊结构和胶体特性而具有多种功能，作为乳化剂、稳定剂、凝胶增稠剂和浸润剂使用。

〈产品应用〉 本品是一种天然植物美白霜。

〈产品特性〉 本产品来源于天然植物提取物，按照特定比例进行搭配，富含的多种功效成分互相调和、协同，使该美白霜达到有效抑制黑色素的形成、活血化瘀、清热解毒及刺激皮肤新陈代谢的作用，且与其他水相和油相组合物结合，使其具有补水、滋润、抗皱等综合调理的美白效果。本产品可以完全取代化学合成美白剂，无过敏、无刺激、无毒副作用，对人体无害，安全性高。

## 配方 63 透明质酸美白霜

〈原料配比〉

| 原料 | | 配比(质量份) | | |
|---|---|---|---|---|
| | | 1# | 2# | 3# |
| 透明质酸 | | 0.1 | 0.1 | 0.1 |
| 月见草油 | | 3 | 3 | 3 |
| 角鲨烷 | | 6 | 6 | 6 |
| 硬脂酸异辛酯 | | 8 | 8 | 8 |
| 甘油 | | 6 | 6 | 6 |
| 月桂醇聚氧乙烯醚硫酸酯钠盐 | | 2 | 2 | 2 |
| 皮肤美白剂 | 甘草查耳酮 A | 0.1 | — | 0.08 |
| | 毛蕊花糖苷 | — | 0.1 | 0.02 |
| 去离子水 | | 加至 100 | 加至 100 | 加至 100 |

〈制备方法〉 将透明质酸、月见草油、角鲨烷和硬脂酸异辛酯混合而成的油相加热至 70℃；将甘油、月桂醇聚氧乙烯醚硫酸酯钠盐和去离子水混合而成的水相加热至 70℃；在搅拌下将水相加入油相中，冷却至 50℃，加入皮肤美白剂，搅拌冷却至室温，即可制得该透明质酸美白霜。

〈产品应用〉 本品是一种透明质酸美白霜。

**《产品特性》**

（1）甘草查耳酮A能够抑制酪氨酸酶、多巴色素互变酶和DHICA氧化酶的活性，有明显的清除自由基和抗氧化作用，是一种快速、高效的美白祛斑化妆品添加剂。毛蕊花糖苷具有抗氧化、美白、抗衰老的作用。

（2）本产品能够有效消除肌肤上的黑色素，美白肌肤。

## 配方 64 维生素E美白霜

**《原料配比》**

| 原料 | | 配比(质量份) | | |
|---|---|---|---|---|
| | | 1# | 2# | 3# |
| 维生素E | | 0.1 | 0.1 | 0.1 |
| 乙酰化羊毛脂 | | 3 | 3 | 3 |
| 鲸蜡醇 | | 6 | 6 | 6 |
| 聚氧乙烯失水山梨醇月桂酸酯 | | 8 | 8 | 8 |
| 山梨醇 | | 6 | 6 | 6 |
| N-油酰基-N-甲基牛磺酸钠 | | 2 | 2 | 2 |
| 皮肤美白剂 | 甘草查耳酮A | 0.1 | — | 0.08 |
| | 毛蕊花糖苷 | — | 0.1 | 0.02 |
| 去离子水 | | 加至100 | 加至100 | 加至100 |

**《制备方法》** 将维生素E、乙酰化羊毛脂、鲸蜡醇和聚氧乙烯失水山梨醇月桂酸酯混合而成的油相加热至70℃；将山梨醇、N-油酰基-N-甲基牛磺酸钠和去离子水混合而成的水相加热至70℃：在搅拌下将水相加入油相中，冷却至50℃，加入皮肤美白剂，搅拌冷却至室温，即可制得该维生素E美白霜。

**《产品应用》** 本品是一种维生素E美白霜。

**《产品特性》**

（1）甘草查耳酮A能够抑制酪氨酸酶、多巴色素互变酶和DHICA氧化酶的活性，有明显的清除自由基和抗氧化作用，是一种快速、高效的美白祛斑化妆品添加剂。毛蕊花糖苷具有抗氧化、美白、抗衰老的作用。

（2）本产品能够有效消除肌肤上的黑色素，美白肌肤。

## 配方 65 乌龙茶抗衰老美白霜

**《原料配比》**

| 原料 | | 配比(质量份) | | |
|---|---|---|---|---|
| | | 1# | 2# | 3# |
| 乌龙茶中药特效成分提取液 | 乌龙茶 | 20 | 25 | 30 |
| | 人参 | 5 | 8 | 10 |
| | 西洋参 | 7 | 5 | 10 |
| | 灵芝 | 6 | 10 | 5 |
| | 黄精 | 5 | 7 | 10 |

续表

| 原料 | | 配比(质量份) | | |
|---|---|---|---|---|
| | | 1# | 2# | 3# |
| 乌龙茶中药特效成分提取液 | 燕麦 | 10 | 5 | 8 |
| | 当归 | 10 | 6 | 5 |
| | 黄芪 | 5 | 7 | 10 |
| | 枸杞子 | 6 | 5 | 10 |
| | 丹参 | 8 | 10 | 5 |
| | 绞股蓝 | 6 | 5 | 10 |
| | 覆盆子 | 10 | 8 | 5 |
| | 红景天 | 5 | 7 | 10 |
| | 刺五加 | 8 | 5 | 10 |
| | 牛膝 | 10 | 7 | 5 |
| | 白芍 | 5 | 8 | 10 |
| | 甘草 | 10 | 5 | 8 |
| | 白及 | 8 | 5 | 10 |
| | 冬瓜 | 15 | 18 | 20 |
| | 洋甘菊 | 1 | 1.5 | 2 |
| | 玫瑰花 | 2 | 1 | 1.5 |
| | 洋甘草 | 1 | 1.5 | 2 |
| | 千日红 | 1.5 | 1 | 2 |
| 油相组分 | 十六/十八混合醇 | 1 | 1.5 | 1.2 |
| | 十六/十八烷基醇和十六/十八烷基葡糖苷 | 3 | 2 | 3 |
| | 硬脂酸甘油酯 | 2 | 1 | 1.5 |
| | PEG-100 硬脂酸酯 | 2 | 1 | 1.5 |
| | 白油 | 2 | 3 | 2.5 |
| | 小麦胚芽油 | 3 | 2 | 2.5 |
| | 沙棘油 | 1 | 1.5 | 2 |
| | 棕榈酸异辛酯 | 2.5 | 3 | 2 |
| | 聚二甲基硅氧烷 | 3 | 2 | 2.5 |
| | 玉米油 | 1.5 | 1 | 2 |
| | 羟苯甲酯 | 0.2 | 0.3 | 0.3 |
| | 羟苯丙酯 | 0.1 | 0.15 | 0.15 |
| | 二叔丁基对甲酚 | 0.03 | 0.05 | 0.05 |
| | 抗坏血酸四异棕榈酸酯 | 2 | 2.5 | 3 |
| | 维生素 E | 0.3 | 0.4 | 0.5 |
| | 水貂油 | 1 | 1.5 | 1.2 |
| 水相组分 | 甘油 | 5 | 5.5 | 6 |
| | 丙二醇 | 2 | 2 | 3 |
| | 氨基酸保湿剂 | 3 | 3.5 | 4 |
| | 神经酰胺 | 2 | 3 | 4 |
| | 海藻多糖 | 4 | 3 | 2 |
| | 珍珠提取液 | 1 | 1 | 1.5 |
| | $\beta$-葡聚糖 | 1 | 0.8 | 1 |
| | 透明质酸钠 | 0.1 | 0.2 | 0.1 |
| | 海藻肽 | 3 | 3 | 5 |
| | 乌龙茶中药特效成分提取液 | 55 | 56.46 | 58 |
| 助乳化剂 | 羟乙基丙烯酸盐/丙烯酰二甲基牛磺酸钠共聚物 | 0.5 | 0.7 | 0.8 |
| 防腐剂 | 2-甲基-4-异噻唑啉-3-酮和 3-碘-2-丙炔基丁基甲氨酸酯的混合物 | 0.1 | 0.12 | 0.15 |
| 香精 | 绿茶香精 | 0.01 | 0.01 | 0.02 |

**〈制备方法〉**

（1）油相组分的制备：将配方量的十六/十八混合醇、十六/十八烷基醇和十六/十八烷基葡糖苷、硬脂酸甘油酯和PEG-100硬脂酸酯、白油、小麦胚芽油、沙棘油、棕榈酸异辛酯、聚二甲基硅氧烷、玉米油、水貂油、羟苯甲酯、羟苯丙酯、二叔丁基对甲酚按比例称取后加入带搅拌的不锈钢釜中，在转速20～30r/min的搅拌下加热溶解完全，并在80～85℃下恒温消毒20min，均质前加入配方量的抗坏血酸四异棕榈酸酯、维生素E、水貂油，搅拌均匀待用；

（2）水相组分的制备：将配方量的甘油、丙二醇、氨基酸保湿剂、神经酰胺、海藻多糖、珍珠提取液、β-葡聚糖、透明质酸钠、海藻肽、乌龙茶中药特效成分提取液按比例称取后先在不锈钢釜中加热溶解，之后抽到不锈钢均质釜中，在20～30r/min的搅拌下，继续加热到时80～85℃，并恒温消毒20min待用；

（3）将油相慢慢抽入水相中，并刮壁搅拌，转速增加到40～50r/min，搅拌2～3min后，开动高速均质器，在3000～5000r/min的高速下均质3～5min，之后将刮壁转速降到30～40r/min，并在此转速下冷却到60℃；

（4）加入配方量的助乳化剂，在20～30r/min的转速下搅拌20～30min，之后继续降温到40℃，加入配方量的防腐剂、香精，继续在同样的转速下搅拌15～20min，即可出料。

**〈原料介绍〉**

所述乌龙茶中药特效成分提取液通过如下方法制备得到：

（1）称取干品人参、西洋参、灵芝、黄精、燕麦、当归、黄芪、枸杞子、丹参、绞股蓝、覆盆子、红景天、刺五加、牛膝、白芍、甘草、白及各5～10份，鲜冬瓜（去皮切片）15～20份，洋甘菊、玫瑰花、洋甘草、千日红各1～2份加入不锈钢釜中，称取乌龙茶20～30份备用；

（2）第一次熬制时，称取去离子水700～800份，乙醇3～4份，丙二醇3～4份，熬制前先浸泡30min，然后用大火烧开，后改用小火熬制1.0～1.2h，之后用600目滤布过滤即得乌龙茶中药特效成分提取液①；

（3）在滤渣中加入500～600质量份的去离子水及1～3质量份的乙醇和1～3质量份的丙二醇，大火烧开后改用小火再熬制0 .8～1.0h，之后加入乌龙茶，浸泡0.5～1.0h，之后用600目滤布过滤，即得乌龙茶中药特效成分提取液②；

（4）将①、②滤液混合均匀后即得最终乌龙茶中药特效成分提取液，其总量应控制在添加总水量的一半左右。

**〈产品应用〉** 本品是一种乌龙茶抗衰老美白霜。

**〈产品特性〉** 本品将乌龙茶中富含的抗氧化、抗衰老成分与中草药提取液、维生素E、海藻肽等有效成分有机地结合起来，可以达到协同增效的抗衰老、美白效果，并且安全可靠。乌龙茶本身具有抗衰老、抗氧化功效，但单独使用时，虽然安全可靠，但效果较缓慢，和多种具有抗衰老的中草药及生化制剂配合后可增加抗衰老效果，并能使具有美白功效的中草药成分及生化成分更为稳定和发挥更好的功效。

# 配方 66 异鼠李素保湿美白面霜

**〈原料配比〉**

| 原　　料 | 配比(质量份) |
|---|---|
| 角鲨烷 | 4 |
| 无水羊毛脂 | 0.5 |
| 凡士林 | 0.25 |
| 橄榄油 | 1 |
| 葡萄籽油 | 2 |
| 维生素 E | 1.5 |
| 硅油 | 1.5 |
| 卡波姆 | 0.375 |
| 透明质酸 | 0.3 |
| 甘油 | 10 |
| 聚乙二醇 | 5 |
| 甲基葡萄糖苷倍半硬脂酸酯 | 1.82 |
| 甲基葡萄糖苷聚氧乙烯醚倍半硬脂酸酯 | 0.78 |
| 异鼠李素 | 0.001 |
| 香精油 | 0.1 |
| 羟苯甲酯 | 0.1 |
| 去离子水 | 加至 100 |

**〈制备方法〉**

(1) 从沙棘果渣中提取黄酮类化合物：取干燥的沙棘果渣，以 1∶8 的料液比加入 1mol/L 的氢氧化钠溶液为提取液，浸泡搅拌 1h 后，采用超声波提取法提取样品，提取液离心除去不溶解物，上清液浓缩后，得到总黄酮浓缩液粗品。

(2) 异鼠李素的纯化、鉴定：将步骤 (1) 提取得到的总黄酮浓缩液粗品，用大孔树脂 AB-8 分离，分别依次用 10%乙醇、30%乙醇、50%乙醇、75%乙醇和 90%乙醇洗脱收集；将柱分离后的各组分溶液用高效液相色谱仪检测，色谱条件为：Hypersil C18 色谱柱 (4.6mm×150mm，5μm)；流动相为：甲醇-0.03%磷酸溶液 (65∶35)；流速为 1mL/min；进样体积 10μL；柱温为 30℃；HPLC 检测结果显示，90%的乙醇组分中含有异鼠李素，纯度为 95.0%。

(3) 将上述大孔树脂纯化后的 90%乙醇洗脱收集液经过 HPLC 鉴定且纯度达到 95.0%，然后将此收集液进行冷冻干燥，以彻底除去乙醇成分，得到异鼠李素干粉。

(4) 按质量配比称取各原料和辅料：称取卡波姆 1g 加水至 100g，过夜，加三乙醇胺调 pH 至中性即得卡波姆凝胶，每 20g 面霜加 7.5g；透明质酸取 0.6g 加水至 100g 即得透明质酸原液，每 20g 面霜加入 1g；异鼠李素稀释至 10μg/μL，每 20g 面霜加入 20μL；再将角鲨烷、无水羊毛脂、凡士林、橄榄油、葡萄籽油、维生素 E、硅油、甲基葡萄糖苷倍半硬脂酸酯、甲基葡萄糖苷聚氧乙烯醚倍半硬脂酸酯在 80℃±5℃的水浴中加热搅拌 7min，得到油相溶液；将甘油、聚乙二醇、透明质酸和水在 80℃±5℃的水浴中搅拌 7min，得水相溶液；将油相溶液缓慢加入到水相溶液中，

在 80℃±5℃水浴中均质乳化 1～2min，再加入卡波姆、异鼠李素和羟苯甲酯继续乳化 3～5min；用真空匀浆机在 11000r/min 的条件下乳化 1min。

（5）继续搅拌，待混合物降温至 40～50℃时，加入香精油，充分搅拌，使其混合均匀，即得异鼠李素保湿美白面霜。

**〈产品应用〉** 本品是一种异鼠李素保湿美白面霜。

**〈产品特性〉** 本面霜具有保湿补水，增强皮肤细胞活性，促进皮肤细胞新陈代谢，提高皮肤细胞抗氧化、抗炎症和免疫调节，防止内在性老化等功能，面霜组成成分温和，无毒副作用。

## 配方 67 用于祛斑美白的天然美颜日霜

**〈原料配比〉**

| 原料 | | 配比（质量份） | |
| --- | --- | --- | --- |
| | | 1# | 2# |
| 蛇床果提取物 | | 0.3 | 0.35 |
| 石榴果提取物 | | 1.0 | 1.2 |
| 裙带菜提取物 | | 2.0 | 1.5 |
| 红景天提取物 | | 0.8 | 0.7 |
| 睡莲提取物 | | 0.6 | 0.8 |
| 霍霍巴油 | | 0.3 | 0.5 |
| 柴胡 | | 0.1 | 0.2 |
| 沙参 | | 0.1 | 0.2 |
| 七子白 | 白僵蚕、白芷、白蔹、白茯苓、白及、白芍、白术及珍珠粉等比混合物 | 3.0 | 3 |
| 溶剂 | 丙二醇 | 1 | 1 |
| | 苯甲醇 | 0.01 | 0.01 |
| | 辛酸/癸酸甘油三酯 | 5 | 5 |
| | 聚二甲基硅氧烷 | 1 | 1 |
| | 环五聚二甲基硅氧烷 | 2 | 2 |
| | 丙烯酸钠/丙烯酰二甲基牛磺酸钠共聚物 | 0.02 | 0.02 |
| | 异十六烷 | 6 | 6 |
| | 乙基己基甘油 | 10 | 10 |
| | 聚山梨醇酯-80 | 0.07 | 0.07 |
| | 去离子水 | 49 | 49 |

**〈制备方法〉**

（1）将溶剂中的丙二醇、苯甲醇、乙基己基甘油及去离子水搅拌混合均匀，得混合溶剂一，加热至 80℃并保温待用；

（2）将溶剂中的辛酸/癸酸甘油三酯、聚二甲基硅氧烷、环五聚二甲基硅氧烷、丙烯酸钠/丙烯酰二甲基牛磺酸钠共聚物、异十六烷及霍霍巴油加热至 84℃使其全部溶解，搅拌混合均匀，得混合物二，备用；

（3）将步骤（1）的混合溶剂一和步骤（2）的混合物二分别抽到乳化罐中，加入聚山梨醇酯-80，混合均匀并乳化；

（4）将乳化罐中的温度降至45℃时加入中药粉A及珍珠粉，搅拌并超声15～20min；

（5）加入蛇床果提取物、石榴果提取物、裙带菜提取物、红景天提取物、睡莲提取物，充分混合均匀，出料。

**〈原料介绍〉**

所述柴胡、沙参、白僵蚕、白芷、白蔹、白茯苓、白及、白芍、白术的处理方法：将上述原料清洗后晾干，切片后烘干，此后通过粉碎机粉碎后，过筛得到中药粉A。所述过筛选用1000～1500目筛。

所述石榴果提取物的提取方法为：

① 将石榴果去皮分离出果粒，清洗后晾干；

② 将果粒采用破壁机破碎后过筛，将液体及小颗粒冷冻干燥，得石榴果提取物A；

③ 将滤渣烘干后加入萃取罐，采用二氧化碳为萃取剂，进行超临界萃取，萃取温度为40～55℃，萃取压力为12～20MPa，将萃取罐出来的二氧化碳导入加热器内加热；

④ 将加热器出来的加热后的二氧化碳导入精馏塔内，将精馏压力、温度调节至12～18MPa、40～55℃，精馏得到石榴果提取物B。

所述红景天提取物的制备方法为：将红景天粉碎后过筛，加入其质量15倍量的水煎煮2～3次，每次5h，合并煎液，过滤，滤液浓缩。

所述蛇床果提取物的制备方法为：

① 将蛇床果烘干后粉碎；

② 加入萃取罐，采用二氧化碳为萃取剂，进行超临界萃取，萃取温度为40～55℃，萃取压力为12～20MPa，将萃取罐出来的二氧化碳导入加热器内加热；

③ 将加热器出来的加热后的二氧化碳导入精馏塔内，将精馏压力、温度调节至12～18MPa、40～55℃，精馏得到蛇床果提取物。

**〈产品应用〉** 本品是一种用于祛斑美白的天然美颜日霜。

**〈产品特性〉** 本品活性成分均采用天然植物提取物及中草药，给予肌肤天然的养护。多种活性成分协同作用，不仅抑制黑色素的形成，消除已生成的色斑，而且为面部肌肤提供多种营养，给予细胞生长充足的养分，增加肌肤弹性和光泽。从根本上改善肌肤本身的健康情况，避免肌肤不健康带来的色素沉着，肤色晦暗问题。

## 配方68　植物美白霜

**〈原料配比〉**

| 原料 | | 配比(质量份) | |
|---|---|---|---|
| | | 1# | 2# |
| 中药浓缩液 | 生大黄 | 25 | 30 |
| | 辣木 | 20 | 15 |
| | 艾叶 | 30 | 20 |
| | 高良姜 | 35 | 35 |
| | 白芷 | 10 | 8 |

续表

| 原料 | | 配比(质量份) | |
|---|---|---|---|
| | | 1# | 2# |
| 中药浓缩液 | | 3 | 2 |
| 植物蛋白 | 大豆蛋白 | 4 | — |
| | 花生蛋白 | — | 6 |
| 辅料 | 聚氧丙烯葡萄糖苷 | 3.0 | 4.0 |
| | 硬脂酸单甘油酯 | 1.5 | 2 |
| | 鲸蜡醇 | 5 | 6 |
| | 羊毛脂 | 2.0 | 2 |
| | 胶原五胜肽 | 3.0 | 2 |
| | 棕榈酸异辛酯 | 4.0 | 4 |
| | 纳米钛白粉 | 4.0 | 3 |
| | 1,3-丁二醇 | 5.0 | 4 |
| | 卡波姆 940 | 0.3 | 0.5 |
| | 三乙醇胺 | 0.3 | 0.5 |
| | 防腐剂 | 0.3 | 0.4 |
| | 去离子水 | 加至 100 | 加至 100 |

**〈制备方法〉**

(1) 中药浓缩液的制备：按配比合并药材，碾碎，加去离子水 250 份浸泡 20h，然后加热至沸腾，保持恒温 1h，滤出药液。药渣另加 200 份去离子水，再加热至沸腾，慢火煎熬 30min，滤去药渣；将药渣另加 200 份去离子水，再加热至沸腾，慢火煎熬 30min，滤去药渣；将三次滤得的药液合并，浓缩成中药浓缩液。

(2) 植物蛋白的制备：将植物原料用水浸泡，以溶出水溶蛋白，然后加入碱性次氯酸钙水溶液，并搅拌调 pH 值为 9，沉淀去渣后，再用盐酸调 pH 值为 5，使发生蛋白质沉淀，分离即得植物蛋白。

(3) 在水相锅里加去离子水，在高速搅拌下撒加卡波姆 940，搅拌至透明，然后升温至 80℃作为水相。

(4) 将 1,3-丁二醇与纳米钛白粉混合，研磨至均匀。

(5) 把聚氧丙烯葡萄糖苷、硬脂酸单甘油酯、鲸蜡醇、羊毛脂、棕榈酸异辛酯，混合加热至 80℃作为油相料。

(6) 在真空乳化锅里加入油相和水相，混合搅拌，均质，加入三乙醇胺中和，然后加入纳米钛白粉与 1,3-丁二醇混合物，恒温搅拌 30min，开冷却水。

(7) 待冷却至 45℃，加胶原五胜肽，搅拌均匀，抽真空，脱气。

(8) 45℃下加入中药浓缩液、植物蛋白、防腐剂，继续降温并维持真空脱气。

(9) 降温至 40℃，出料，得到美白霜。

**〈产品应用〉** 本品是一种植物美白霜。

**〈产品特性〉** 本产品中的中药浓缩液与植物蛋白发挥协同作用，可以有效抑制黑色素的形成，达到综合调理的美白效果。

# 配方 69 中药美白淡斑霜

## 原料配比

| 原料 | | 配比(质量份) | | | | | | | |
|---|---|---|---|---|---|---|---|---|---|
| | | 1# | 2# | 3# | 4# | 5# | 6# | 7# | 8# |
| 基础油 | 山茶油 | — | 10 | 10 | 10 | 7 | 6 | 8 | 12 |
| | 乳木果油 | 15 | 5 | 5 | 5 | 3 | 4 | 4 | 5 |
| 乳化剂 | 卵磷脂 | 5.5 | 3 | 3 | 3 | 2.5 | 3.5 | 2.5 | 3.5 |
| | 甲基葡萄糖苷倍半硬脂酸酯-EO-20 | — | 1.5 | 1.5 | 1.5 | 1 | 2 | 2 | 1 |
| | 甲基葡萄糖苷倍半硬脂酸酯 | — | 1 | 1 | 1 | 0.5 | 1.5 | 0.5 | 0.5 |
| 增稠剂 | 卡波姆 | 1 | — | — | — | — | — | — | — |
| | 聚丙烯酸酯交联聚合物-6 | — | 1 | 1 | 1 | 0.8 | 1.2 | 0.9 | 1.1 |
| 多元醇类保湿剂 | 甘油 | — | 5 | 5 | 5 | 0.5 | 7.5 | 7 | 11 |
| | 丁二醇 | 15 | 10 | 10 | 10 | 7.5 | 12.5 | 6 | 6 |
| 透明质酸 | | 0.03 | 0.03 | 0.03 | 0.03 | 0.01 | 0.05 | 0.02 | 0.04 |
| 防腐剂 | 乙基己基甘油 | — | 0.1 | 0.1 | 0.1 | 0.05 | 0.15 | 0.05 | 0.1 |
| | 苯氧乙醇 | 0.6 | 0.5 | 0.5 | 0.5 | 0.25 | 0.75 | 0.45 | 0.7 |
| 中药提取液 A | | 20 | 20 | 20 | 20 | 15 | 25 | 17 | 23 |
| 中药提取液 B | | 5 | 5 | 5 | 5 | 4 | 6 | 4.5 | 4.5 |
| 水 | | 30.77 | 30.77 | 30.77 | 33.77 | 30 | 60 | 40 | 55 |
| 中药提取液 A | 三七、红花、独活、荆芥、防风和柴胡 | 22.5 | 22.5 | — | — | — | — | — | — |
| | 三七 | — | — | 1.25 | 1.25 | 1 | 4 | 2 | 3 |
| | 红花 | — | — | 1.25 | 1.25 | 1 | 4 | 2 | 3 |
| | 独活 | — | — | 1.25 | 1.25 | 1 | 4 | 2 | 3 |
| | 荆芥 | — | — | 1.25 | 1.25 | 1 | 4 | 2 | 3 |
| | 防风 | — | — | 1.25 | 1.25 | 1 | 4 | 2 | 3 |
| | 柴胡 | — | — | 1.25 | 1.25 | 1 | 4 | 2 | 3 |
| | 当归 | — | — | 1.25 | 1.25 | 1 | 4 | 2 | 3 |
| | 川芎 | — | — | 1.25 | 1.25 | 1 | 4 | 2 | 3 |
| | 延胡索 | — | — | 1.25 | 1.25 | 1 | 4 | 2 | 3 |
| | 黄芪 | — | — | 1.25 | 1.25 | 1 | 4 | 2 | 3 |
| | 水 | 50 | 50 | 50 | 50 | 50 | 50 | 50 | 50 |
| 中药提取液 B | 血竭 | 0.3 | 0.3 | 0.3 | 0.3 | 0.1 | 0.5 | 0.4 | 0.2 |
| 橙花香 | | — | — | — | 1 | 0.1 | 2 | 0.3 | 1.5 |
| 冰片 | | — | — | — | 0.1 | 0.01 | 0.2 | 0.03 | 0.15 |
| 4-甲氧基水杨酸钾(4MSK) | | — | — | — | 3 | 1 | 5 | 2 | 4 |

## 制备方法

(1) 将增稠剂、多元醇类保湿剂、透明质酸和水混合后加热至 70～90℃，均质 5min，保温 30～60min，得到 A 相混合液；

(2) 将乳化剂和基础油混合后加热至 70～90℃，然后在搅拌的条件下，加入防腐剂，搅拌均质 5～15min，得到 B 相混合液；

(3) 将 A 相混合液降温至 35～55℃，往 A 相混合液中加入 B 相混合液和其他原

料，抽真空，搅拌均质5～15min，即可过滤出料，制得所述中药美白淡斑霜。其他原料若是包括橙花香和冰片，需将冰片预先溶于橙花香中使用；若是包括4MSK，需将4MSK预先溶于部分水中使用。

**〈产品应用〉** 本品是一种中药美白淡斑霜。

**〈产品特性〉** 本品能够祛除表皮湿热的作用，从根源上祛除色斑，并且降低复发可能性。消除和减少皮肤皱纹及黄褐斑。尤其适用于女性美容、护肤，是女性最天然的良好美容护肤养颜产品，能抗衰老、保护皮肤、改善皮肤外观，使皮肤柔软并增加弹性。

## 配方 70 中药美白抗衰老乳膏

**〈原料配比〉**

| 原料 | 配比(质量份) | | |
|---|---|---|---|
| | 1# | 2# | 3# |
| 甘草甜素 | 10 | 33 | 50 |
| 牛蒡子 | 1 | 40 | 68 |
| 桔梗 | 15 | 22 | 43 |
| 熊果苷 | 10 | 35 | 50 |
| 芦根 | 11 | 40 | 50 |
| 夏枯 | 15 | 35 | 54 |
| 二甲亚砜 | 25 | 33 | 50 |
| 丙二醇 | 20 | 60 | 90 |
| 三乙醇胺 | 18 | 40 | 55 |
| 乳酸 | 20 | 40 | 63 |
| 麻黄 | 10 | 25 | 46 |
| 阿基瑞林 | 20 | 30 | 60 |
| 液蜡 | 10 | 30 | 50 |
| 去离子水 | 80 | 110 | 160 |

**〈制备方法〉** 将上述物料加入反应釜中，在常温下搅拌4h，即可制得成品。

**〈产品应用〉** 本品是一种中药美白抗衰老乳膏。

**〈产品特性〉** 本品能够减轻皮肤表皮色素沉着，对雀斑、黄褐斑和瑞尔氏黑皮症具有较好的祛除效果，可以有效减少黑色素的形成，对已形成的黑色素可以淡化色斑。

## 配方 71 中药美白乳膏

**〈原料配比〉**

| 原料 | 配比(质量份) | | |
|---|---|---|---|
| | 1# | 2# | 3# |
| 当归 | 11 | 33 | 50 |
| 人参粉 | 15 | 44 | 77 |
| 肉豆蔻醇 | 20 | 35 | 55 |

续表

| 原　料 | 配比(质量份) | | |
|---|---|---|---|
| | 1# | 2# | 3# |
| 枸杞 | 15 | 35 | 55 |
| 白头翁 | 29 | 33 | 49 |
| 夏枯 | 15 | 43 | 54 |
| 二甲亚砜 | 25 | 34 | 50 |
| 黄连 | 33 | 66 | 90 |
| 三乙醇胺 | 18 | 54 | 65 |
| 乳酸 | 10 | 45 | 63 |
| 单硬脂酸甘油酯 | 12 | 33 | 46 |
| 癸醇 | 20 | 33 | 50 |
| 阿基瑞林 | 10 | 35 | 50 |
| 秦皮 | 20 | 42 | 50 |
| 去离子水 | 120 | 210 | 260 |

**〈制备方法〉** 将上述物料加入反应釜中，在常温下搅拌4h，即可制得成品。

**〈产品应用〉** 本品是一种中药美白乳膏。

**〈产品特性〉** 本品能够减轻皮肤表皮色素沉着的问题。

# 二、美白乳

## 配方 1　保湿美白洁面乳

**〈原料配比〉**

| 原　　料 | 配比(质量份) | |
|---|---|---|
| | 1# | 2# |
| 聚乙二醇 | 15 | 10 |
| 丁二醇 | 15 | 10 |
| 甘油 | 10 | 5 |
| 甜菜碱 | 20 | 10 |
| 椰油酰基甘油酸钠 | 6 | 2 |
| 乙二胺四乙酸二钠 | 5 | 3 |
| 甘草酸二钾 | 5 | 3 |
| 柠檬酸 | 8 | 5 |
| 聚乙二醇/聚丙二醇/聚丁乙醇-8/5/3 | 5 | 3 |
| 牛大力提取物 | 5 | 3 |
| 金洋甘菊提取物 | 5 | 3 |
| 天然香精 | 5 | 2 |
| 去离子水 | 35 | 20 |

**〈制备方法〉**

(1) 将去离子水等分成 A、B、C 三份；

(2) 一级溶解：取去离子水 A 倒入水相锅中，将甘油，乙二胺四乙酸二钠加入水相锅中，加热搅拌至完全溶解，温度控制在 75℃，加入丁二醇，聚乙二醇，搅拌溶解，得到混合液 a，备用；

(3) 二级溶解：取去离子水 B 于不锈钢桶中，将椰油酰基甘油酸钠分散其中，加热搅拌溶解均匀，温度不超过 50℃，加入甜菜碱到水相锅中，搅拌至完全溶解，得到混合液 b，备用；

(4) 三级溶解：取离子水 C 倒入水相锅中，将甘草酸二钾、柠檬酸加入水相锅中，搅拌至完全溶解，加入聚乙二醇/聚丙二醇/聚丁乙醇-8/5/3 到水相锅中，搅拌至完全溶解，得到混合液 c，备用；

（5）混合：将所述步骤（2）、步骤（3）、步骤（4）的混合液 a、混合液 b、混合液 c 加入同一个容器中，并加入 10～20 份的水混合；

（6）搅拌：搅拌降温降至 45～55℃，加入牛大力提取物 3～5 份，金洋甘菊提取物 3～5 份，搅拌至体系均匀；

（7）乳化：将乳化锅加热至 40℃，真空 0.07MPa 下将步骤（5）的溶液抽到乳化锅中，加热至 70℃，开动乳化锅搅拌，搅速 80r/min；

（8）降温：通冷却水降温，保持 2℃/3min 的降温速度，温度降为 59℃，搅拌 20min，温度降到 51℃；

（9）添加香精：将天然香精加入水锅中，搅拌 10min 至均匀，得到洁面乳成品，取样测 pH 值、黏度，各指标调整好之后，打开紫外灯照射室进行杀菌；

（10）装罐打包：将洁面乳成品注入真空无菌罐，密封包装。

**产品应用** 本品是一种保湿美白洁面乳。

**产品特性** 本品可以深沉清洁皮肤，具有美白、保湿的功效。本品制备方法简单，条件可控，工艺稳定，可推广应用。

## 配方 2　刺参胶原蛋白乳液

**原料配比**

| 原　　料 | | 配比(质量份) |
|---|---|---|
| 水相料液 | | 85 |
| 油相料液 | | 15 |
| 羧甲基纤维素钠 | | 3 |
| 水相料液 | 去离子水 | 100 |
| | 丁基羟基甲苯 | 1 |
| | 透明质酸钠 | 2 |
| | 甘油 | 8 |
| | 1,3-丁二醇 | 4 |
| | 刺参胶原蛋白 | 8 |
| | 左旋维生素 C | 1 |
| 油相料液 | 葡萄籽油 | 100 |
| | 维生素 E | 1 |
| | 乳化剂 | 3 |
| | 精油 | 3 |

**制备方法**

（1）称取干刺参 50g，60℃水中发 2d，每天换水 4～5 次，再于 500mL 乙醇中 40℃下连续浸提 2d，每天更换新鲜乙醇，最后于常温下晾干；

（2）取晾干后的刺参在超氧化物歧化酶作用下酶解反应 4h，超氧化物歧化酶与底物比为 1∶4，pH 值为 6.5，温度 45℃，反应完成后，煮沸 5min 灭酶，并迅速冷却至室温，5000r/min 离心 30min，取上清液加体积分数 100% 乙醇沉淀过夜，再 5000r/min 离心 30min 后，40℃旋转挥发，浓缩得刺参胶原蛋白；

（3）称取去离子水，加热至60℃，加入丁基羟基甲苯，待全部溶解后，加入透明质酸钠，混合均匀并冷却至室温，加入甘油及1,3-丁二醇，混合均匀，加入刺参胶原蛋白及1%左旋维生素C，混合均匀，得水相料液；

（4）取葡萄籽油，并加入维生素E及乳化剂和精油，四者的质量比为100∶1∶3∶3，混合均匀得油相料液；

（5）将步骤（3）制得水相料液缓慢加入步骤（4）制备的油相料液中，二者质量比为85∶15，混合均匀得混合液，向混合液中加入质量分数为3%的羧甲基纤维素钠，再将混合液加入真空乳化机内进行乳化，即得刺参胶原蛋白乳液。

**产品应用** 本品是一种用于皮肤美白保湿，使皮肤光滑透亮的护肤乳液。

**产品特性** 本品无化学添加，并具有优良的保湿、美白护肤功效，长期使用可以使皮肤光滑透亮，且适用于易过敏人群。

## 配方3 地木耳美白护肤乳液

**原料配比**

| 原料 | | 配比(质量份) |
|---|---|---|
| 水相料液 | | 85 |
| 油相料液 | | 15 |
| 水相料液 | 去离子水 | 100 |
| | 丁基羟基甲苯 | 1 |
| | 透明质酸钠 | 2 |
| | 甘油 | 8 |
| | 1,3-丁二醇 | 4 |
| | 地木耳提取物 | 8 |
| | 左旋维生素C | 1 |
| 油相料液 | 葡萄籽油 | 100 |
| | 维生素E | 1 |
| | 乳化剂聚乙烯醇 | 3 |
| | 精油 | 3 |
| 羧甲基纤维素钠 | | 3 |

**制备方法**

（1）清洗地木耳，并放置在通风干燥处进行风干；

（2）将风干后的地木耳置于90℃条件下干燥2～3min；

（3）将干燥后的地木耳放入粉碎机中粉碎，将粉碎后的地木耳过60目筛，得地木耳粉；

（4）称取2g地木耳粉，置于盛有100mL无水乙醇的广口瓶中，在40℃条件下恒温水浴，浸提10h，将溶液过滤后取出滤渣，向滤渣中加入50mL的无水乙醇，并在40℃条件下恒温提取20min，再一次过滤后将两次滤液合并，并在58℃条件下进行旋转蒸发，浓缩至总体积为5mL，得地木耳提取物；

（5）称取去离子水，加热至60℃，加入去离子水质量的1%的丁基羟基甲苯，待全部溶解后，加入透明质酸钠，混合均匀并冷却至室温，加入甘油及1,3-丁二醇，混合均匀，再加入地木耳提取物及左旋维生素 C，混合均匀，得水相料液；

（6）取葡萄籽油，并加入维生素 E 及乳化剂聚乙烯醇和精油，四者的质量比为 100∶1∶3∶3，混合均匀得油相料液；

（7）将步骤（5）制得水相料液缓慢加入步骤（6）制备的油相料液中，二者质量比为 85∶15，混合均匀得混合液，向混合液中加入羧甲基纤维素钠，再将混合液加入真空乳化机内进行乳化，即得地木耳美白护肤乳液。

**产品应用** 本品是一种具有优良的美白护肤功效，长期使用可以使皮肤光滑透亮的美白护肤乳液。

**产品特性** 本产品无化学添加，适用于易过敏人群。

## 配方 4　防晒美白护肤组合物

**原料配比**

| 原料 | | | 配比(质量份) | | |
|---|---|---|---|---|---|
| | | | 1# | 2# | 3# |
| 油包水组合剂 | 水相混合料 | 碳酸二辛酯 | 5 | 3 | 1 |
| | | 丁二醇 | 0.3 | 0.2 | 0.1 |
| | | 茶树提取物 | 0.3 | 0.2 | 0.1 |
| | | 欧百里香提取物 | 0.3 | 0.2 | 0.1 |
| | | 抗坏血酸 | 0.001 | 0.0008 | 0.0005 |
| | | 烟酰胺 | 0.01 | 0.008 | 0.005 |
| | | 甘油 | 5 | 3 | 1 |
| | | 水 | 0.1 | 0.2 | 0.3 |
| | 油相混合料 | 聚甘油-3 聚蓖麻醇酸酯 | 1 | 0.8 | 0.5 |
| | | 聚甘油-10 二油酸酯 | 1 | 0.8 | 0.5 |
| 水相液 | 丙二醇 | | 5 | 5 | 5 |
| | 硬脂酸镁 | | 0.5 | 0.5 | 0.5 |
| | 氯化钠 | | 1.5 | 1.5 | 1.5 |
| | 水 | | 加至 100 | 加至 100 | 加至 100 |
| 油相液 | 防晒组分 | 二氧化钛 | 12 | 9 | 7 |
| | | 甲氧基肉桂酸乙基己酯 | 9 | 5 | 1 |
| | | 水杨酸乙基己酯 | 5 | 3 | 1 |
| | | 乙基己基三嗪酮 | 3 | 2 | 1 |
| | | 奥克立林 | 3 | 2 | 1 |
| | | 二苯酮-3 | 3 | 2 | 1 |
| | | 二乙氨基羟苯甲酰基苯甲酸己酯 | 1 | 0.8 | 0.5 |
| | | 生育酚 | 0.1 | 0.05 | 0.01 |
| | 研磨剂 | 环五聚二甲基硅氧烷 | 4 | 4 | 4 |
| | | 棕榈酸乙基己酯 | 4 | 4 | 4 |
| | | 聚二甲基硅氧烷 | 3 | 3 | 3 |
| | | 聚二甲基硅氧烷交联聚合物 | 3 | 3 | 3 |
| | | 异壬酸异壬酯 | 3 | 3 | 3 |
| | | 月桂酰赖氨酸 | 0.6 | 0.6 | 0.6 |

续表

| 原料 | | | 配比(质量份) | | |
|---|---|---|---|---|---|
| | | | 1# | 2# | 3# |
| 油相液 | 研磨剂 | 季铵盐-18 膨润土 | 3 | 3 | 3 |
| | | CI77492 | 2 | 2 | 2 |
| | | CI77491 | 0.3 | 0.3 | 0.3 |
| | | CI77499 | 0.2 | 0.2 | 0.2 |
| | 其他 | 聚甲基硅倍半氧烷 | 3 | 3 | 3 |
| | | PEG-30 二聚羟基硬脂酸酯 | 2 | 2 | 2 |
| | | 山梨坦油酸酯 | 1 | 1 | 1 |
| | | 羟苯丙酯 | 0.2 | 0.2 | 0.2 |
| | | 羟苯甲酯 | 0.2 | 0.2 | 0.2 |
| 其他 | 苯氧乙醇 | | 0.2 | 0.2 | 0.2 |
| | 香精 | | 0.2 | 0.2 | 0.2 |

**制备方法**

（1）防晒组分预制步骤：将二氧化钛、甲氧基肉桂酸乙基己酯和水杨酸乙基己酯混合研磨后，加入乙基己基三嗪酮、奥克立林、二苯酮-3 和二乙氨基羟苯甲酰基苯甲酸己酯，升温至 80～90℃，搅拌混匀后冷却至 30～45℃，然后加入生育酚，搅拌后真空脱气，得到防晒组分。

（2）研磨步骤：将环五聚二甲基硅氧烷、棕榈酸乙基己酯、聚二甲基硅氧烷、聚二甲基硅氧烷交联聚合物、异壬酸异壬酯、月桂酰赖氨酸、增稠剂和着色剂研磨，得到研磨剂。

（3）油包水组合剂预制步骤：

① 加入碳酸二辛酯、丁二醇、茶树提取物、欧百里香提取物、抗坏血酸、烟酰胺、甘油和水，得到水相混合料；

② 将聚甘油-3 聚蓖麻醇酸酯和聚甘油-10 二油酸酯混合，得到油相混合料；

③ 将水相混合料加入油相混合料中，然后均质乳化，得到油包水组合剂。

（4）水相液预制步骤：将丙二醇、硬脂酸镁、稳定剂（氯化钠）和水在 85～90℃的条件下混合，得到水相液。

（5）油相液预制步骤：将聚甲基硅倍半氧烷、PEG-30 二聚羟基硬脂酸酯、山梨坦油酸酯、羟苯丙酯和羟苯甲酯加入油相锅，然后加入防晒组分和研磨剂，油相锅的温度为 80～85℃，得到油相液。

（6）混合步骤：将乳化锅预热至 75～80℃，将油相液加入乳化锅，然后将水相液加入乳化锅，均质乳化后，降温至 45℃，加入油包水组合剂，搅拌均匀，最后加入苯氧乙醇和香精，得到防晒美白护肤组合物。

**产品应用** 本品是一种防晒美白护肤组合物。

**产品特性** 本产品扩展了常规护肤产品的功能，能够抗氧化、补充水分，令肌肤恢复水润、弹性，令肤质细滑并呈现白皙光泽，同时抵御紫外线，保护肌肤不被晒伤晒黑，并具有遮瑕效果，轻薄遮瑕不浮粉，快速上妆、易涂抹。

## 配方5 蜂胶美白护肤品

**〈原料配比〉**

| 原料 | | 配比(质量份) | | |
|---|---|---|---|---|
| | | 1# | 2# | 3# |
| 美白中药提取物 | | 15 | 10 | 12 |
| 蜂胶提取物 | | 5 | 8 | 6 |
| 玻尿酸 | | 10 | 5 | 7 |
| 防腐剂 | 苯氧乙醇 | 0.5 | — | 0.5 |
| | 桑普 K15 | — | 1 | — |
| 营养添加剂 | 聚合杏仁蛋白 | — | — | 4 |
| | 蚕丝蛋白粉 | 3 | — | — |
| | 珍珠水解液 | — | 2 | — |
| 油性原料 | 葡萄籽油 | 12 | — | — |
| | 霍霍巴油 | — | 14 | 12 |
| 卡波姆 | | 1 | 2 | 2 |
| 玫瑰精油 | | 0.6 | 0.4 | 0.4 |
| 深层海泉水 | | 1 | 0.5 | 2 |
| 去离子水 | | 加至100 | 加至100 | 加至100 |
| 美白中药提取物 | 当归 | 8 | 5 | 10 |
| | 白及 | 7 | 10 | 5 |
| | 白茯苓 | 6 | 4 | 8 |
| | 青蒿 | 5 | 6 | 3 |
| | 西瓜皮 | 5 | 6 | 3 |
| | 白芍 | 4 | 3 | 6 |
| | 黄芪 | 2 | 1 | 3 |
| | 珍珠粉 | 2 | 1 | 3 |

**〈制备方法〉**

(1) 按照上述比例称取各种原料;

(2) 将油性原料、蜂胶提取物与营养添加剂在80～85℃条件下加热溶解，然后将其与美白中药提取物混合，加入去离子水，均质乳化搅拌，得到乳液；将乳液冷却至50～60℃，加入玻尿酸与防腐剂，搅拌均匀，然后冷却至35～42℃，加入卡波姆、玫瑰精油与深层海泉水搅拌均匀即可。

**〈原料介绍〉** 所述美白中药提取物通过如下方法制备得到:

(1) 按照配比称取当归、白及、白茯苓、青蒿、西瓜皮、白芍以及黄芪各自粉碎，过120目筛后混合均匀，再加入珍珠粉1～3份，得到粉碎混合物;

(2) 将粉碎的混合物煎煮3次，得到的3次煎煮液进行合并，即可。

**〈产品应用〉** 本品主要用于祛除人体面部雀斑、黄褐斑及蝴蝶斑等，增加皮肤弹性，增强肌肤免疫力。

**〈产品特性〉**

(1) 本品能明显提高皮肤抗氧化、保湿和抗衰老能力。

(2) 本品对人体皮肤没有刺激。

(3) 本品制备方法简单、原料易得、成本低。

## 配方6 柑橘清香美白乳液

**〈原料配比〉**

| 原　　料 | 配比(质量份) |
|---|---|
| 柑橘 | 13 |
| 羊毛脂醇聚氧乙烯醚 | 1 |
| 橄榄油 | 10 |
| 棕榈酸异丙酯 | 3 |
| 壬基酚聚氧乙烯醚 | 0.5 |
| 鲸蜡醇 | 1 |
| 蜂蜡 | 2 |
| 甘油 | 5 |
| 羟苯甲酯 | 0.2 |
| 乙醇 | 7 |
| 去离子水 | 加至100 |

**〈制备方法〉**

(1) 将柑橘用特殊方法处理，得提纯物备用；

(2) 将羊毛脂醇聚氧乙烯醚、橄榄油、棕榈酸异丙酯、鲸蜡醇加入去离子水中，混合加热至85℃，搅拌溶解均匀；

(3) 将壬基酚聚氧乙烯醚、蜂蜡、甘油、羟苯甲酯和乙醇混合加热至85℃，搅拌均匀后回收乙醇；

(4) 将步骤(3)所得物料缓缓加入步骤(2)所得物料中，边加入边搅拌，待其冷却至40℃左右加入步骤(1)所得物，搅拌均匀，冷却至室温，即可得成品，分装贮存。

**〈产品应用〉** 本品是一种淡黑滋养、减少黑色素生成的柑橘清香美白乳液。

**〈产品特性〉** 本产品pH值与人体皮肤接近，对皮肤无刺激性；使用后明显感到舒适、柔软，无油腻感，具有明显柔嫩滋养、美白亮肤的效果。

## 配方7 海地瓜胶原蛋白乳液

**〈原料配比〉**

| 原　　料 | 配比(质量份) |
|---|---|
| 水相料液 | 85 |
| 油相料液 | 15 |
| 羧甲基纤维素钠 | 3 |

续表

| 原　　料 | | 配比(质量份) |
|---|---|---|
| 水相料液 | 去离子水 | 100 |
| | 透明质酸钠 | 2 |
| | 甘油 | 8 |
| | 1,3-丁二醇 | 4 |
| | 海地瓜胶原蛋白 | 8 |
| | 左旋维生素 C | 1 |
| | 丁基羟基甲苯 | 1 |
| 油相料液 | 葡萄籽油 | 100 |
| | 维生素 E | 1 |
| | 乳化剂 | 3 |
| | 玫瑰精油 | 3 |

**制备方法**

(1) 称取去离子水，加热至 60℃，加入丁基羟基甲苯，待全部溶解，加入透明质酸钠，混合均匀并冷却至室温，加入甘油及 1,3-丁二醇，混合均匀，再加入海地瓜胶原蛋白及左旋维生素 C，混合均匀，得水相料液；

(2) 取葡萄籽油，并加入维生素 E 及乳化剂和玫瑰精油，四者的质量比为 100∶1∶3∶3，混合均匀得油相料液；

(3) 将水相料液缓慢加入油相料液中，二者质量比为 85∶15，混合均匀得混合液，向混合液中加入羧甲基纤维素钠，再将混合液加入真空乳化机内进行乳化，即得海地瓜胶原蛋白乳液。

**产品应用** 本品是一种护肤乳液。

**产品特性**

(1) 海地瓜胶原蛋白多肽的肽链中含有多个氨基、羧基和羟基等亲水基团，能与水分子结合，防止水分蒸发，是很好的保湿剂；海地瓜可抑制酪氨酸酶的活性及黑色素的合成，可作为化妆品中的美白添加剂，通过抑制酪氨酸酶的活性来抑制黑色素的合成，直接美白肌肤。由于其分子量小，与肌肤有很好的相容性，可进入角质层，不但能够维持肌肤的吸水能力，保持角质层正常含水量，起到深层保湿作用，还具有组织修复功能，能使皮肤光滑亮泽、减少皱纹，是十分理想的化妆品原料。

(2) 本品无化学添加，并具有优良的保湿、美白护肤功效，长期使用可以使皮肤光滑透亮，且适用于易过敏人群。

## 配方 8　含艾叶的氨基酸洁面乳

**原料配比**

| 原　　料 | 配比(质量份) | | |
|---|---|---|---|
| | 1# | 2# | 3# |
| 艾叶浸膏 | 3 | 2 | 4 |
| 竹叶黄酮 | 0.8 | 1 | 0.5 |
| 白藜芦醇 | 0.08 | 0.05 | 0.1 |

续表

| 原料 | | 配比(质量份) | | |
|---|---|---|---|---|
| | | 1# | 2# | 3# |
| 知母皂苷 | | 1.5 | 2 | 1 |
| 保湿调理剂 | | 11 | 10 | 12 |
| 聚乙二醇-120 | | 0.3 | 0.4 | 0.2 |
| 月桂酰肌氨酸钠 | | 13 | 10 | 15 |
| 月桂酰基谷氨酸钠 | | 8 | 10 | 5 |
| 椰油酰胺丙基甜菜碱 | | 3 | 2 | 4 |
| 苯氧乙醇 | | 0.3 | 0.2 | 0.4 |
| 乙基己基甘油 | | 0.05 | 0.04 | 0.06 |
| 丙烯酸酯共聚物 | | 3 | 2 | 4 |
| 去离子水 | | 60 | 70 | 50 |
| 保湿调理剂 | 甘油 | 6 | 5 | 7 |
| | 三甲基甘氨酸 | 3 | 4 | 2 |
| | 壳聚糖季铵盐 | 1 | 1 | 1 |

**〈制备方法〉**

(1) 将去离子水和保湿调理剂加入搅拌釜中混合均匀，然后升温至80～90℃，继续搅拌20～30min，得混合液A；

(2) 将月桂酰肌氨酸钠、月桂酰基谷氨酸钠、椰油酰胺丙基甜菜碱加入乳化锅中加热并搅拌均匀，温度为80～90℃，然后再加入聚乙二醇-120、丙烯酸酯共聚物和知母皂苷，搅拌均匀后加入艾叶浸膏、竹叶黄酮、白藜芦醇，搅拌均匀，均质10～15min，得乳化液B；

(3) 将混合液A加入乳化液B中混合均匀，然后加入苯氧乙醇和乙基己基甘油，搅拌均匀，降至室温，即得。

**〈原料介绍〉** 所述的艾叶浸膏的制备方法为：将艾叶洗净干燥，使用10～15倍艾叶质量的乙醇溶液回流提取3次，每次30min，然后合并滤液。减压浓缩至无乙醇味，即得。所述的乙醇溶液体积分数为60%～80%。

**〈产品应用〉** 本品是一种含艾叶的氨基酸洁面乳。

**〈产品特性〉**

(1) 本产品将氨基酸表面活性剂和知母皂苷植物表面活性剂等成分复配，成分安全、无刺激性，并且具有良好的去污、润肤效果；

(2) 本产品添加了多种植物成分，具有良好的祛痘、美白、保湿功能。

## 配方9　含茶树精油的祛痘修复乳液

**〈原料配比〉**

| 原料 | 配比(质量份) |
|---|---|
| 水相料液 | 85 |
| 油相料液 | 15 |
| 羧甲基纤维素钠 | 3 |

续表

| 原料 | | 配比(质量份) |
|---|---|---|
| 水相料液 | 去离子水 | 100 |
| | 丁基羟基甲苯 | 1 |
| | 透明质酸钠 | 2 |
| | 甘油 | 6 |
| | 1,3-丁二醇 | 3 |
| | 蚕丝蛋白 | 5 |
| | 左旋维生素 C | 1 |
| 油相料液 | 茶树精油 | 50 |
| | 葡萄籽油 | 50 |
| | 维生素 E | 1 |
| | 乳化剂聚乙烯醇 | 3 |
| | 玫瑰香精 | 3 |

**〈制备方法〉**

(1) 将干茶树叶打粉，过 20 目筛，取 5g 茶树叶粉末，加入 200mL 去离子水，得样品液，将样品液经超声波处理，功率为 600W，处理时间为 30min，再经超高压处理，压力为 400MPa，保压时间为 30min；

(2) 将样品液转移到 500mL 的圆底烧瓶中，加入沸石，进行水蒸气蒸馏萃取，蒸馏温度 100℃，蒸馏时间 1.5h，所得萃取液经真空旋转蒸发浓缩后得茶树精油；

(3) 称取去离子水，加热至 60℃，加入丁基羟基甲苯，待全部溶解后，加入透明质酸钠，混合均匀并冷却至室温，加入甘油及 1,3-丁二醇，混合均匀，再加入蚕丝蛋白及左旋维生素 C，混合均匀，得水相料液；

(4) 取茶树精油及葡萄籽油，并加入维生素 E 及乳化剂聚乙烯醇和玫瑰香精，五者的质量比为 50∶50∶1∶3∶3，混合均匀得油相料液；

(5) 将水相料液缓慢加入油相料液中，二者质量比为 85∶15，混合均匀得混合液，向混合液中加入羧甲基纤维素钠，再将混合液加入真空乳化机内进行乳化，即得乳液。

**〈产品应用〉** 本品是一种含茶树精油的祛痘修复乳液。

**〈产品特性〉**

(1) 茶树精油具有抗菌消炎作用，能快速渗透毛囊进行调理，持久保护肌肤不受青春痘、粉刺干扰。

(2) 本品无化学添加，具有优良的祛痘、保湿、美白护肤功效，长期使用可以使皮肤光滑透亮，且适用于易过敏人群。

## 配方 10　含佛手柑精油的祛痘修复乳液

**〈原料配比〉**

| 原料 | 配比(质量份) |
|---|---|
| 水相料液 | 85 |
| 油相料液 | 15 |
| 羧甲基纤维素钠 | 3 |

续表

| 原料 | | 配比(质量份) |
|---|---|---|
| 水相料液 | 去离子水 | 100 |
| | 丁基羟基甲苯 | 1 |
| | 透明质酸钠 | 2 |
| | 甘油 | 6 |
| | 1,3-丁二醇 | 3 |
| | 蚕丝蛋白 | 5 |
| | 左旋维生素 C | 1 |
| 油相料液 | 佛手柑精油 | 50 |
| | 葡萄籽油 | 50 |
| | 维生素 E | 1 |
| | 乳化剂聚乙烯醇 | 3 |
| | 玫瑰香精 | 3 |

**《制备方法》**

(1) 新鲜佛手柑去皮去籽，切碎，用螺旋榨汁机压榨后得到果浆，过滤得滤液，滤液中加入 5 倍体积的饱和氯化钠水溶液，充分搅拌混合均匀，搅拌速度 300r/min，搅拌时间 30min，得混合液；

(2) 混合液在 4000r/min 条件下离心处理 15min 后，吸取上层挥发油，用无水硫酸钠干燥过夜，经 0.45μm 微孔有机滤膜过滤，得佛手柑精油；

(3) 称取去离子水，加热至 60℃，加入丁基羟基甲苯，待全部溶解，加入透明质酸钠，混合均匀并冷却至室温，加入甘油及 1,3-丁二醇，混合均匀，再加入蚕丝蛋白及左旋维生素 C，混合均匀，得水相料液；

(4) 取佛手柑精油及葡萄籽油，并加入维生素 E 及乳化剂聚乙烯醇和玫瑰香精，五者的质量比为 50∶50∶1∶3∶3，混合均匀，得油相料液；

(5) 将水相料液缓慢加入油相料液中，二者质量比为 85∶15，混合均匀得混合液，向混合液中加入羧甲基纤维素钠，再将混合液加入真空乳化机内进行乳化，即得乳液。

**《产品应用》** 本品主要用于祛痘、保湿、美白护肤。

**《产品特性》** 本品无化学添加，具有优良的祛痘、保湿、美白护肤功效，长期使用可以使皮肤光滑透亮，且适用于易过敏人群。

## 配方 11 含姜黄素类似物的护肤乳

**《原料配比》**

| 原料 | 配比(质量份) | | | | | |
|---|---|---|---|---|---|---|
| | 1# | 2# | 3# | 4# | 5# | 6# |
| 角鲨烷 | 4.0 | 4.0 | 6.0 | 5.0 | 5.0 | 6 |
| 碳酸二辛酯 | 4.0 | 5.0 | 5.0 | 4.0 | 5.0 | 5.0 |
| 环五聚二甲基硅氧烷 | 4.0 | 4.0 | 4.0 | 3.0 | 3.0 | 4.0 |
| EDTA 二钠 | 0.05 | 0.05 | 0.05 | 0.05 | 0.05 | 0.05 |
| 乳木果油 | 1.5 | 1.5 | 2.0 | 2.0 | 2.0 | 3.0 |
| 植物仿生皮脂 | 1.0 | 1.0 | 1.0 | 1.0 | 1.0 | |

续表

| 原料 | 配比(质量份) | | | | | |
|---|---|---|---|---|---|---|
| | 1# | 2# | 3# | 4# | 5# | 6# |
| 辛酸/癸酸甘油三酯 | 5.0 | 4.0 | 4.0 | 5.0 | 5.0 | 4.0 |
| 山梨醇酐倍半油酸酯 | 1.0 | 1.0 | 1.0 | 1.0 | 1.0 | 1.0 |
| 尿囊素 | 0.2 | 0.2 | 0.2 | 0.2 | 0.2 | 0.2 |
| 吐温-80 | 2.5 | 2.5 | 2.5 | 2.5 | 2.5 | 2.5 |
| 黄原胶 | 0.2 | 0.2 | 0.2 | 0.2 | 0.2 | 0.2 |
| 1,3-丙二醇 | 4.0 | 4.0 | 4.0 | 4.0 | 4.0 | 4.0 |
| 羟乙基纤维素 | 0.5 | 0.5 | 0.5 | 0.5 | 0.5 | 0.5 |
| 泛醇 | 0.5 | 0.5 | 0.5 | 0.5 | 0.5 | 0.5 |
| 甜菜碱 | 1.0 | 1.0 | 1.0 | 1.0 | 1.0 | 1.0 |
| 维生素 C | 0.1 | 0.1 | 0.1 | 0.1 | 0.1 | 0.1 |
| 透明质酸钠 | 0.05 | 0.05 | 0.05 | 0.05 | 0.05 | 0.05 |
| 水溶性维生素 E | 0.5 | 0.5 | 0.5 | 0.5 | 0.5 | 0.5 |
| 亚硫酸氢钠甲萘醌 | 0.3 | 0.3 | 0.3 | 0.3 | 0.3 | 0.3 |
| 甘油 | 4.0 | 4.0 | 4.0 | 4.0 | 4.0 | 4.0 |
| 熊果苷 | 0.2 | 0.2 | 0.2 | 0.2 | 0.2 | 0.2 |
| 羟苯甲酯 | 0.2 | 0.2 | 0.2 | 0.2 | 0.2 | 0.2 |
| 羟苯丙酯 | 0.1 | 0.1 | 0.1 | 0.1 | 0.1 | 0.1 |
| 积雪草提取物 | 0.02 | 0.02 | 0.02 | 0.02 | 0.02 | 0.02 |
| 雪莲花提取物 | 0.03 | 0.03 | 0.03 | 0.03 | 0.03 | 0.03 |
| 姜黄素类似物 | 0.05 | 0.05 | 0.06 | 0.07 | 0.08 | 0.0:8 |
| PEG-40 氢化蓖麻油 | 0.5 | 0.5 | 0.5 | 0.5 | 0.5 | 0.6 |
| 香精 | 0.08 | 0.08 | 0.08 | 0.08 | 0.08 | 0.08 |
| 去离子水 | 加至 100 | 加至 100 | 加至 100 | 加至 100 | 加至 100 | 加至 100 |

**〈制备方法〉**

(1) 在水相锅中，加入 EDTA 二钠、泛醇、甘油、甜菜碱、黄原胶、尿囊素、羟乙基纤维素（预先用 1,3-丙二醇分散）、透明质酸钠和去离子水，加热到 80℃，搅拌至溶解、分散充分。

(2) 在油相锅中，加入羟苯甲酯、羟苯丙酯、角鲨烷、碳酸二辛酯、环五聚二甲基硅氧烷、植物仿生皮脂、乳木果油、辛酸/癸酸甘油三酯、山梨醇酐倍半油酸酯、吐温-80，加热到 80℃，并搅拌至溶解充分。

(3) 把油相锅中的物料加入水相锅中，开动均质机，速度为 8000r/min，乳化均质 10min，降温。

(4) 降温到 50℃后加入积雪草提取物、雪莲花提取物以及姜黄素类似物（先把姜黄素类似物溶于 1,3-丙二醇中，加入 PEG-40 氢化蓖麻油，再加水稀释），搅拌充分。

(5) 降温到 30℃，加入熊果苷、维生素 C、水溶性维生素 E、亚硫酸氢钠甲萘醌、香精，充分搅拌，降至室温后真空脱气。

**〈产品应用〉** 本品是一种含姜黄素类似物的护肤乳。

**〈产品特性〉** 本品在配方中添加了具有美白祛斑功效的姜黄素类似物和熊果

苷；另外还添加了尿囊素、透明质酸钠等多种营养保湿成分，使乳液在保湿的同时，具有一定的美白祛斑效果。

## 配方 12　含蓝莓干细胞提取物的美白补水护肤品

**〈原料配比〉**

| 原料 | | 配比(质量份) | | | | | | | |
|---|---|---|---|---|---|---|---|---|---|
| | | 1# | 2# | 3# | 4# | 5# | 6# | 7# | 8# |
| 组合物 | 蓝莓干细胞提取物 | 19 | 26 | 20 | 19 | 22 | 19 | 22 | 21.2 |
| | 芦荟提取物 | 10 | 12 | 15 | 15 | 13.5 | 15 | 12.8 | 12 |
| | 番茄提取物 | 10 | 8 | 6 | 10 | 9.1 | 8 | 9.6 | 9 |
| | 苹果提取物 | — | — | — | — | — | 4 | 6 | 6 |
| 组合物 | | 11 | 11 | 11 | 11 | 11 | 11 | 11 | 11 |
| 保湿剂 | 甘油 | 20 | 20 | 20 | 20 | 20 | 20 | 20 | 20 |
| 乳化剂 | 山梨醇橄榄油酯 | 17 | 17 | 17 | 17 | 17 | 17 | 17 | 17 |
| 增稠剂 | 卡波姆 | 6 | 6 | 6 | 6 | 6 | 6 | 6 | 6 |
| 去离子水 | | 加至100 | 加至100 | 加至100 | 加至100 | 加至100 | 加至100 | 加至100 | 加至100 |

**〈制备方法〉** 将各组分原料混合均匀即可。

**〈原料介绍〉** 所述的蓝莓干细胞提取物的制备方法包括以下步骤：

(1) 选取蓝莓果肉的一部分，进行消毒处理；切碎接种在 MS 培养基上，25℃下黑暗培养；两周后将增殖的外增殖体取出，分离并转移到继代培养基中培养，每两周继代一次，得到蓝莓干细胞。

(2) 收集培养蓝莓干细胞后的培养基，经超滤膜过滤、浓缩滤液，保留培养基中的活性成分；将培养基和蓝莓干细胞的裂解物冷冻干燥，得到蓝莓干细胞提取物。

**〈产品应用〉** 本品是一种含蓝莓干细胞提取物的美白补水护肤品。

**〈产品特性〉** 本产品可以保持脸部表皮干细胞的活力，对皮肤进行美白和补水，且原料多为天然物质，对皮肤无损伤。

## 配方 13　含龙涎香的美白养颜护肤组合物

**〈原料配比〉**

| 原料 | | 配比(质量份) | | | | | | | | |
|---|---|---|---|---|---|---|---|---|---|---|
| | | 1# | 2# | 3# | 4# | 5# | 6# | 7# | 8# | 9# |
| 护肤组合物 | 牡丹籽油 | 13 | 7 | 15.6 | 14.4 | 15 | 14.4 | 14.4 | 15 | 14.4 |
| | 山茶提取物 | 7.7 | 4 | 3 | 5 | 8 | 7.2 | 5 | 8 | 7.2 |
| | 薏苡仁提取物 | 10 | 8.1 | 5 | 8 | 10 | 9 | 8 | 10 | 9 |
| | 龙涎香 | 3.4 | 1 | 5 | 3 | 4.4 | 5 | 3 | 4.5 | 5 |
| | 杏仁提取物 | — | — | — | — | — | — | 3 | 5.6 | 7 |
| 护肤组合物 | | 5 | 5 | 5 | 5 | 5 | 5 | 5 | 5 | 5 |
| 乳化剂 | 山梨醇橄榄油酯 | 6 | 6 | 6 | 6 | 6 | 6 | 6 | 6 | 6 |
| 保湿剂 | 甘油 | 13 | 13 | 13 | 13 | 13 | 13 | 13 | 13 | 13 |
| 去离子水 | | 加至100 | 加至100 | 加至100 | 加至100 | 加至100 | 加至100 | 加至100 | 加至100 | 加至100 |

**《制备方法》** 将各组分原料混合均匀即可。

**《产品应用》** 本品是一种含龙涎香的美白养颜护肤组合物。

**《产品特性》** 本产品可以高效地对皮肤进行美容养颜，且所含成分多为天然物质，对皮肤无损伤；其中，牡丹籽油和薏苡仁提取物能协同美白。

## 配方 14 含人面果提取物的抗衰老美白乳液

**《原料配比》**

| 原料 | | 配比(质量份) | | | |
|---|---|---|---|---|---|
| | | 1# | 2# | 3# | 4# |
| EDTA 二钠 | | 2 | 3 | 5 | 4 |
| 水解胶原蛋白 | | 3 | 4 | 5 | 4 |
| 去离子水 | | 250 | 280 | 330 | 350 |
| 人面果提取物 | | 25 | 23 | 28 | 30 |
| 植物精油 | 玫瑰精油 | 5 | — | — | — |
| | 薰衣草精油 | — | 10 | — | — |
| | 薄荷精油 | — | — | 15 | — |
| | 柠檬精油 | — | — | — | 20 |
| 天然提取物 | 芦荟提取物 | 10 | 15 | — | — |
| | 白芷提取物 | — | — | 20 | — |
| | 茯苓提取物 | — | — | — | 20 |
| 维生素 E | | 3 | 5 | 4 | 5 |
| 乳化剂 | 大豆卵磷脂 | 5 | 3 | — | — |
| | Phytocare OL | — | — | 7 | 8 |

**《制备方法》**

(1) 制备水相：将 EDTA 二钠和水解胶原蛋白加入去离子水中，搅拌溶解，加热至 50～70℃，制得水相；

(2) 制备油相：将人面果提取物、植物精油、天然提取物和维生素 E 依次混合搅拌均匀，加热至 50～70℃，得油相；

(3) 制备溶液：在 50～70℃条件下，将水相与油相混合搅拌，加入乳化剂，搅拌均匀，冷却至室温，得到含人面果提取物的抗衰老美白乳液。

**《原料介绍》** 所述的人面果提取物制备方法：将人面果的提取原料在 50～60℃的条件下干燥后粉碎，加入人面果提取原料质量 8～20 倍的乙醇溶液，在 60～90℃的条件下回流 1～6h，过滤后，得滤液和滤饼。将滤饼在同等的条件下重复 1～3 次回流操作，合并滤液后在 55～65℃的条件下浓缩至膏状，然后向膏体中加入 10～15 倍膏体质量的水，溶解膏体，再用与溶解液等体积的乙酸乙酯萃取 2～4 次，合并萃取液，在 60～75℃的条件下浓缩至黏稠状，喷雾干燥得人面果提取物。

所述乙醇溶液的浓度为 70%～95%。

**《产品应用》** 本品是一种含人面果提取物的抗衰老美白乳液。

**〈产品特性〉** 本品具有较好的抗衰老与抗菌作用，同时还有一定的保湿作用，且制备方法简单，配方温和，安全性高。

## 配方 15　含积雪草提取物的精华乳液

**〈原料配比〉**

| 原料 | | 配比(质量份) | | |
|---|---|---|---|---|
| | | 1# | 2# | 3# |
| A 组分 | 鲸蜡硬脂醇 | 3 | 5 | 4 |
| | 单硬脂酸甘油酯 | 2 | 3 | 2.5 |
| | 山梨醇酐单硬脂酸酯 | 2 | 3 | 2.5 |
| | 聚山梨醇酯-60 | 2 | 3 | 2.5 |
| | 液体石蜡 | 5 | 8 | 6 |
| | 聚二甲基硅氧烷 | 3 | 4 | 3.5 |
| | 生育酚 | 0.5 | 1 | 0.6 |
| | 霍霍巴油 | 1 | 2 | 1.5 |
| | 红没药醇 | 0.2 | 0.3 | 0.25 |
| | 氢化聚癸烯 | 0.5 | 1 | 0.6 |
| B 组分 | 甘油 | 3 | 5 | 4 |
| | 丙二醇 | 3 | 5 | 4 |
| | 羟乙基纤维素 | 0.2 | 0.3 | 0.25 |
| | 氨基酸 | 3 | 5 | 4 |
| | EDTA 二钠 | 0.1 | 0.2 | 0.15 |
| | 透明质酸钠 | 0.05 | 0.15 | 0.1 |
| | 水 | 65.8 | 42.6 | 54.85 |
| C 组分 | 积雪草提取物 | 1 | 2 | 1.5 |
| | 白芍提取物 | 0.5 | 1 | 0.8 |
| | 白术提取物 | 0.5 | 1 | 0.8 |
| | 甘草提取物 | 2 | 3 | 2.5 |
| D 组分 | 燕麦 $\beta$-葡聚糖 | 1 | 3 | 2 |
| | 水解胶原 | 0.5 | 1 | 0.8 |
| | DMDM 乙内酰脲/碘丙炔醇丁基氨甲酸酯 | 0.1 | 0.3 | 0.2 |
| | 香精 | 0.05 | 0.15 | 0.1 |

**〈制备方法〉**

(1) 将 A 组分的原料依次混合均匀后，加入油相锅，搅拌升温至 80～85℃；

(2) 将 B 组分的原料依次混合均匀后，加入水相锅，搅拌升温至 80～85℃；

(3) 将 A 组分抽入 B 组分中，于 80℃真空搅拌均质 5～8min，随后真空搅拌降温至 48～52℃，加入 C 组分，再真空搅拌降温至 38～40℃，加入 D 组分，搅拌均匀后过滤出料，即得到精华乳液，密封保存。

**〈产品应用〉** 本品是一种含积雪草提取物的精华乳液。

**〈产品特性〉** 本产品具有极好的美白、保湿和抗衰老功效，同时具有显著的深度保湿效果。由于本产品采用的原料均为纯天然物质，因此具有性质温和、安全无刺激等优点。

## 配方 16 含山竹干细胞提取物的美白补水护肤品

**原料配比**

| 原料 | | 配比(质量份) | | | | | |
|---|---|---|---|---|---|---|---|
| | | 1# | 2# | 3# | 4# | 5# | 6# |
| 山竹干细胞提取物 | | 0.01 | 3 | 0.03 | 1 | 2 | 1.5 |
| 柠檬提取物 | | 0.1 | 2 | 0.4 | 0.8 | 1.5 | 1.2 |
| 玫瑰提取物 | | 0.1 | 1.5 | 0.5 | 0.8 | 1.2 | 1 |
| 香橙提取物 | | 0.5 | 5 | 1 | 1.5 | 4 | 2.5 |
| 护肤品基质 | | 加至 100 | 加至 100 | 加至 100 | 加至 100 | 加至 100 | 加至 100 |
| 护肤品基质 | 甘油 | 5 | 5 | 5 | 5 | 5 | 5 |
| | 丙二醇 | 4 | 4 | 4 | 4 | 4 | 4 |
| | 丁二醇 | 4 | 4 | 4 | 4 | 4 | 4 |
| | 透明质酸 | 0.03 | 0.03 | 0.03 | 0.03 | 0.03 | 0.03 |
| | 香精 | 0.2 | 0.2 | 0.2 | 0.2 | 0.2 | 0.2 |
| | 防腐剂 | 0.5 | 0.5 | 0.5 | 0.5 | 0.5 | 0.5 |
| | 去离子水 | 加至 100 | 加至 100 | 加至 100 | 加至 100 | 加至 100 | 加至 100 |

**制备方法**

(1) 按比例称取所述的山竹干细胞提取物、柠檬提取物、玫瑰提取物和香橙提取物，混匀；

(2) 将步骤 (1) 中的混合物缓慢加入由护肤品领域可接受的其他辅料制成的护肤品基质中，搅拌均匀，保温 30min，即得所述含山竹干细胞提取物的美白补水护肤品。

**原料介绍** 所述柠檬提取物为柠檬水提取物，由以下方法制备：称取柠檬片，加入其质量 10 倍的水提取 2 次，每次 1.5h，过滤提取液，合并滤液，减压浓缩，干燥即得。

所述玫瑰提取物为玫瑰花醇提取物，由以下方法制备：称取玫瑰花朵，粉碎得到粗粉，加入粗粉质量 15 倍的质量分数为 70%的乙醇，浸泡 2h 后，于 80℃回流提取 2 次，每次 1.5h，过滤提取液，合并滤液，减压浓缩至无乙醇，干燥即得。

所述香橙提取物为香橙果水提取物，由以下方法制备：称取香橙果，粉碎得到粗粉，加入相当于粗粉质量 10 倍的水，于 80℃条件下浸提 3 次，每次 2h，过滤提取液，合并滤液，减压浓缩，干燥即得。

**产品应用** 本品主要用于改善肌肤暗淡无光、色素沉积、干燥和衰老等问题，使肌肤亮白、水润、细腻、有弹性，并具有很好的美白补水和抗氧化功效。

**产品特性** 本产品含有山竹干细胞提取物及天然植物护肤提取物，安全无刺激，易吸收。

# 配方 17 含丝柏精油的祛痘修复乳液

**〈原料配比〉**

| 原料 | | 配比(质量份) |
|---|---|---|
| 水相料液 | | 85 |
| 油相料液 | | 15 |
| 羧甲基纤维素钠 | | 3 |
| 水相料液 | 去离子水 | 100 |
| | 丁基羟基甲苯 | 1 |
| | 透明质酸钠 | 2 |
| | 甘油 | 6 |
| | 1,3-丁二醇 | 3 |
| | 蚕丝蛋白 | 5 |
| | 左旋维生素 C | 1 |
| 油相料液 | 丝柏精油 | 50 |
| | 葡萄籽油 | 50 |
| | 维生素 E | 1 |
| | 乳化剂聚乙烯醇 | 3 |
| | 玫瑰香精 | 3 |

**〈制备方法〉**

(1) 将丝柏叶在 45℃烘箱中烘干，用粉碎机破碎，过 60 目筛，得到丝柏叶粉末；

(2) 取 100g 丝柏叶粉末、1g NaCl 及 1000mL 去离子水，置于容器中混合均匀，并在 120W 超声波处理器中处理 20min，连接蒸馏装置，进行水蒸气蒸馏，保持微沸状态进行提取，提取 3h 后，停止加热并冷却至室温，过滤得提取液；

(3) 向提取液中加入 0.5g NaCl，用 500mL 石油醚对提取液进行萃取，然后加入 10g 无水 $Na_2SO_4$ 对萃取液进行干燥，将萃取液密封保存在－18℃冰箱内，放置过夜，过滤得滤液，滤液在真空状态下用旋转蒸发仪进行浓缩，得丝柏精油；

(4) 称取去离子水，加热至 60℃，加入丁基羟基甲苯，待全部溶解，加入透明质酸钠，混合均匀并冷却至室温，加入甘油及 1,3-丁二醇，混合均匀，再加入蚕丝蛋白及左旋维生素 C，混合均匀，得水相料液；

(5) 取丝柏精油及葡萄籽油，并加入维生素 E 及乳化剂聚乙烯醇和玫瑰香精，五者的质量比为 50∶50∶1∶3∶3，混合均匀得油相料液；

(6) 将水相料液缓慢加入油相料液中，二者质量比为 85∶15，混合均匀，得混合液，向混合液中加入质量分数为 3%的羧甲基纤维素钠，再将混合液加入真空乳化机内进行乳化，即得乳液。

**〈产品应用〉** 本品是一种含丝柏精油的祛痘修复乳液。

**〈产品特性〉** 本品无化学添加，并具有优良的祛痘、保湿、美白护肤功效，长期使用可以使皮肤光滑透亮，且适用于易过敏人群。

## 配方18 含天麻干细胞提取物的美白祛斑护肤品

**〈原料配比〉**

| 原料 | | 配比(质量份) | | | | | |
|---|---|---|---|---|---|---|---|
| | | 1# | 2# | 3# | 4# | 5# | 6# |
| 组合物 | 天麻干细胞提取物 | 17.4 | 20 | 22.1 | 20.4 | 20 | 21 |
| | 余甘子果提取物 | 13.2 | 14 | 10 | 11.5 | 11 | 12 |
| | 葛仙米提取物 | 8 | 4.5 | 9.6 | 5.2 | 6 | 4.5 |
| | 柿叶提取物 | — | — | — | 5.2 | 3 | 6.6 |
| 组合物 | | 3 | 3 | 3 | 3 | 3 | 3 |
| 保湿剂 | 甘油 | 16 | 16 | 16 | 16 | 16 | 16 |
| 乳化剂 | 山梨醇橄榄油脂 | 14 | 14 | 14 | 14 | 14 | 14 |
| 去离子水 | | 加至100 | 加至100 | 加至100 | 加至100 | 加至100 | 加至100 |

**〈制备方法〉** 将各组分原料混合均匀即可。

**〈原料介绍〉**

所述的天麻干细胞提取物的制备方法，包括以下步骤：

(1) 将天麻的块茎经过消毒处理后，切碎接种在MS培养基上，26℃下黑暗培养；两周后将形成层明显增殖的外增殖体取出，分离干细胞并转移到继代培养基中培养，每两周继代一次，得到天麻干细胞；

(2) 裂解天麻干细胞，之后进行冷冻干燥，得到天麻干细胞提取物。

**〈产品应用〉** 本品是一种含天麻干细胞提取物的美白祛斑护肤品。

**〈产品特性〉** 本产品可以高效地美白祛斑，且原料多为天然物质，对皮肤无损伤。

## 配方19 含洋甘菊精油的祛痘修复乳液

**〈原料配比〉**

| 原料 | | 配比(质量份) |
|---|---|---|
| 水相料液 | | 85 |
| 油相料液 | | 15 |
| 羧甲基纤维素钠 | | 3 |
| 水相料液 | 去离子水 | 100 |
| | 丁基羟基甲苯 | 1 |
| | 透明质酸钠 | 2 |
| | 甘油 | 6 |
| | 1,3-丁二醇 | 3 |
| | 蚕丝蛋白 | 5 |
| | 左旋维生素C | 1 |
| 油相料液 | 洋甘菊精油 | 50 |
| | 葡萄籽油 | 50 |
| | 维生素E | 1 |
| | 乳化剂聚乙烯醇 | 3 |
| | 玫瑰香精 | 3 |

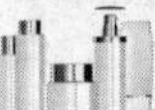

**〈制备方法〉**

（1）称取200g洋甘菊干花与去离子水以1∶8的料液比混合，得蒸馏液，置于5000mL的容器中，并向蒸馏液中加入质量分数为1%的氯化钠，静置4h；

（2）蒸馏液以电热套加热，保持微沸状态进行提取，蒸馏提取3h，停止加热，过滤得滤液；

（3）取滤液0.5mL，加入20mL正乙烷萃取，静置过夜，用旋转蒸发仪加热蒸发，得到黄色透明状洋甘菊精油；

（4）称取去离子水，加热至60℃，加入丁基羟基甲苯，待全部溶解，加入透明质酸钠，混合均匀并冷却至室温，加入甘油及1,3-丁二醇，混合均匀，再加入蚕丝蛋白及左旋维生素C，混合均匀，得水相料液；

（5）取洋甘菊精油及葡萄籽油，并加入维生素E及乳化剂聚乙烯醇和玫瑰香精，五者的质量比为50∶50∶1∶3∶3，混合均匀得油相料液；

（6）将水相料液缓慢加入油相料液中，二者质量比为85∶15，混合均匀得混合液，向混合液中加入羧甲基纤维素钠，再将混合液加入真空乳化机内进行乳化，即得乳液。

**〈产品应用〉** 本品是一种含洋甘菊精油的祛痘修复乳液。

**〈产品特性〉** 本品无化学添加，并具有优良的祛痘、保湿、美白护肤功效，长期使用可以使皮肤光滑透亮，且适用于易过敏人群。

## 配方 20 含野菊细胞提取物的美白护肤组合物

**〈原料配比〉**

| 原料 | | 配比(质量份) | | | | |
|---|---|---|---|---|---|---|
| | | 1# | 2# | 3# | 4# | 5# |
| 野菊细胞提取物 | | 1.0 | 0.25 | 1.75 | 1.25 | 0.75 |
| 水解蚕丝蛋白 | | 1.0 | 1.5 | 0.3 | 0.9 | 1.2 |
| 甘草提取物 | | 4.0 | 2 | 6 | 3 | 5 |
| 荷花提取物 | | 2.5 | 4 | 1 | 3.5 | 2 |
| 桃花提取物 | | 1.8 | 2.5 | 0.5 | 1.5 | 2 |
| 霍霍巴油 | | 6.0 | 5 | 8 | 5 | 7 |
| 保湿剂 | 甘油 | 3 | 2 | 1 | 4 | 4 |
| | 氨基酸 | — | — | 0.5 | — | — |
| | 乳酸钠 | — | — | 0.5 | — | — |
| | 丙三醇 | 2 | 2 | — | — | — |
| | 硫酸软骨素 | — | 0.5 | — | — | — |
| | 尿囊素 | — | — | — | 1 | — |
| 乳化剂 | 羊毛脂 | 1 | — | 1.5 | 3 | 1.5 |
| | 单硬脂酸聚乙二醇酯 | 0.75 | 2 | — | — | 0.5 |
| | 单硬脂酸甘油酯 | 1.5 | — | — | — | — |
| | 聚氧乙烯十八烷基醚 | — | 3 | — | — | 0.5 |
| | 蜂蜡 | — | — | — | 2 | — |

续表

| 原料 | | 配比(质量份) | | | | |
|---|---|---|---|---|---|---|
| | | 1# | 2# | 3# | 4# | 5# |
| 增稠剂 | 卡波姆 | 0.5 | — | — | — | — |
| | 黄原胶 | — | — | — | — | 0.25 |
| | 甲基纤维素 | — | — | 0.75 | — | — |
| | 果胶 | — | — | — | 1.2 | — |
| | 羧甲基羟乙基纤维素 | — | 0.5 | — | — | — |
| 去离子水 | | 55 | 40 | 50 | 60 | 45 |

**〈制备方法〉**

(1) 制备野菊提取物;

(2) 按比例称取各组分原料;

(3) 将增稠剂和保湿剂溶于水中, 在70～80℃下搅拌均匀, 得到水相;

(4) 将霍霍巴油和乳化剂在70～80℃下混合均匀, 得到油相;

(5) 将步骤 (4) 制备的油相加入步骤 (3) 制备的水相中, 搅拌均匀, 冷却到45℃后, 加入野菊细胞提取物、水解蚕丝蛋白、甘草提取物、荷花提取物和桃花提取物, 充分均质, 冷却至室温, 得到所述美白护肤组合物。

**〈原料介绍〉** 所述野菊细胞提取物包括培养野菊细胞后的野菊细胞培养基和野菊细胞的裂解物。将培养野菊细胞后的野菊细胞培养基和野菊细胞的裂解物混合, 冷冻干燥, 过200目筛, 得到冻干粉。

**〈产品应用〉** 本品是一种含野菊细胞提取物的美白护肤组合物。

**〈产品特性〉** 本产品具有美白效果, 其中, 野菊细胞提取物作为强抗氧化剂, 能够及时清除过氧自由基, 防止其他提取物中抑制酪氨酸酶活性的有效成分失活, 增强美白效果; 天然水解蚕丝蛋白中丝缩氨基酸可抑制皮肤中酪氨酸酶的活性, 从而抑制黑色素的生成, 由内而外改善暗淡肤色, 富含多种氨基酸和小分子蛋白质, 极易为肌肤吸收, 提供肌肤美白所需的营养成分, 且蚕丝蛋白渗透力强, 有利于护肤组合物深入肌肤真皮层。

## 配方21 含有荷花干细胞提取物的美白祛斑化妆品

**〈原料配比〉**

| 原料 | | | 配比(质量份) | | | |
|---|---|---|---|---|---|---|
| | | | 1# | 2# | 3# | 4# |
| 美白祛斑制剂 | 荷花干细胞提取物 | | 1 | 0.1 | 2 | 0.8 |
| | 甘草提取物 | | 2 | 0.5 | 3 | 1.5 |
| | 桑叶提取物 | | 2.5 | 0.4 | 5 | 3 |
| 载体 | 油脂 | 棕榈酸乙基己酯、牛油果树果脂、鲸蜡硬脂基葡糖苷 | 13 | — | 20 | — |
| | | 棕榈酸乙基己酯、鲸蜡硬脂基葡糖苷 | — | 5 | — | — |
| | | 棕榈酸乙基己酯、牛油果树果脂 | — | — | — | 20 |

续表

| 原料 | | | 配比(质量份) | | | |
|---|---|---|---|---|---|---|
| | | | 1# | 2# | 3# | 4# |
| 载体 | 保湿剂 | 山梨醇、聚乙二醇 | 17 | — | — | — |
| | | 山梨醇 | — | 2 | — | — |
| | | 聚乙二醇、透明质酸 | — | — | 25 | — |
| | | 甘油、透明质酸 | — | — | — | 25 |
| | 乳化剂 | 烷基硫酸酯盐、脂肪醇聚醚、烷基葡糖苷 | 5 | — | — | — |
| | | 酰基氨基酸盐 | — | 2 | — | — |
| | | 酰基氨基酸盐、脂肪醇聚醚、烷基葡糖苷 | — | — | 7 | — |
| | | 酰基氨基酸盐、烷基硫酸酯盐 | — | — | — | 7 |
| | 增稠剂 | 羧甲基纤维素钠、羟乙基纤维素 | 0.2 | — | — | — |
| | | 聚丙烯酰胺 | — | 0.5 | — | — |
| | | 明胶、聚丙烯酰胺、聚乙烯醇 | — | — | 0.3 | — |
| | | 羧甲基纤维素钠、羟乙基纤维素、明胶 | — | — | — | 0.3 |
| | 防腐剂 | 甲基氯异噻唑啉酮 | 0.07 | — | — | 1 |
| | | 2-溴-2-硝基丙烷-1,3-二醇 | — | 0.05～1 | — | — |
| | | 2-溴-2-硝基丙烷-1,3-二醇、甲基氯异噻唑啉酮 | — | — | 1 | — |
| | 香精 | | 0.05 | 0.01 | 0.1 | 0.1 |
| | 去离子水 | | 加至100 | 加至100 | 加至100 | 加至100 |

**制备方法**

(1) 将油脂、乳化剂和增稠剂加热至70～90℃，搅拌至原料完全溶解，得油相；

(2) 将保湿剂、去离子水加热至80～95℃，搅拌至原料完全溶解，得水相；

(3) 将油相和水相混合均匀，搅拌乳化，得到乳化液，调节乳化液的pH值为5～8；

(4) 在乳化液中添加防腐剂、香精以及美白祛斑制剂，并搅拌均匀，得到美白祛斑化妆品。

**产品应用** 本品是一种含有荷花干细胞提取物的美白祛斑化妆品。

**产品特性** 本产品将荷花干细胞提取物、甘草提取物和桑叶提取物复配使用，使得抑制酪氨酸酶的活性增强，改善皮肤的暗沉，祛斑、美白功效显著。

## 配方22 含有黄精干细胞提取物的美白祛斑护肤品

**原料配比**

| 原料 | | 配比(质量份) | | | | |
|---|---|---|---|---|---|---|
| | | 1# | 2# | 3# | 4# | 5# |
| 美白祛斑组合物 | 黄精干细胞提取物 | 0.028 | 0.1 | 0.27 | 1.3 | 3.4 |
| | 白花百合提取物 | 7.3 | 5.5 | 2.9 | 1.1 | 0.7 |
| | 草豆蔻提取物 | 0.81 | 1.4 | 3.3 | 5.6 | 8.5 |
| | 猴面包树提取物 | 8.2 | 6.7 | 2.24 | 4.1 | 0.69 |
| | 香菜提取物 | 1.1 | 3.2 | 9.7 | 5.4 | 7.8 |

续表

| 原　料 | 配比(质量份) | | | | |
|---|---|---|---|---|---|
| | 1# | 2# | 3# | 4# | 5# |
| 美白祛斑组合物 | 11.2 | 10.7 | 9.6 | 8.8 | 8.3 |
| 角鲨烷 | 36 | 39 | 40 | 44 | 47 |
| 丁二醇 | 18 | 21 | 23 | 19 | 28 |
| 阿拉伯胶 | 41 | 42 | 45 | 47 | 55 |
| 去离子水 | 78 | 83 | 92 | 89 | 101 |

**制备方法** 将白花百合提取物、草豆蔻提取物、猴面包树提取物和香菜提取物与角鲨烷、丁二醇、阿拉伯胶以及去离子水混合，在36.2℃下搅拌均匀后，过滤除去多余水分，得到膏体，然后加入黄精干细胞提取物，分散均匀即得所述美白祛斑护肤品。

**原料介绍**

所述黄精干细胞提取物通过以下方法获得：

(1) 将黄精新生根部或枝条杀菌、去除木质部和髓后，接种于诱导培养基，诱导培养获得形成层细胞；

(2) 所述形成层细胞经继代培养，接入增殖培养基，摇床培养获得单细胞；

(3) 将所述单细胞接种于增殖培养基，经扩大培养，获得黄精干细胞；

(4) 所得黄精干细胞经低温微纳米法破壁，得到所述的黄精干细胞提取物。

所述白花百合提取物通过以下方法获得：白花百合鳞茎经高速珠磨法破壁后，采用水提法得到白花百合提取物；

所述草豆蔻提取物通过以下方法获得：取草豆蔻叶经超声破壁后，采用醇提法得到草豆蔻提取物；

所述猴面包树提取物通过以下方法获得：取猴面包树的树干粉碎，然后经低温微纳米法破壁后，采用醇提法得到猴面包树提取物；

所述香菜提取物通过以下方法获得：取香菜叶经低温微纳米法破壁后，采用水提法得到香菜提取物。其中，醇提法优选乙醇或甲醇提取。

**产品应用** 本品是一种含有黄精干细胞提取物的美白祛斑护肤品。

**产品特性** 本产品含有黄精干细胞提取物、白花百合提取物、草豆蔻提取物、猴面包树提取物和香菜提取物，具有良好的美白和祛斑效果；另外，本产品不含防腐剂，对皮肤安全无毒。

## 配方 23　含有木瓜干细胞提取物的美白保湿护肤品

**原料配比**

| 原　料 | 配比(质量份) | | | | | | | |
|---|---|---|---|---|---|---|---|---|
| | 1# | 2# | 3# | 4# | 5# | 6# | 7# | 8# |
| 木瓜干细胞提取物 | 1 | 2 | 5 | 6 | 8 | 10 | 12 | 15 |
| 乳木果油 | 8 | 5 | 10 | 12 | 15 | 16 | 18 | 20 |
| 油茶提取物 | 5 | 8 | 6 | 10 | 10.5 | 12 | 13 | 15 |
| 芦荟提取物 | 10 | 12 | 15 | 16 | 18 | 20 | 25 | 22 |

续表

| 原料 | | 配比(质量份) | | | | | | | |
|---|---|---|---|---|---|---|---|---|---|
| | | 1# | 2# | 3# | 4# | 5# | 6# | 7# | 8# |
| 增稠剂 | 卡波姆 | 0.1 | — | — | 0.3 | — | — | — | — |
| | 丙烯酸(酯)类共聚物 | — | 0.2 | — | — | — | — | — | — |
| | 黄原胶 | — | — | 0.25 | — | 0.35 | — | — | 0.5 |
| | 卡波姆与黄原胶按质量比 1∶2 混合的混合物 | — | — | — | — | — | 0.4 | — | — |
| | 卡波姆与丙烯酸(酯)类共聚物按质量比 1∶1 混合的混合物 | — | — | — | — | — | — | 0.45 | — |
| 乳化剂 | 甘油单硬脂酸酯 | 4 | — | — | — | — | 8 | — | 6 |
| | 月桂醇硫酸酯钠 | — | 5 | 6 | — | — | — | — | — |
| | 十二烷基硫酸钠 | — | — | — | 6.5 | 7 | — | — | — |
| | 十二烷基硫酸钠与甘油单硬脂酸酯质量比 2∶3 的混合物 | — | — | — | — | — | — | 10 | — |
| 防腐剂 | 羟苯甲酯 | 0.1 | 0.2 | — | — | — | — | — | — |
| | 羟苯丙酯 | — | — | 0.25 | | | | | |
| | 双(羟甲基)咪唑烷基脲 | — | — | | 0.3 | — | — | — | — |
| | 甲基氯异噻唑啉酮 | — | — | — | — | 0.35 | 0.4 | 0.3 | — |
| | 羟苯甲酯与羟苯丙酯质量比 2∶3 的混合物 | — | — | — | — | — | — | — | 0.5 |
| 去离子水 | | 60 | 80 | 100 | 110 | 120 | 150 | 200 | 180 |

**〈制备方法〉**

（1）木瓜干细胞提取物的制备：

① 将木瓜新茎条杀菌、去除木质部和髓后，接种于诱导培养基，诱导培养基获得形成层细胞；

② 从木瓜中获取含有形成层的组织，并将其置于固体培养基中培养后，分离出木瓜干细胞；

③ 再将所述木瓜干细胞置于培养基中进行体外培养，获得扩增后的木瓜干细胞；

④ 所述扩增后的木瓜干细胞经冷冻破碎后浓缩，即收获木瓜干细胞提取物。

（2）取去离子水升温至90℃，保温30min灭菌，再将增稠剂分散于去离子水中10～15h后，25r/min搅拌转速下，进行均质10～15min，至卡波姆完全分散。

（3）依次加入乳化剂，在25r/min搅拌转速下，混合均匀。

（4）将步骤（3）中依次加入防腐剂，搅拌均匀。

（5）依次加入所述木瓜干细胞提取物、乳木果油、油茶提取物、芦荟提取物，真空混合搅拌，在80～85℃下保温，搅拌降温到45℃以下。

（6）所得混合物过200目筛，调pH值至3.5～8.5，真空搅拌，降温至38℃，陈化24h后分装。

**〈产品应用〉** 本品是一种含有木瓜干细胞提取物的美白保湿护肤品。

**〈产品特性〉** 本产品选用木瓜干细胞提取物，利用木瓜的有效成分活化细胞，清除自由基，消除皮肤黑色素，使得皮肤洁白美丽；采用的木瓜干细胞对人体具有良好的相容性，更易于被人体吸收，对皮肤细胞的生长具有良好的促进作用，可以加快细胞的新陈代谢，增强皮肤细胞的活力；同时添加具有美白、活肤、强效滋润补水功能的乳木果油、油茶提取物、芦荟提取物，与木瓜干细胞提取物发生协同作用，起到美白保湿的协同增效作用。在多种中药提取物协同作用下，可以明显改善肤质，提高皮肤弹性，增强皮肤保湿能力，提高皮肤的增生能力，效果明显高于单独添加其中一种或两种提取物。

## 配方 24　含有木瓜干细胞提取物的美白防晒护肤品

**《原料配比》**

| 原料 | | 配比(质量份) | | | | | | | |
|---|---|---|---|---|---|---|---|---|---|
| | | 1# | 2# | 3# | 4# | 5# | 6# | 7# | 8# |
| 木瓜干细胞提取物 | | 0.5 | 1 | 2 | 2.5 | 3 | 3.5 | 4 | 5 |
| 紫草提取物 | | 1.5 | 1 | 2.5 | 3 | 4 | 3.5 | 5 | 6 |
| 槐花提取物 | | 0.8 | 1 | 2 | 4 | 5 | 6 | 7 | 8 |
| 乳化剂 | 十六/十八醇 | 6 | — | 7 | — | 6.5 | — | — | — |
| | 单硬脂酸甘油酯 | — | 5 | — | — | — | — | — | 8 |
| | 单硬脂酸甘油酯和十六/十八醇混合物 | — | — | — | — | — | 5.5 | 5 | — |
| | PEG-100 硬脂酸甘油酯 | — | — | — | 5.5 | — | — | — | — |
| 油脂 | 角鲨烷 | — | — | — | — | 14 | — | — | — |
| | 葡萄籽油 | 10 | — | — | — | — | — | — | — |
| | 乳木果油 | — | 12 | — | — | — | — | — | — |
| | 葡萄籽油和乳木果油混合物 | — | — | — | — | — | 18 | 20 | — |
| | 葡萄籽油和霍霍巴油混合物 | — | — | — | — | — | — | — | 18 |
| | 霍霍巴油 | — | — | 15 | — | — | — | — | — |
| | 聚二甲基硅氧烷 | — | — | — | 16 | — | — | — | — |
| 增稠剂 | 卡波姆 980 | 0.1 | — | — | — | 0.4 | 0.5 | 0.5 | — |
| | 黄原胶 | — | 0.2 | — | — | — | — | — | 0.4 |
| | 丙烯酸酯类 | — | — | 0.3 | 0.3 | — | — | — | — |
| 保湿剂 | 海藻提取物 | 15 | — | — | | 17 | — | — | — |
| | 甲基丙二醇 | — | 18 | — | 16 | — | 16 | 16 | 20 |
| | 水解 β-葡聚糖 | — | — | 16 | — | — | — | — | — |
| 防腐剂 | 山梨酸钾 | 0.4 | — | 0.3 | 0.3 | — | — | — | — |
| | 苯氧乙醇 | — | 0.1 | — | — | 0.5 | 0.6 | 0.8 | 1 |
| 香精 | | 0.4 | 0.1 | 0.2 | 0.2 | 0.6 | 0.8 | 0.6 | 1 |
| 去离子水 | | 加至100 | 加至100 | 加至100 | 加至100 | 加至100 | 加至100 | 加至100 | 加至100 |

**《制备方法》**

(1) 木瓜干细胞提取物的制备：

① 将木瓜新茎条杀菌、去除木质部和髓后，接种于诱导培养基，诱导培养基获得形成层细胞；

② 从木瓜中获取含有形成层的组织，并将其置于固体培养基中培养后，分离出木瓜干细胞；

③ 再将所述木瓜干细胞置于培养基中进行体外培养，获得扩增后的木瓜干细胞；

④ 所述扩增后的木瓜干细胞经冷冻破碎后浓缩，即收获木瓜干细胞提取物。

(2) 在搅拌的状态下，将增稠剂、乳化剂缓慢加入去离子水中，加热搅拌至75℃，保温至完全溶胀。

(3) 向 (2) 中加入保湿剂，继续搅拌至溶解完全后，均质 2～4min。

(4) 向 (3) 中的混合物加入油脂，3～5min 后，保温 10～15min 至消泡完全，待温度降至 55～60℃左右时搅拌均匀。

(5) 向 (4) 中所得的物质温度降至 40～45℃，加入木瓜干细胞提取物、紫草提取物、槐花提取物、防腐剂、香精，搅拌均匀，降温至 36℃，停止搅拌，出料。

**〈产品应用〉** 本品主要用于吸收太阳光中有害光线，达到保护皮肤不被灼伤的目的，减少黑色素。

**〈产品特性〉** 本产品选用木瓜干细胞提取物，利用木瓜的有效成分活化细胞，清除自由基，消除皮肤黑色素，减少、祛除青春痘，使得皮肤洁白美丽，活性温和，具有较好的吸收紫外线及修复晒伤皮肤的功能；采用的木瓜干细胞对人体具有良好的相容性，更易于被人体吸收，对皮肤细胞的生长具有良好的促进作用，可以加快细胞的新陈代谢，增强皮肤细胞的活力；同时添加具有美白、活肤、促进新陈代谢、抵抗紫外线等功效的紫草提取物、槐花提取物与木瓜干细胞提取物发生协同作用，起到美白防晒的协同增效作用，在多种中药提取物协同作用下，可以明显改善肤质，提高抗紫外线能力，保护皮肤，效果明显高于单独添加其中一种或两种植物提取物。

## 配方 25　含有木瓜干细胞提取物的美白祛斑护肤品

**〈原料配比〉**

| 原料 | | 配比(质量份) | | | | | | | |
|---|---|---|---|---|---|---|---|---|---|
| | | 1# | 2# | 3# | 4# | 5# | 6# | 7# | 8# |
| 木瓜干细胞提取物 | | 0.1 | 0.5 | 1 | 2 | 3 | 3.5 | 4 | 5 |
| 柠檬提取物 | | 0.5 | 1 | 2 | 3 | 4 | 5 | 5.5 | 6 |
| 当归提取物 | | 0.5 | 1 | 2 | 3 | 4 | 6 | 7 | 8 |
| 桔梗提取物 | | 0.8 | 1 | 2 | 4 | 3 | 5 | 5.5 | 6 |
| 酯类 | 肉豆蔻酸异丙酯 | 6 | — | — | — | — | 10 | 5.5 | 8 |
| | 季戊四醇二硬脂酸酯 | — | 5 | — | — | — | — | — | — |
| | 生育酚乙酸酯 | — | — | 7 | 8 | — | — | — | — |
| | 肉豆蔻酸异丙酯和季戊四醇二硬脂酸酯 | — | — | — | — | 9 | — | — | — |
| 油类 | 聚二甲基硅氧烷 | — | 5 | 7 | 8 | — | — | — | — |
| | 牛油果树果脂 | 6 | — | — | — | 7 | 8 | 5.5 | 7 |
| 增稠剂 | 丙烯酸酯类 | — | — | 0.2 | 0.25 | — | — | — | 0.4 |
| | 卡波姆 980 | 0.1 | — | — | — | — | — | — | — |
| | 黄原胶 | — | 0.3 | — | — | — | 0.4 | — | — |
| | 卡波姆 980 和黄原胶 | — | — | — | — | 0.35 | — | — | — |
| | 黄原胶和丙烯酸酯类 | — | — | — | — | — | — | — | 0.4 |

续表

| 原料 | | 配比(质量份) | | | | | | | |
|---|---|---|---|---|---|---|---|---|---|
| | | 1# | 2# | 3# | 4# | 5# | 6# | 7# | 8# |
| 保湿剂 | 葡聚糖 | — | — | 15 | 17 | — | — | — | — |
| | 小分子透明质酸钠 | 18 | — | — | — | 20 | — | — | — |
| | 海藻糖 | — | 16 | — | — | — | 20 | — | — |
| | 海藻糖与小分子透明酸钠 | — | — | — | — | — | — | 20 | 20 |
| 乳化剂 | 十二烷基硫酸钠 | 4 | — | — | — | — | — | — | — |
| | Oliver1000 | — | — | 6 | 5 | 6 | | | |
| | 甘油硬脂酸酯 | — | 2 | — | — | — | 8 | 8 | 8 |
| 防腐剂 | 山梨酸钾 | 0.4 | 0.1 | — | — | — | — | — | — |
| | 苯氧乙醇 | | | 0.5 | 0.6 | 0.8 | 1 | 1 | 1 |
| 三乙醇胺 | | 0.1 | 0.2 | 0.3 | 0.25 | 0.4 | 0.4 | 0.4 | 0.4 |
| 香精 | 果香型香精 | 0.4 | — | — | — | — | — | — | — |
| | 花香型香精 | — | 0.1 | — | — | — | — | — | — |
| | 木香型香精 | — | — | 0.4 | — | — | — | — | 1 |
| | 中草药型香精 | — | — | — | 0.25 | 0.5 | 0.8 | 1 | — |
| 去离子水 | | 加至100 | 加至100 | 加至100 | 加至100 | 加至100 | 加至100 | 加至100 | 加至100 |

**制备方法**

(1) 木瓜干细胞提取物的制备：

① 将木瓜新茎条杀菌、去除木质部和髓后，接种于诱导培养基，诱导培养基获得形成层细胞；

② 从木瓜中获取含有形成层的组织并将其置于固体培养基中培养后，分离出木瓜干细胞；

③ 再将所述木瓜干细胞置于培养基中进行体外培养，获得扩增后的木瓜干细胞；

④ 所述扩增后的木瓜干细胞经冷冻破碎后浓缩，即收获木瓜干细胞提取物。

(2) 在搅拌的状态下，将酯类、增稠剂、乳化剂缓慢加入去离子水中，加热搅拌至75℃，保温至完全溶胀。

(3) 向 (2) 中加入保湿剂，继续搅拌至溶解完全后，均质2～4min。

(4) 向 (3) 中的混合物加入油类，3～5min后，保温10～15min至消泡完全，待温度降至55～60℃左右时，加入适量的三乙醇胺中和至pH值至6.0～7.0左右，搅拌均匀。

(5) 向 (4) 中所得的物质温度降至40～45℃，加入木瓜干细胞提取物、柠檬提取物、当归提取物、桔梗提取物、防腐剂、香精，搅拌均匀，降温至36℃，停止搅拌，出料。

**产品应用** 本品主要用于活化细胞，清除自由基，阻断黄褐斑、蝴蝶斑的产生，消除皮肤黑色素，减少、祛除青春痘，使得皮肤洁白美丽。

**产品特性** 本产品选用木瓜干细胞提取物，利用木瓜的有效成分活化细胞，

清除自由基，阻断黄褐斑、蝴蝶斑的产生，消除皮肤黑色素，减少、祛除青春痘，使得皮肤洁白美丽；采用的木瓜干细胞对人体具有良好的相容性，更易于被人体吸收，对皮肤细胞的生长具有良好的促进作用，可以加快细胞的新陈代谢，增强皮肤细胞的活力；同时添加具有美白、活肤、促进新陈代谢、增强皮肤细胞活力等功效的柠檬提取物、当归提取物、桔梗提取物，与木瓜干细胞发生协同作用，起到美白祛斑的协同增效作用，在多种中药提取物协同作用下，可以明显改善肤质，提高皮肤弹性，提高皮肤的增生能力，效果明显高于单独添加植物干细胞。

## 配方 26　含有润肤美白成分的纳米组合物

**〈原料配比〉**

| 原料 | | 配比(质量份) | | | | | | | | | |
|---|---|---|---|---|---|---|---|---|---|---|---|
| | | 1# | 2# | 3# | 4# | 5# | 6# | 7# | 8# | 9# | 10# |
| 液体脂质 | 肉豆蔻酸异丙酯 | 0.1 | 7 | — | — | — | 3 | — | — | — | — |
| | 肉豆蔻酸甘油酯 | — | — | 7.5 | — | — | — | — | — | — | — |
| | 聚乙二醇月桂酸甘油酯 | — | — | — | 3.5 | — | — | — | — | — | — |
| | 亚油酸甘油酯 | — | — | — | — | 0.5 | — | — | — | — | — |
| | 辛酸/癸酸甘油三酯 | — | 3 | — | — | — | — | 1 | — | — | — |
| | 癸二酸二乙酯 | — | — | — | — | — | — | — | 0.5 | — | — |
| | 异壬酸异壬酯 | — | — | — | — | — | — | — | — | 0.3 | — |
| | 辛基十二醇肉豆蔻酸酯 | — | — | — | — | — | — | — | — | — | 2 |
| | 二辛癸酸丙二醇酯 | — | — | — | — | — | 2 | — | — | — | — |
| | 丙二醇单辛酸酯 | — | — | — | — | — | — | — | — | 0.8 | — |
| 间苯二酚衍生物 | 二甲氧基甲苯基-4-丙基间苯二酚 | — | 2 | — | 1 | — | — | 1 | — | 1 | — |
| | 己基间苯二酚 | 0.01 | — | — | — | — | 0.02 | — | 0.3 | — | — |
| | 苯乙基间苯二酚 | — | — | 0.5 | — | 0.25 | — | — | — | — | 0.25 |
| 维生素及其衍生物 | 维生素 E | 0.01 | — | — | — | — | 0.1 | — | 0.2 | — | — |
| | 维生素 E 亚油酸酯 | — | — | — | — | 2 | — | — | — | — | 1.5 |
| | 维生素 E 乙酸酯 | — | — | — | — | — | 3.5 | — | — | — | — |
| | 山梨醇月桂酸酯 | 0.1 | — | — | — | — | — | — | — | 1.5 | — |
| | 维生素 E 琥珀酸单酯 | — | — | — | — | — | — | 0.5 | — | 1 | — |
| | 抗坏血酸二棕榈酸酯 | — | 4 | — | — | — | — | — | — | 1 | — |
| | 抗坏血酸乙基醚 | — | — | 5 | — | 2 | — | 1.5 | — | — | — |
| | 抗坏血酸四异棕榈酸酯 | — | — | — | 10 | — | — | — | — | — | 2 |
| 表面活性剂 | 聚氧乙烯脂肪酸酯 | — | — | — | 5.5 | — | 4 | — | — | — | 1.5 |
| | 聚氧乙烯失水山梨醇脂肪酸酯 | — | — | — | — | — | — | — | — | 0.5 | — |
| | 聚氧乙烯氢化蓖麻油 | — | 5 | 15 | — | — | — | 6 | — | — | — |
| | 蓖麻油聚氧乙烯醚 | — | — | — | — | 1.5 | — | — | 2 | — | — |
| | 聚甘油-6 异硬脂酸酯 | — | 5 | — | — | — | — | — | — | — | — |
| | 乙氧基二乙二醇油酸酯 | — | — | — | — | — | — | — | — | 4 | — |
| | 乙氧基二乙二醇油酸酯 | 0.1 | 10 | 10 | — | 1.5 | 3 | — | — | — | 0.5 |
| | 辛苯昔醇-11 | — | — | — | 0.5 | — | — | | 8 | — | — |
| | 乙氧基二乙二醇 | — | — | — | — | — | — | 2 | — | — | — |

续表

| 原料 | | 配比(质量份) | | | | | | | | | |
| --- | --- | --- | --- | --- | --- | --- | --- | --- | --- | --- | --- |
| | | 1# | 2# | 3# | 4# | 5# | 6# | 7# | 8# | 9# | 10# |
| 多元醇 | 甘油 | 0.1 | — | — | 6 | — | — | 2 | — | 0.5 | — |
| | 丙二醇 | — | 10 | — | — | — | 5 | 3 | — | — | 2 |
| | 聚乙二醇 | — | 5 | — | — | 5 | — | — | — | — | — |
| | 1,3-丁二醇 | — | — | 4 | — | — | 3 | — | — | — | 2 |
| | 1,2-戊二醇 | — | — | — | 1.5 | — | — | — | 1 | — | — |
| 水 | | 99.58 | 47 | 57.5 | 72 | 87.25 | 76.38 | 83 | 88 | 89.4 | 88.25 |

**〈制备方法〉**

（1）将所述液体脂质、间苯二酚衍生物、维生素及其衍生物、表面活性剂和多元醇混合，得到混合油相；搅拌速度为10～1000r/min。可以使用夹层锅水浴加热的方式进行混合，加热温度为10～70℃。

（2）在搅拌的条件下，将水滴加到所述混合油相中，混合，得到纳米组合物，过程中，需将水缓慢滴加到混合油相中，边滴加边搅拌，搅拌速度为10～2000r/min，混合温度为10～70℃。

**〈产品应用〉** 本品是一种含有润肤美白成分的纳米组合物。

**〈产品特性〉** 本产品应用水、液体脂质、间苯二酚衍生物、维生素及其衍生物、表面活性剂、多元醇，按照一定的比例混合，形成热力学稳定的均相分散体系，稳定性良好。产品外观澄清透亮，具有光学各向同性，黏度低，热力学和动力学都稳定。由于纳米组合物具有双亲性，且粒径较小，易于与皮肤的角质层相互作用，可促使液体脂质、间苯二酚衍生物、维生素及其衍生物等功效成分被皮肤吸收，进而迅速提高皮肤中水分含量，还兼具美白效果。

## 配方 27　含有钛白粉的美白护肤乳液

**〈原料配比〉**

| 原料 | 配比(质量份) | | |
| --- | --- | --- | --- |
| | 1# | 2# | 3# |
| 洋甘菊萃取液 | 46 | 448 | 50 |
| 芦荟萃取液 | 48 | 50 | 52 |
| 鲸蜡醇 | 44 | 46 | 48 |
| 甘油聚氧乙烯醚乙基己酸酯 | 42 | 44 | 46 |
| 高分子玻尿酸 | 48 | 50 | 52 |
| 聚二甲基硅氧烷 | 44 | 46 | 48 |
| 低分子玻尿酸 | 42 | 44 | 46 |
| 欧洲龙牙草提取物 | 48 | 50 | 52 |
| 钛白粉 | 44 | 46 | 48 |
| 环五聚二甲基硅氧烷 | 42 | 44 | 46 |
| 杰马万用抗菌剂 | 48 | 50 | 52 |
| 三乙醇胺 | 44 | 46 | 48 |

续表

| 原　料 | 配比(质量份) | | |
|---|---|---|---|
| | 1# | 2# | 3# |
| 红景天提取液 | 44 | 46 | 48 |
| 鲸蜡硬脂基葡糖苷 | 42 | 44 | 46 |
| 滑石粉 | 48 | 50 | 52 |
| 去离子水 | 10000 | 15000 | 20000 |

**〈制备方法〉**

(1) 将所述质量份数的洋甘菊萃取液、芦荟萃取液、鲸蜡醇、甘油聚氧乙烯醚乙基己酸酯、高分子玻尿酸、聚二甲基硅氧烷、欧洲龙牙草提取物、钛白粉、环五聚二甲基硅氧烷、杰马万用抗菌剂、红景天提取液、鲸蜡硬脂基葡糖苷、滑石粉加入所述质量份数的水中，超声高速分散，超声波频率为20～40kHz，分散速度5000～5400r/min，分散时间为30～60min；

(2) 加入所述质量份数的三乙醇胺，超声高速分散，超声波频率为20～35kHz，分散速度4800～5200r/min，分散时间为30～50min；

(3) 加入所述质量份数的低分子玻尿酸，超声高速分散，超声波频率为20～30kHz，分散速度4600～4800r/min，分散时间为20～40min，混合均匀后制得本品。

**〈产品应用〉** 本品是一种含有钛白粉的美白护肤乳液。

**〈产品特性〉** 本乳液制备工艺简单，产品具有较为优越的美白效果，能有效地清除自由基，减少黑色素生产，并能加快皮肤表层细胞更新，美白功效显著，对皮肤无刺激，使用后皮肤弹性好。

## 配方28　焕净无瑕精华乳

**〈原料配比〉**

| 原　料 | | 配比(质量份) | |
|---|---|---|---|
| | | 1# | 2# |
| 蛇婆子叶提取物 | | 1.8 | 2 |
| 菜蓟叶提取物 | | 1.3 | 1 |
| 海藻提取物 | | 2.2 | 2 |
| 黄瓜提取物 | | 2.6 | 3 |
| 玫瑰花水 | | 4.5 | 5 |
| 皮肤调理剂 | | 0.45 | — |
| 酸碱调节剂 | | 0.17 | — |
| 皮肤调理剂 | 葡萄糖酸钠 | — | 0.3 |
| | 尿囊素 | — | 0.18 |
| | 蛋白酶 | — | 0.002 |
| | 蛋白酶葡聚糖 | — | 0.002 |
| 银 | | — | 0.0001 |
| 酸碱调节剂 | 柠檬酸 | — | 0.1 |
| | 柠檬酸钠 | — | 0.1 |

续表

| 原料 | | 配比(质量份) | |
|---|---|---|---|
| | | 1# | 2# |
| 保湿剂 | | 4 | — |
| 保湿剂 | 甘油 | — | 3 |
| | 丙二醇 | — | 0.5 |
| | 丁二醇 | — | 0.5 |
| | 甘露糖醇 | — | 0.3 |
| | 透明质酸钠 | — | 0.3 |
| 防腐剂 | | 0.6 | — |
| 增稠剂 | | 4.8 | — |
| 防腐剂 | 羟苯甲酯 | — | 0.18 |
| 增稠剂 | 甘油聚丙烯酸酯 | — | 5 |
| | 糊精 | — | 0.2 |
| 芳香剂 | | 0.08 | — |
| 香精 | | — | 0.1 |
| 乙氧基二甘醇 | | 0.4 | 0.5 |
| 水 | | 加至100 | 加至100 |

**〈制备方法〉**

(1) 将A组分混合均匀，加热至55～60℃，保持30～40min；A组分包括水、蛇婆子叶提取物、莱蓟叶提取物、海藻提取物、黄瓜提取物、玫瑰花水；

(2) 加入B组分，搅拌均匀，静置，自然降温至室温；B组分包括乙氧基二甘醇、皮肤调理剂、保湿剂；

(3) 加入C组分，5～10min磁力搅拌均匀，最后加入D组分，静置过夜，检验合格后出料；C组分包括酸碱调节剂、增稠剂和银；D组分包括防腐剂、香精。

**〈产品应用〉** 本品主要用于淡化斑点、细致润泽肌肤。

使用方法：早晚洗完脸后，取适量擦拭在脸部及颈部。

**〈产品特性〉** 本产品采用玫瑰花水、黄瓜提取物、葡萄糖酸钠、尿囊素、蛋白酶等，搭配藻提取物，作用于肌肤，能够阻断敏感泛红形成，抵抗过敏，有效修复基底细胞层，为肌肤表层构架出营养的细胞腺体联系网络，使肌肤平衡、细致、活力；配方质地温和不刺激，可迅速渗透到肌肤底层，活化细胞，全力助长肌肤内增更新代谢，增进肌肤天然的自愈能力，提升细胞免疫力及活力，达到皮肤人体协调稳定的效果。

## 配方29　黄瓜洁面乳

**〈原料配比〉**

| 原料 | 配比(质量份) | | |
|---|---|---|---|
| | 1# | 2# | 3# |
| 白油 | 7 | 9 | 8 |
| 十六醇 | 1 | 3 | 2 |
| 羊毛脂 | 1 | 1 | 1 |
| 硬脂酸 | 3 | 1 | 3 |

续表

| 原　料 | 配比(质量份) | | |
|---|---|---|---|
| | 1# | 2# | 3# |
| 单油脂酸甘油酯 | 2 | 1 | 2 |
| 甘油 | 3 | 4 | 4 |
| 三甘油醇胺 | 0.6 | 0.6 | 0.6 |
| MES | 5 | 5 | 4 |
| 黄瓜汁提取物 | 6 | 10 | 8 |
| 丝肽 | 5 | 4 | 4 |
| 维生素 E | 0.3 | 0.3 | 0.3 |
| 香精 | 适量 | 适量 | 适量 |
| 防腐剂 | 适量 | 适量 | 适量 |
| 去离子水 | 加至 100 | 加至 100 | 加至 100 |

**〈制备方法〉** 将白油、十六醇、羊毛脂加热至70℃，使其混溶；另将水加热至75℃，将油相加入水相中，至60℃时加入硬脂酸、单油脂酸甘油酯、甘油、三甘油醇胺、MES、黄瓜汁提取物、丝肽、维生素E进行乳化，冷却至30℃加入防腐剂和香精，搅拌均匀即得。

**〈产品应用〉** 本品是一种主要用于深层清洁肌肤，并可消炎、去黑头、抗衰老的黄瓜洁面乳。

**〈产品特性〉** 本品采用黄瓜汁提取物用于深层清洁肌肤，并可消炎、去黑头、抗衰老；采用丝肽、维生素E等提取成分，美白营养肌肤，促进血液循环，增强皮肤的氧化还原作用。

## 配方 30　金花茶美白乳液

**〈原料配比〉**

| 原　料 | | 配比(质量份) |
|---|---|---|
| 水相料液 | | 85 |
| 油相料液 | | 15 |
| 羧甲基纤维素钠 | | 3 |
| 水相料液 | 去离子水 | 100 |
| | 丁基羟基甲苯 | 1 |
| | 透明质酸钠 | 2 |
| | 甘油 | 8 |
| | 1,3-丁二醇 | 4 |
| | 金花茶水提物 | 8 |
| | 左旋维生素 C | 1 |
| 油相料液 | 葡萄籽油 | 100 |
| | 维生素 E | 1 |
| | 乳化剂聚乙烯醇 | 3 |
| | 玫瑰精油 | 3 |

**〈制备方法〉**

(1) 洗净新鲜的金花茶，将水分晾干。

（2）将晾干后的金花茶置于干燥机中，于90～100℃下干燥2～3min。

（3）将干燥后的金花茶，放入粉碎机中粉碎，将粉碎后的金花茶过200目筛，得金花茶粉末。

（4）称取金花茶粉末20g，放入容器中，并加入400g去离子水，再加入沸石，置于电热套中，于120℃下沸腾2h后，第一次煎煮提取结束，将容器中的物质全部取出，降温至室温，用低温冷冻离心机过滤，转速为3000r/min，离心时间5min，收集上清液；下层金花茶再放入容器中，并加入300g的去离子水，进行第二次提取，于120℃下沸腾1.5h后，第二次煎煮提取结束，将容器中的物质全部取出，降温至室温，用低温冷冻离心机过滤，转速为3000r/min，离心时间5min，收集上清液；下层金花茶再放入容器中，并加入200g的去离子水，进行第三次提取，于120℃下沸腾1h后，第三次煎煮提取结束，将容器中的物质全部取出，降温至室温，用低温冷冻离心机过滤，转速为3000r/min，离心时间5min，收集上清液。合并三次上清液，混合，过滤得金花茶水提物。

（5）称取去离子水，加热至60℃，加入丁基羟基甲苯，待全部溶解，再加入透明质酸钠，混合均匀并冷却至室温，加入甘油及1,3-丁二醇，混合均匀，再加入金花茶水提物及左旋维生素C，混合均匀，得水相料液。

（6）取葡萄籽油，并加入维生素E、玫瑰精油及乳化剂聚乙烯醇，四者的质量比为100：1：3：3，混合均匀得油相料液。

（7）将步骤（5）制得水相料液缓慢加入步骤（6）制备的油相料液中，二者质量比为85：15，混合均匀得混合液，向混合液中加入羧甲基纤维素钠，再将混合液加入真空乳化机内进行乳化，即得金花茶美白乳液。

**〈产品应用〉** 本品是一种天然无添加、有利于皮肤美白，使皮肤光滑透亮的一种美白乳液。

**〈产品特性〉**

（1）金花茶水提物可抑制酪氨酸酶的活性及黑色素的合成，可作为化妆品中的美白添加剂美白肌肤。

（2）本产品无化学添加，并具有优良的美白护肤功效，长期使用可以使皮肤光滑透亮，且适用于易过敏人群。

## 配方31　美白保湿抗皱修护的多效组合物

**〈原料配比〉**

| 原　　料 | 配比(质量份) | | |
|---|---|---|---|
| | 1# | 2# | 3# |
| 黄细心根提取物 | 18 | 15 | 10 |
| 厚朴树皮提取物 | 5 | 3 | 2 |
| 肉碱 | 15 | 10 | 8 |
| 燕麦$\beta$-葡聚糖 | 55 | 50 | 30 |
| 去离子水 | 加至100 | 加至100 | 加至100 |

**《制备方法》** 将各组分原料混合均匀即可。

**《原料介绍》** 所述的提取物是指通过将所欲获得提取物的物质浸泡或混合于溶剂中进行提取而获得的溶液。提取过程可在适合溶剂的帮助下进行，如水、乙醇、甲醇、丙醇、丁醇、氯仿、丙酮或其他有机溶剂，并通过离析、渗滤、煎煮、逆流萃取、超声波、微波、超临界流体萃取等方法得到提取物，提取物可进一步蒸发浓缩，得到浸膏及干燥的提取物。

**《产品应用》** 本品是一种美白保湿抗皱修护的多效组合物。

**《产品特性》** 本品含有植物提取成分，可美白、保湿、抗皱和修护等综合性地改善皮肤状况，针对黑色素沉积的改善效果尤其明显。

## 配方 32 美白保湿润肤乳液

**《原料配比》**

| 原料 | 配比(质量份) | |
|---|---|---|
| | 1# | 2# |
| 去离子水 | 90 | 180 |
| 鲸蜡硬脂醇 | 1 | 2 |
| 鲸蜡硬脂基葡糖苷 | 3 | 6 |
| 甘油硬脂酸酯 | 0.5 | 1 |
| PEG-100 硬脂酸酯 | 0.05 | 0.1 |
| 氢化橄榄油 | 0.5 | 1 |
| 甜扁桃油 | 1 | 2 |
| 维生素 E | 0.5 | 1 |
| 异壬酸异壬酯 | 0.05 | 0.1 |
| 丙烯酰胺二甲基牛磺酸铵/VP 共聚物 | 0.5 | 1 |
| 透明质酸钠 | 0.2 | 0.4 |
| 牛大力提取物 | 2 | 4 |
| 金黄洋甘菊提取物 | 0.1 | 0.2 |
| 苯氧乙醇 | 0.1 | 0.2 |
| 乙基己基甘油 | 0.5 | 1 |

**《制备方法》**

(1) 将鲸蜡硬脂醇、鲸蜡硬脂基葡糖苷、甘油硬脂酸酯、PEG-100 硬脂酸酯、氢化橄榄油、甜扁桃油、异壬酸异壬酯、苯氧乙醇、乙基己基甘油加入夹套溶解锅内，开启蒸汽加热，在不断搅拌条件下加热至 70～75℃，使其充分熔化或溶解均匀待用；

(2) 将丙烯酰胺二甲基牛磺酸铵/VP 共聚物加入水中，在室温下充分搅拌使其均匀溶胀，乳化前加入水相锅中，加入透明质酸钠、牛大力提取物、金黄洋甘菊提取物；

(3) 将上述油相和水相原料通过过滤器按照一定的顺序加入乳化锅内，在一定的温度（如 70～80℃）条件下，进行一定时间的搅拌和乳化；

(4) 乳化后，维生素 E 在较低温下加入，乳化体系要冷却到接近室温，卸料温度取决于乳化体系的软化温度，一般应使其借助自身的重力，能从乳化锅内流出为宜，当然也可用泵抽出或用加压空气压出，冷却方式一般是将冷却水通入乳化锅的夹套内，边搅拌，边冷却；

（5）一般是贮存陈化一天或几天后再用灌装机灌装，灌装前需对产品进行质量评定，质量合格后方可进行灌装。

**产品应用** 本品是一种美白保湿润肤乳液。

**产品特性** 本产品能迅速而持久地为肌肤补充水分，能有效抑制黑色素的产生和减少黑色素的堆积，修护敏感肌肤，使肌肤达到理想的状态，解决了现有的保湿乳液聚水不长久，无法有效抑制黑色素的产生和减少黑色素的堆积，修护敏感肌肤效果差的问题。

## 配方 33 稳定性高的美白乳液

**原料配比**

| 原料 | | 配比(质量份) | | |
|---|---|---|---|---|
| | | 1# | 2# | 3# |
| 油相组分 | 油相乳化剂 | 3 | 3 | 5 |
| | 硬脂酸 | 2 | 3 | 1 |
| | 甲氧基肉桂酸乙基己酯 | 3 | 1 | 3 |
| | 辛基十二醇 | 7 | 7 | 2 |
| | 十一碳烯酰基苯丙氨酸 | 0.8 | 0.5 | 0.8 |
| | 苯乙基间苯二酚 | 0.4 | 0.6 | 0.4 |
| 水相组分 | 水相乳化剂 | 1.5 | 3 | 1 |
| | 1,2-丁二醇 | 4 | 4 | 5 |
| | 甘油 | 4 | 5 | 3 |
| | 黄原胶 | 0.1 | 0.1 | 0.5 |
| | 丙烯酸羟乙酯/丙烯酰二甲基牛磺酸钠共聚物 | 0.4 | 0.6 | 0.4 |
| | 去离子水 | 加至100 | 加至100 | 加至100 |
| 油相乳化剂 | 硬脂醇聚醚-21 | 2 | 2 | 2 |
| | 硬脂醇聚醚-2 | 1 | 1 | 1 |
| 水相乳化剂 | 鲸蜡醇磷酸酯钾 | 1 | 1 | 1 |
| | 硬脂酰谷氨酸钠 | 5 | 1 | 10 |

**制备方法**

（1）油相：将油相乳化剂、硬脂酸、甲氧基肉桂酸乙基己酯、辛基十二醇、十一碳烯酰基苯丙氨酸加入油相锅，机械搅拌下水浴加热至80℃，使固体完全溶解；

（2）水相：先将水加入水相锅，然后在机械搅拌下将水相乳化剂、1,2-丁二醇、甘油、黄原胶和丙烯酸羟乙酯/丙烯酰二甲基牛磺酸钠共聚物加入水中，继续搅拌并水浴加热至80℃，使原料溶解分散均匀；

（3）将苯乙基间苯二酚加入上述已溶解均匀的油相中，待搅拌溶解后，在均质速度9000r·min$^{-1}$下，将油相缓慢倒入水相，加完后继续均质乳化3min，乳化过程

中保持温度80℃，乳化结束后边搅拌边冷却至室温，最后真空脱泡，即得所述稳定性高的美白乳液。

**〈产品应用〉** 本品是一种稳定性高的美白乳液。

**〈产品特性〉** 本产品通过选择特定的乳化剂组分、特定的组分用量配比、特定的制备工艺及参数，得到了稳定性高的美白乳液，取得了较好的效果。

## 配方 34 美白补水的保湿乳液

**〈原料配比〉**

| 原　料 | 配比(质量份) | | | | |
|---|---|---|---|---|---|
| | 1# | 2# | 3# | 4# | 5# |
| 积雪草提取液 | 25 | 26 | 27 | 28 | 29 |
| 丁香提取液 | 13 | 14 | 15 | 15 | 16 |
| 甘油 | 2 | 4 | 3 | 3 | 5 |
| 透明质酸 | 1 | 1.7 | 1.5 | 1.3 | 2 |
| 神经酰胺 | 0.7 | 0.8 | 0.9 | 1.0 | 1.1 |
| 霍霍巴油 | 4 | 5 | 6 | 7 | 8 |
| 甲壳胺 | 2 | 3 | 4 | 4 | 5 |
| 咪唑烷基脲 | 1.2 | 1.6 | 1.4 | 1.3 | 1.7 |
| 聚氧乙烯蓖麻油 | 0.8 | 1.0 | 0.9 | 0.9 | 1.2 |
| 鲸蜡醇 | 2.1 | 2.4 | 2.3 | 2.2 | 2.5 |
| 去离子水 | 52 | 53 | 55 | 56 | 57 |

**〈制备方法〉**

(1) 称取积雪草提取液、霍霍巴油和咪唑烷基脲投入乳化锅中，在70～75℃下均质处理6～10min，获得混合物A；

(2) 将步骤(1)中的乳化锅降温至55～60℃，将甘油和聚氧乙烯蓖麻油加入混合物A中，均质处理16～20min，出料，获得混合物B；

(3) 称取透明质酸、神经酰胺、鲸蜡醇和去离子水，投入乳化锅中，在80～85℃下均质处理5～8min，获得混合物C；

(4) 将步骤(3)中的乳化锅降温至40～45℃，将甲壳胺和丁香提取液加入混合物C中，均质处理5～8min，获得混合物D；

(5) 保持步骤(4)中乳化锅的温度，将混合物B加入至混合物D中，均质处理20～30min，出料，即可。

**〈原料介绍〉** 所述积雪草提取液由以下方法制得：称取积雪草，清洗，烘干，研末，送入渗漉器中，用10～13倍质量的乙醇水溶液渗漉处理，获得渗漉液和渗漉残渣，向渗漉残渣中加入2～3倍质量的乙醇水溶液，浸泡6～10h，超声波提取50～60min，获得超声波提取液和超声波提取残渣，将超声波提取液与渗漉液合并，过滤，将滤液减压蒸发浓缩为原体积的10%～15%，即得积雪草提取液。

所述丁香提取液由以下方法制得：称取丁香，清洗，烘干，研末，送入渗漉器中，用8～10倍质量的乙醇水溶液渗漉处理，获得渗漉液和渗漉残渣，向渗漉残渣中加入5～6倍质量的乙醇水溶液，浸泡1～2h，加热回流提取40～50min，获得回流提取液和回流提取残渣，将回流提取液与渗漉液合并，过滤，将滤液减压蒸发浓缩为原体积的8%～12%，即得丁香提取液。

所述乙醇水溶液的乙醇浓度为50%～60%。

**产品应用** 本品是一种美白补水的保湿乳液。

**产品特性** 本产品具有良好的补水保湿效果，能够明显改善皮肤干燥问题，使皮肤保持水润光泽，同时还具备美白效果，在长期使用过程中能够使皮肤逐渐变白。

## 配方35 美白化妆品组合物

**原料配比**

| 原料 | | 配比(质量份) | | | |
|---|---|---|---|---|---|
| | | 1# | 2# | 3# | 4# |
| PCA锌 | | 0.5 | 0.1 | 1 | 0.8 |
| 小球藻/白羽扇豆蛋白发酵产物 | | 3.6 | 5 | 0.1 | 2.5 |
| 豆瓣菜花/叶/茎提取物 | | 3.2 | 0.1 | 5 | 4 |
| 维生素C乙基醚 | | 1.1 | 2 | 0.1 | 0.8 |
| 保湿剂 | 甘油 | 11 | 15 | 5 | 7 |
| | 丁二醇 | 3 | 5 | 1 | 2 |
| | 透明质酸钠 | 0.08 | 0.1 | 0.01 | 0.04 |
| | 聚谷氨酸钠 | 0.07 | 0.1 | 0.01 | 0.03 |
| | 1,2-己二醇 | 1.2 | 2 | 0.5 | 0.9 |
| 润肤剂 | 角鲨烷 | 3 | 5 | 1 | 2 |
| | 聚二甲基硅氧烷 | 1.5 | 3 | 1 | 1.5 |
| | 环五聚二甲基硅氧烷 | 2.2 | 3 | 1 | 1.2 |
| | 鲸蜡硬脂醇 | 2.1 | 3 | 1 | 1.2 |
| | $C_{13}$～$C_{14}$异链烷烃 | 0.22 | 0.3 | 0.1 | 0.15 |
| | 聚二甲基硅氧烷交联聚合物 | 0.8 | 1 | 0.5 | 0.7 |
| | $C_{10}$～$C_{18}$脂酸甘油三酯类 | 0.3 | 0.5 | 0.1 | 0.2 |
| | 碳酸二辛酯 | 3 | 5 | 1 | 2 |
| 乳化剂 | PEG-100硬脂酸酯 | 0.3 | 0.5 | 0.1 | 0.3 |
| | PEG-40硬脂酸酯 | 0.3 | 0.5 | 0.1 | 0.2 |
| | 甘油硬脂酸酯 | 1.6 | 2 | 1 | 1.2 |
| | 鲸蜡硬脂醇聚醚-20 | 0.8 | 1 | 0.5 | 0.7 |
| | 月桂醇聚醚-7 | 0.2 | 0.3 | 0.1 | 0.18 |
| 牛油果树果脂 | | 0.8 | 1 | 0.5 | 0.62 |
| 霍霍巴油 | | 1.5 | 2 | 0.5 | 1.1 |
| 向日葵籽油 | | 1.5 | 2 | 0.5 | 0.8 |
| EDTA二钠 | | 0.08 | 0.1 | 0.01 | 0.05 |
| 生育酚 | | 0.8 | 1 | 0.1 | 0.3 |
| 乙基己基甘油 | | 0.22 | 0.3 | 0.1 | 0.16 |
| 丙烯酰二甲基牛磺酸铵/VP共聚物 | | 0.3 | 0.5 | 0.1 | 0.2 |
| 辛基聚甲基硅氧烷 | | 3 | 5 | 1 | 2 |
| 去离子水 | | 加至100 | 加至100 | 加至100 | 加至100 |

**〈制备方法〉** 将各组分原料混合均匀即可。

**〈产品应用〉** 本品主要用于亮化美白肌肤、滋润保湿、淡化皱纹。

**〈产品特性〉**

(1) 紧致皮肤，淡化皱纹：本品中的PCA锌可缓解毛孔粗大；豆瓣菜提取物可以舒缓身体疲劳、减少浮肿；小球藻/白羽扇豆蛋白发酵产物能够增加皮肤组织紧实度，三者共同作用，可改善皮肤状态、淡化皱纹、恢复皮肤昔日光滑。

(2) 淡化黑色素，亮白肌肤：维生素C乙基醚易穿透角质层进入真皮层而被生物酶分解，大大提高了维生素C的利用率，降低了络氨酸酶活性的同时抑制黑色素的生成，亮白肌肤。

(3) 补水保湿：霍霍巴油的强力渗透性，可包裹保湿成分渗入肌肤里层，并在牛油果树果脂的作用下协同增效，由内而外作用肌肤，达到更好的保湿效果。

(4) 用途广泛，天然无刺激：本品可用于多种剂型的化妆品中，不受限于单一剂型，可适应不同护肤需求，同时原料天然无刺激，不会产生过敏等不良反应。

# 配方36 美白精华组合物

**〈原料配比〉**

| 原料 | | 配比(质量份) | | | |
|---|---|---|---|---|---|
| | | 1# | 2# | 3# | 4# |
| 溶剂 | 去离子水 | 加至100 | 加至100 | 加至100 | 加至100 |
| 美白成分 | | 2 | 1.5 | 1.5 | 1.5 |
| 保湿剂 | 甲基丙二醇 | 4 | 4 | 4 | 4 |
| | 甘油 | 4 | 4 | 4 | 4 |
| | 透明质酸钠 | 0.02 | 0.02 | 0.02 | 0.02 |
| | 苯氧乙醇 | 0.5 | 0.5 | 0.5 | 0.5 |
| 酵母提取物 | | 4 | 3 | 5 | 4 |
| 大豆氨基酸类 | | 4 | 5 | 3 | 4 |
| 增稠剂 | 卡波姆 | 0.2 | 0.2 | 0.2 | 0.2 |
| pH调节剂 | 精氨酸 | 0.2 | 0.2 | 0.2 | 0.2 |
| 美白成分 | 白蔹根提取物 | 1 | 1 | 2 | 1 |
| | 白术根茎提取物 | 1 | 2 | 2 | 2 |
| | 白及根提取物 | 1 | 2 | 2 | 1 |
| | 甘松提取物 | 1 | 2 | 1 | 2 |

**〈制备方法〉**

(1) 将水、部分保湿剂、增稠剂混合加热并均质；

(2) 降温至55～65℃；加入pH调节剂，调节体系pH值为5.5～6.5；

(3) 降温至40～55℃，加入美白成分、酵母提取物、大豆氨基酸类、剩余的保湿剂，搅拌并降至室温即可。

**〈产品应用〉** 本品是一种美白精华组合物。

**〈产品特性〉** 本品具有优异的美白效果，配伍协同效果好，同时具有较好的稳定性，不容易变色，来源安全，对人体和环境安全性高。

## 配方 37 美白抗疲劳身体乳

**〈原料配比〉**

| 原料 | 配比(质量份) | | | | |
|---|---|---|---|---|---|
| | 1# | 2# | 3# | 4# | 5# |
| 藤茶提取物 | 1.1 | 0.2 | 0.65 | 1.55 | 2 |
| 甜茶提取物 | 1.2 | 0.4 | 0.8 | 1.6 | 2 |
| 乌药提取物 | 1.1 | 0.2 | 0.65 | 1.55 | 2 |
| 鲸蜡硬脂醇 | 2 | 1 | 1 | 2 | 2 |
| 甘油硬脂酸酯 | 2 | 1 | 1 | 2 | 2 |
| PEG-20 甲基葡萄糖倍半硬脂酸酯 | 2 | 1 | 1 | 2 | 2 |
| 聚山梨醇酯-60 | 1 | 1 | 1 | 2 | 2 |
| 甲基葡萄糖倍半硬脂酸酯 | 1 | 1 | 1 | 1 | 2 |
| 山梨醇酐单硬脂酸酯 | 0.5 | 4 | — | 1 | 2 |
| 矿油 | 2 | 1 | 2 | 5 | 3 |
| 环五聚二甲基硅氧烷 | 2 | 1 | 2 | 2 | 5 |
| 聚二甲基硅氧烷 | 2 | 1 | 2 | 2 | 3 |
| 硬脂酸 | 3.5 | 2 | 1 | 2 | 3 |
| 甘油 | 4 | 2 | 3 | 5 | 6 |
| 丙二醇 | 4 | 2 | 3 | 5 | 6 |
| 透明质酸钠 | 4 | 2 | 3 | 5 | 6 |
| 双(羟甲基)咪唑烷基脲 | 0.1 | 0.01 | 0.1 | 0.1 | 0.1 |
| 羟苯甲酯 | 0.1 | 0.01 | 0.05 | 0.1 | 0.2 |
| 羟苯丙酯 | 0.05 | — | — | 0.1 | 0.2 |
| 卡波姆 | 0.75 | 0.5 | 0.6 | 0.8 | 1 |
| 三乙醇胺 | 1.5 | 1 | 1.25 | 1.75 | 2 |
| 尿囊素 | 1 | 0.5 | 0.75 | 1.25 | 1.5 |
| 去离子水 | 63.1 | 80.18 | 74.15 | 55.2 | 45 |

**〈制备方法〉**

(1) 将乳化剂、润肤剂混合构成油相加入油相锅，搅拌加热至 75～85℃，待所有组分溶解后保温，制得 A 相；

(2) 将保湿剂、卡波姆、尿囊素、去离子水混合构成水相加入水相锅，搅拌加热至 70～85℃，保温 15～30min 使其充分溶解，制得 B 相；

(3) 将 A 相、B 相依次抽入乳化锅中，均质 5～15min，搅拌速率为 2000～4000r/min，而后保温搅拌 15～45min，搅拌速率为 30～50r/min；冷却至 40～45℃，加入三乙醇胺、植物组合物、防腐剂，搅拌均匀即可。

**〈原料介绍〉**

所述藤茶提取物的制备方法：将藤茶洗净烘干，粉碎过 40～60 目筛，按料液比

1∶30 加入去离子水，80～100℃进行恒温水浴浸提 30～60min，再经微波提取 1～5min，趁热过滤，滤液经喷雾干燥即可。

所述甜茶提取物的制备方法：将干燥甜茶粉碎过 40～60 目筛，按料液比 1∶(10～30) 加入 20%～40%乙醇，超声波回流浸提 20～40min，浸提温度为 30～50℃，提取液经 4000r/min 离心分离，收集上清液，再经旋转蒸发仪浓缩即可。

所述乌药提取物的制备方法：将乌药洗净烘干，粉碎过 40～60 目筛，经石油醚脱脂后，按料液比 1∶(30～50) 加入 60%～80%乙醇，采用超声-微波提取协同法提取 5～10min，提取温度为 40～50℃，抽滤，滤液经减压浓缩即可。

所述乳化剂为鲸蜡硬脂醇、甘油硬脂酸酯、PEG-20 甲基葡萄糖倍半硬脂酸酯、聚山梨醇酯-60、甲基葡萄糖倍半硬脂酸酯、山梨醇酐单硬脂酸酯中的至少一种。

**〈产品应用〉** 本品是一种美白抗疲劳身体乳。

**〈产品特性〉** 本产品对酪氨酸酶具有很好的抑制作用，从而减少黑色素生成以达到美白的效果。

## 配方 38　美白抗衰老乳膏

**〈原料配比〉**

| 原　料 | 配比(质量份) | | |
|---|---|---|---|
| | 1# | 2# | 3# |
| 甘草甜素 | 10 | 25 | 40 |
| 甘草 | 12 | 22 | 58 |
| 苄甲胺 | 15 | 24 | 43 |
| 熊果苷 | 20 | 30 | 50 |
| 芦根 | 15 | 25 | 50 |
| 夏枯 | 15 | 25 | 54 |
| 二甲亚砜 | 15 | 35 | 50 |
| 杏仁 | 23 | 30 | 70 |
| 三乙醇胺 | 28 | 40 | 55 |
| 乳酸 | 20 | 40 | 63 |
| 麻黄 | 10 | 30 | 46 |
| 鱼腥草 | 20 | 35 | 60 |
| 阿基瑞林 | 10 | 35 | 60 |
| 液蜡 | 10 | 30 | 50 |
| 去离子水 | 80 | 110 | 160 |

**〈制备方法〉** 将上述物料加入反应釜中，在常温下搅拌 4h，即可制得成品。

**〈产品应用〉** 本品是一种美白抗衰老乳膏。

**〈产品特性〉** 本乳膏能够减轻皮肤表皮色素沉着，对雀斑、黄褐斑和瑞尔氏黑皮症具有较好的祛除效果，可以有效减少黑色素的形成，对已经形成的黑色素可以淡化色斑。

## 配方 39 天然美白祛斑护肤品

**原料配比**

| 原料 | | 配比(质量份) | | | | | |
|---|---|---|---|---|---|---|---|
| | | 1# | 2# | 3# | 4# | 5# | 6# |
| 美白祛斑组合物 | 天麻提取物 | 3.5 | 4.2 | 9 | 5 | 6 | 5.4 |
| | 龙胆根提取物 | 20 | 17.9 | 15 | 19 | 20 | 19.6 |
| | 番茄提取物 | 16.8 | 20 | 14 | 19 | 20 | 19.4 |
| 美白祛斑组合物 | | 6.3 | 6.3 | 6.3 | 6.3 | 6.3 | 6.3 |
| 保湿剂 | 甘油 | 15.9 | 15.9 | 15.9 | 15.9 | 15.9 | 15.9 |
| 乳化剂 | 山梨醇橄榄油酯 | 12.3 | 12.3 | 12.3 | 12.3 | 12.3 | 12.3 |
| 去离子水 | | 加至100 | 加至100 | 加至100 | 加至100 | 加至100 | 加至100 |

**制备方法** 将各组分原料混合均匀即可。

**产品应用** 本品是一种天然美白祛斑护肤品。

**产品特性** 本产品可以对皮肤进行美白祛斑，且成分多为天然物质，对皮肤无损伤。

## 配方 40 美白祛斑护肤品

**原料配比**

| 原料 | | 配比(质量份) | | | | |
|---|---|---|---|---|---|---|
| | | 1# | 2# | 3# | 4# | 5# |
| 山竹提取物 | | 5 | 15 | 7 | 12 | 10 |
| 红景天提取物 | | 2 | 8 | 6 | 3 | 5 |
| 月见草提取物 | | 1 | 6 | 3 | 5 | 4 |
| 护肤品基质 | | 加至100 | 加至100 | 加至100 | 加至100 | 加至100 |
| 护肤品基质 | 甘油 | 5 | 5 | 5 | 5 | 5 |
| | 丙二醇 | 5 | 5 | 5 | 5 | 5 |
| | 丁二醇 | 4 | 4 | 4 | 4 | 4 |
| | 透明质酸 | 0.03 | 0.03 | 0.03 | 0.03 | 0.03 |
| | 香精 | 0.2 | 0.2 | 0.2 | 0.2 | 0.2 |
| | 防腐剂 | 0.5 | 0.5 | 0.5 | 0.5 | 0.5 |
| | 去离子水 | 加至100 | 加至100 | 加至100 | 加至100 | 加至100 |

**制备方法**

(1) 按比例称取所述的山竹提取物、红景天提取物和月见草提取物，混匀；

(2) 将步骤 (1) 中的混合物缓慢加入由护肤品领域可接受的其他辅料制成的护肤品基质中，搅拌均匀，保温 45min，即得所述美白祛斑护肤品。

**原料介绍**

所述山竹提取物制备方法：称取山竹果，粉碎，加入粗粉质量 8 倍体积的质量分数为 85%的乙醇溶液，于 80℃条件下回流提取 3 次，每次 1.5h；提取液过滤，合并滤液，减压浓缩，干燥即得。

所述月见草提取物制备方法：称取月见草，制成粗粉，加入粗粉质量6倍体积的质量分数为65%的乙醇溶液，浸泡5h后，于45℃条件下浸提2h；提取液过滤，滤液减压浓缩，干燥即得。

所述红景天提取物制备方法：将红景天粉碎后过筛，加入其质量15倍量的水煎煮2～3次，每次5h，合并煎液，过滤，滤液浓缩。

**〈产品应用〉** 本品是一种美白祛斑护肤品。

**〈产品特性〉** 本产品含有天然植物活性护肤成分，安全高效，能有效改善肌肤暗淡无光、色素沉积、长斑长皱纹等问题，使肌肤亮白、光滑和有弹性，具有很好的美白祛斑和抗衰老功效。

## 配方41　美白祛斑组合物

**〈原料配比〉**

| 原料 | | 配比(质量份) | | | | | | |
|---|---|---|---|---|---|---|---|---|
| | | 1# | 2# | 3# | 4# | 5# | 6# | 7# |
| 植物提取液 | 黄荆根提取液 | 5 | 1 | 10 | 20 | 30 | 35 | 1 |
| | 白芷提取液 | 2 | 3 | 6 | 15 | 20 | 10 | 1 |
| | 灵芝提取液 | 5 | 1 | 10 | 15 | 20 | 8 | 2 |
| 植物提取液 | | 50 | 52 | 55 | 60 | 65 | 60 | 60 |
| 保湿剂 | 海藻糖 | 15 | — | — | — | — | — | — |
| | 甘油 | — | 18 | — | — | — | — | — |
| | 丁二醇 | — | — | 16 | — | — | — | — |
| | 甘油和海藻糖 | — | — | — | 18 | — | — | — |
| | 丁二醇和海藻糖 | — | — | — | — | 20 | 16 | 16 |
| 增稠剂 | 卡波姆 | 0.1 | — | — | — | — | — | — |
| | 丙烯酸(酯)类共聚物 | — | 0.15 | — | — | — | — | — |
| | 黄原胶 | — | — | 0.2 | 0.25 | — | — | — |
| | 卡波姆和黄原胶 | — | — | — | — | 0.05 | 0.15 | 0.15 |
| 乳化剂 | 甘油单硬脂酸酯 | 5 | — | — | — | — | — | — |
| | 月桂醇硫酸酯钠 | — | 4 | 4 | — | 6 | — | — |
| | 十二烷基硫酸钠 | — | — | 0.3 | 0.4 | — | 4 | 4 |
| | 月桂醇硫酸酯钠和十二烷基硫酸钠 | — | — | — | — | 0.5 | 0.5 | 0.5 |
| 防腐剂 | 羟苯甲酯和羟苯丙酯 | — | — | — | 8 | — | — | — |
| | 羟苯甲酯 | 0.1 | — | — | — | — | — | — |
| | 羟苯丙酯 | — | 0.2 | — | — | — | — | — |
| 去离子水 | | 加至100 | 加至100 | 加至100 | 加至100 | 加至100 | 加至100 | 加至100 |

**〈制备方法〉**

(1) 植物提取液的制备：

① 黄荆根提取液的制备：将黄荆根及根茎切成3～5mm的小段，在搅拌机中粉碎，加7倍量20%乙醇，提取4～6次，粉碎时间3～5min，把每次提取的提取液合并，然后将提取液在真空薄膜蒸发仪中减压回收乙醇，浓缩至适量。

② 白芷提取液的制备：按原料的质量份配比称取白芷，机械粉碎至0.2～0.5cm粒径的碎粒，加入10倍质量的60%乙醇，常温下浸泡10h，浸泡两次。在萃

取液中加入活性炭粉末，搅拌5～10min后放入5℃环境中静置10～20h，上清液过120目筛，在35℃下对滤液进行减压浓缩，浓缩成与起始原料药的质量相等的中药原料药醇提取物浓缩液，备用。

③ 灵芝提取液的制备：将灵芝切块，取100～200g加入1000～2000mL去离子水中，在105℃下回流提取3～5h，冷却后过滤，滤液减压浓缩至适量。

(2) 取部分水，加入增稠剂，浸泡10～15h后，25r/min搅拌转速下均质10～15min，至增稠剂完全分散，得混合物料1，备用；将乳化剂、保湿剂、防腐剂加入剩余的水中，25r/min搅拌转速下，混合均匀，得混合物料2，备用。

(3) 将混合物料2加入混合物料1中，25r/min搅拌转速下，混合均匀，得混合物料3。

(4) 向(3)中所得的物质温度降至40～45℃，加入黄荆根提取液、白芷提取液、灵芝提取液，搅拌均匀，降温至36℃，停止搅拌，出料。

**〈产品应用〉** 本品主要用于减少皮肤中黑色素过度沉积，轻松消除色斑。

**〈产品特性〉** 本产品能够活化细胞，清除自由基，阻断黄褐斑、蝴蝶斑的产生，消除皮肤黑色素，减少、祛除青春痘，使得皮肤洁白美丽。本产品可以明显改善肤质，提高皮肤弹性，提高皮肤的增生能力。

## 配方42 美白祛痘乳液

**〈原料配比〉**

| 原料 | 配比(质量份) | | |
|---|---|---|---|
| | 1# | 2# | 3# |
| 人参 | 20 | 35 | 40 |
| 白芷 | 12 | 33 | 68 |
| 淡豆豉 | 25 | 35 | 43 |
| 郁李仁 | 15 | 38 | 50 |
| 尿素 | 11 | 36 | 50 |
| 夏枯 | 25 | 35 | 54 |
| 二甲基亚砜 | 25 | 40 | 50 |
| 丙二醇 | 20 | 54 | 90 |
| 三乙醇胺 | 18 | 40 | 55 |
| 山楂片 | 25 | 45 | 63 |
| 单硬脂酸甘油酯 | 22 | 35 | 46 |
| 菊花 | 15 | 30 | 50 |
| 阿基瑞林 | 20 | 35 | 60 |
| 液蜡 | 10 | 25 | 50 |
| 去离子水 | 80 | 120 | 160 |

**〈制备方法〉** 将上述物料加入反应釜中，在常温下搅拌4h，即可制得成品。

**〈产品应用〉** 本品是一种美白祛痘乳液。

**〈产品特性〉** 本产品能够减轻皮肤表皮色素沉着，对雀斑、黄褐斑和瑞尔氏黑皮症具有较好的祛除效果，可以有效减少黑色素的形成，对已形成的黑色素具有淡化色斑等功效。

# 配方 43 美白乳液

**原料配比**

| 原料 | 配比(质量份) | | |
|---|---|---|---|
| | 1# | 2# | 3# |
| 甘草提取物 | 2 | 3 | 5 |
| 蛇婆子提取物 | 1 | 2 | 3 |
| 玫瑰水 | 6 | 7 | 8 |
| 蜂王浆 | 5 | 6 | 8 |
| 橄榄油 | 1 | 2 | 3 |
| 去离子水 | 20 | 25 | 30 |

**制备方法**

(1) 甘草提取物的制备：将洗净的甘草放入微波提取罐中，加入10%的乙醇水溶液，加入氨水，在微波功率为700W条件下，提取8h，冷却静置后经过大孔树脂分离得甘草提取物备用；甘草和乙醇水溶液，质量比为1∶(10～12)，氨水的体积为乙醇水溶液体积的1%。

(2) 蛇婆子提取物的制备：将蛇婆子叶进行干燥后，在去离子水中进行熟化处理，冷却后进行过滤，得到蛇婆子提取物；加入的去离子水为蛇婆子叶质量的5倍。

(3) 原料混合：按比例将步骤(1)和步骤(2)得到的甘草提取物和蛇婆子提取物加入均质机中，然后加入玫瑰水、蜂王浆、橄榄油和去离子水，进行均质40～60min，灭菌灌装即得美白乳液。

**产品应用** 本品是一种美白乳液。

**产品特性**

(1) 通过甘草和蛇婆子两种均对皮肤具有美白和保养功能的中草药之间的配伍，增强了美白效果；

(2) 橄榄油和蜂王浆作为乳化剂的同时，还具有保湿效果，并且二者协同作用，增强了保湿功能；

(3) 本产品原料均为天然无刺激成分，既能达到美白保湿效果，又对皮肤无刺激作用，可以长期使用；

(4) 本产品制备工艺简单，对设备要求较低，在保证生产质量的同时，可降低生产成本。

# 配方 44 美白身体乳

**原料配比**

| 原料 | 配比(质量份) |
|---|---|
| 甘油 | 16～20 |
| 吡咯烷酮羧酸钠 | 3 |

续表

| 原料 | 配比(质量份) |
|---|---|
| 甘油聚醚 | 1～7 |
| 葡聚糖 | 1 |
| 酒精 | 0.5 |
| 乙二胺四乙酸二钠 | 0.05 |
| 柠檬酸 | 0.03 |
| 聚二甲基硅氧烷 | 1 |
| 双丙甘醇 | 2 |
| 聚季铵盐-7 | 1 |
| 维生素 E | 1～12 |
| 乳木果油 | 3～5 |
| 中药提取物 | 5～10 |
| 菊花提取液 | 0.8～1.5 |
| 氯化钠 | 0.3 |
| 香精 | 0.1 |
| 牛奶 | 加至 100 |

**〈制备方法〉** 将各组分原料混合均匀即可。

**〈产品应用〉** 本品是一种美白身体乳。

**〈产品特性〉** 本品采用治疗湿疹的中药组方，可治疗湿疹，并且保湿滋润，可以缓解湿疹时的皮肤瘙痒状况，无刺激。

## 配方 45 美白爽肤乳液

**〈原料配比〉**

| 原料 | 配比(质量份) | | | |
|---|---|---|---|---|
| | 1# | 2# | 3# | 4# |
| 马齿苋 | 10～15 | 10～12 | 15～17 | 15～17 |
| 橘皮 | 12～13 | 12～13 | 13～15 | 13～15 |
| 甘草酸二钾 | 0.5～1 | 1～2 | 1～2 | 1～2 |
| 玻尿酸 | 10～15 | 12～15 | 5～7 | 5～7 |
| 维生素 | 5～6 | 4～6 | 3～4 | 3～4 |
| 酸奶 | 2～3 | 1～3 | 1～3 | 1～3 |
| 秋葵 | 15～18 | 20～30 | 18～25 | 18～25 |
| 蜂蜜 | 3～4 | 5～7 | 4～7 | 4～7 |
| 鸡蛋清 | — | 2～6 | 5～6 | — |
| 聚乙二醇 | — | — | 6～8 | 6～8 |
| 黄瓜水 | 适量 | 适量 | 适量 | 适量 |

**〈制备方法〉** 在常温下，按配比将各原料组分加入黄瓜水中溶解，室温下搅拌 2～3h，使溶液均质后调色，静置 5～8h，过滤再灭菌灌装。

**〈原料介绍〉** 所述黄瓜水是将黄瓜榨汁后得到的液体。黄瓜水用量为所有原料总质量的 10 倍。

**〈产品应用〉** 本品是一种美白爽肤乳液。

**《产品特性》** 本品特有的酸奶成分，使肌肤更美白健康，特别是对粉刺、油性、易过敏皮肤适用；采用特有原料秋葵、橘皮等物质，不仅能供给皮肤营养，还能起到美白抗氧化的作用。

## 配方 46　美白洗面奶

**《原料配比》**

| 原料 | 配比(质量份) |
|---|---|
| 苦杏仁 | 30 |
| 珍珠粉 | 20 |
| 牛黄 | 5 |
| 防风 | 50 |
| 蛇蜕 | 30 |
| 白芍 | 26 |
| 金银花 | 40 |
| 薏仁米 | 100 |
| 桃仁 | 60 |
| 乳化剂 | 20 |
| 人参 | 20 |
| 菊花粉 | 30 |
| 枸杞 | 11 |
| 芦荟 | 31 |
| 蜂蜜 | 50 |
| 去离子水 | 适量 |

**《制备方法》** 将各原料细磨之后，萃取，用水调和后，涂于患处，即可达到祛痘、祛印的目的，同时还具有美白和控油的效果。

**《产品应用》** 本品是一种美白洗面奶。

**《产品特性》** 本品可以实现祛痘、祛印、美白和控油等多重功效。

## 配方 47　美白消肿的薏仁米洁面乳

**《原料配比》**

| 原料 | 配比(质量份) | | |
|---|---|---|---|
| | 1# | 2# | 3# |
| 薏仁米 | 30 | 45 | 60 |
| 葡萄籽 | 10 | 13 | 15 |
| 泽兰 | 20 | 26 | 30 |
| 茯苓 | 15 | 25 | 30 |
| 珍珠粉 | 6 | 9 | 12 |
| 胶原蛋白 | 3 | 4.5 | 6 |
| 蜂蜜 | 10 | 12 | 15 |
| 甘油 | 12 | 15 | 18 |

续表

| 原料 | | 配比(质量份) | | |
| --- | --- | --- | --- | --- |
| | | 1# | 2# | 3# |
| 玫瑰精油 | | 1 | 2 | 3 |
| 添加剂 | | 25 | 30 | 35 |
| 去离子水 | | 适量 | 适量 | 适量 |
| 添加剂 | 食用香精 | 8 | 12 | 15 |
| | 氯化钠 | 15 | 20 | 25 |
| | 甲基异噻唑啉酮 | 20 | 24 | 28 |
| | 鲸蜡硬脂醇 | 18 | 20 | 24 |
| | 椰油酰胺丙基甜菜碱 | 加至100 | 加至100 | 加至100 |

**制备方法**

(1) 将所述配比的薏仁米、葡萄籽、泽兰和茯苓洗净后烘干至含水率为7%～12%，然后加入粉碎机中，充分粉碎后过100～140目筛，得混合细粉A；

(2) 将混合细粉A加水搅拌混合均匀后，加热提取1～3h，过滤得提取液，离心去杂后，经喷雾干燥得提取物B；

(3) 将步骤(2)中所得的提取物B与所述配比的珍珠粉、胶原蛋白、蜂蜜和甘油共同加入研磨机中，研磨混合30～50min后，得混合物C；

(4) 将步骤(3)中所得的混合物C加入搅拌罐中，加入所述配比的添加剂和玫瑰精油，并加水至含水率为60%～70%，以1000～1500r/min的转速搅拌混合均匀，即得美白消肿的薏仁米洁面乳。

**产品应用** 本品是一种美白消肿的薏仁米洁面乳。

**产品特性** 本产品所用原料天然、安全无害，其制备方法简单，制备条件温和，成本低，产品香味清淡持久，呈弱酸性，去污能力强，泡沫温和，且均匀细腻，具有良好的美白消肿、滋润皮肤、抗氧化、消除色素斑点、延缓皮肤衰老等功效，能够有效地调节内分泌失调引起的皮肤干燥，阻隔紫外线，增加人体抗辐射能力。

## 配方48 美白滋养身体乳

**原料配比**

| 原料 | 配比(质量份) | | | | | |
| --- | --- | --- | --- | --- | --- | --- |
| | 1# | 2# | 3# | 4# | 5# | 6# |
| 山羊奶 | 40 | 52 | 56 | 48 | 60 | 44 |
| 甘油 | 20 | 26 | 28 | 24 | 30 | 22 |
| 柠檬汁 | 2 | 3 | 2 | 3 | 3 | 2 |
| 玫瑰精华 | 7 | 8 | 9 | 10 | 6 | 5 |
| 鳄梨油 | 4 | 3 | 5 | 5 | 4 | 3 |
| 珍珠粉 | 7 | 9 | 7 | 6 | 10 | 8 |
| 维生素E | 7 | 5 | 10 | 8 | 6 | 9 |

**《制备方法》**

(1) 将甘油和山羊奶按比例调和，搅拌均匀；

(2) 将珍珠粉缓慢加入步骤 (1) 的混合物中，至黏稠状，并搅拌均匀；

(3) 将柠檬汁、玫瑰花精华、鳄梨油和维生素 E 添加到步骤 (2) 的混合物中，搅拌均匀；

(4) 将步骤 (3) 的混合物用超声波超声加热至乳膏状，温度设定为 40～60℃，时间为 5～8min；

(5) 消毒包装：将乳膏状混合物投入紫外线消毒柜中进行消毒杀菌，时间为 1～3min，包装成成品。

**《产品应用》** 本品是一种美白滋养身体乳。

**《产品特性》** 本品采用纯天然材料提取，材料易得，成本低，无毒无害，不添加化学物质，营养价值高，滋润不油腻，清爽易吸收，不仅带有淡淡的玫瑰香，还带有浓郁的奶香味，长期使用，不仅能够抑制黑色素的沉积及其生长，促进皮肤新陈代谢，美白肌肤，还能有效缓解皮肤干燥、鸡皮肤质等现象。

## 配方 49　茉莉花精油乳液

**《原料配比》**

| 原料 | 配比(质量份) | | |
|---|---|---|---|
| | 1# | 2# | 3# |
| 茉莉花精油 | 5 | 0.1 | 2 |
| 葡萄籽油 | 1 | 0.1 | 0.5 |
| 茶油 | 5 | 2 | 0.5 |
| 凤尾草提取物 | 1 | 0.01 | 0.1 |
| 绿豆提取物 | 10 | 6 | 2 |
| 羊毛脂 | 8 | 2 | 5 |
| 竹汁 | 加至 100 | 加至 100 | 加至 100 |

**《制备方法》** 将竹汁加到搅拌器中，加热到 75～80℃，保温 0.5h 后降温到 40～50℃，加入凤尾草提取物和绿豆提取物，搅拌均匀，保温 10～20min，再加入羊毛脂、葡萄籽油、茶油和茉莉花精油，搅拌均匀，在 8～12MPa、40～50℃的条件下均质 30～40min，加热至 90℃杀菌，冷却，瓶装得到乳液。

**《原料介绍》**

所述茉莉花精油采用超临界流体 $CO_2$ 萃取，萃取方法如下。

(1) 在下午 2：00～6：00 采摘茉莉花，夜晚 6：00～12：00 在室内用竹篮子养花 2～4h，温度为 25～35℃，茉莉花香气正浓的时候，将茉莉鲜花洗净除杂。

(2) 在压力为 12～15MPa、温度为 35～50℃的条件下萃取 1～1.5h，得到茉莉花 $CO_2$ 萃取物。

(3) 经过两级分离将茉莉花精油分离出来。第一级分离釜压力为 8～10MPa、温度为 40～50℃，把蜡质杂质从茉莉花 $CO_2$ 萃取物中分离出来；第二级分离釜压力为 1～2MPa、温度为 8～12℃，把 $CO_2$ 以气体的形式从分离杂质后的茉莉花 $CO_2$ 萃取物中释放出来，得到茉莉花精油。

所述葡萄籽油和茶油经压榨得到；风尾草提取物使用 50%的乙醇，通过乙醇浸提法进行提取；绿豆提取物采用减压水蒸气法提取；羊毛脂是化妆品所用的羊毛脂。

**《产品应用》** 本品主要用于保水保湿、祛斑美白、防晒防辐射，便于进一步上妆。

**《产品特性》** 本产品采用广西横县的茉莉花，通过超临界流体 $CO_2$ 萃取的方法提取得到纯净的茉莉花精油，再将茉莉花精油与葡萄籽油、茶油、凤尾草提取物、绿豆提取物、羊毛脂、竹汁一起制作乳液。茉莉花精油可护理和改善肌肤干燥、过油及敏感的状况，淡化妊娠纹与疤痕，增加皮肤弹性，让肌肤倍感柔嫩，是非常好的护肤品，在乳液中加入茉莉花精油可有效改善肌肤问题，使肌肤更加健康富有弹性。本产品可二次清洁以恢复肌肤表面的酸碱值，并调理角质层，使肌肤更好地吸收，并为后续使用保养品做准备。本乳液中加入的一些可清洁排毒，且能改善肌肤问题的动植物提取物，使肌肤能有效吸收营养且安全无毒，长期使用不会损害肌肤。

## 配方 50 茉莉花洗面乳

**《原料配比》**

| 原料 | 配比(质量份) | | |
|---|---|---|---|
| | 1# | 2# | 3# |
| 茉莉花提取物 | 10 | 6 | 12 |
| 苦参提取物 | 0.01 | 0.001 | 0.1 |
| 红花提取物 | 0.1 | 0.01 | 1 |
| 皂荚提取物 | 0.1 | 0.1 | 0.1 |
| 蓖麻油 | 15 | 20 | 5 |
| 茶油 | 2 | 0.5 | 5 |
| 绞股蓝提取物 | 5 | 4 | 6 |
| 竹汁 | 加至 100 | 加至 100 | 加至 100 |

**《制备方法》** 将竹汁加热到 75～80℃，保温 0.5h 后降温到 40～50℃备用；将蓖麻油加入搅拌器中，加热到 40～50℃，再加入茉莉花提取物、苦参提取物、红花提取物、皂荚提取物、茶油和绞股蓝提取物，搅拌均匀得到油相；向油相中边搅拌边缓慢加入竹汁，随后在 8～12MPa、40～50℃的条件下均质 30～40min，加热至 90℃杀菌，冷却，即得洗面乳。

**《原料介绍》**

所述茉莉花提取物采用超临界流体 $CO_2$ 萃取，萃取方法如下：

(1) 在下午 2：00～6：00 采摘茉莉花，夜晚 6：00～12：00 在室内用竹篮子养花 2～4h，温度为 25～35℃，茉莉花香气正浓的时候，将茉莉鲜花洗净除杂；

(2) 在压力为 12～15MPa、温度为 35～50℃的条件下萃取 1～1.5h，得到茉莉

花 $CO_2$ 萃取物；

(3) 在分离釜压力为1～2MPa、温度为8～12℃的条件下，把 $CO_2$ 以气体的形式从茉莉花 $CO_2$ 萃取物中释放出来，得到茉莉花提取物。

所述茶油和蓖麻油经压榨得到；红花提取物采用超临界流体 $CO_2$ 萃取法萃取；苦参提取物、绞股蓝提取物和皂荚提取物均使用50%的乙醇，采用乙醇浸提法进行提取。

**〈产品应用〉** 本品主要用于深层去污、保湿润滑、淡斑美白、营养和保护肌肤，促进肌肤新陈代谢、增加皮肤弹性。

**〈产品特性〉** 本产品中加入的苦参提取物、皂荚提取物、蓖麻油、茶油和绞股蓝提取物均有清洁肌肤的作用，可深层去污、抗菌消炎，使肌肤洁净无菌。本产品能营养肌肤，且能改善肌肤问题，使肌肤保持光滑细腻，且安全无毒，长期使用不会有副作用。

## 配方51 祛斑美白玫瑰精华乳液

**〈原料配比〉**

| 原料 | 配比(质量份) | | |
|---|---|---|---|
| | 1# | 2# | 3# |
| 玫瑰花提取液 | 2 | 3 | 4 |
| 三色堇花提取物 | 1 | 2 | 3 |
| 月见草油 | 4 | 5 | 6 |
| 珍珠粉 | 5 | 6 | 7 |
| 香精 | 0.2 | 0.3 | 0.4 |
| 柠檬精油 | 1 | 1.5 | 2 |
| 白丁香 | 4 | 6 | 8 |
| 白附子 | 2 | 3 | 4 |
| 白芷 | 3 | 4 | 5 |
| 玻尿酸 | 0.5 | 0.6 | 0.7 |
| 聚甘油酯 | 2 | 3 | 4 |
| 苯氧乙醇 | 0.4 | 0.5 | 0.6 |
| 甘油 | 2 | 2.5 | 3 |
| 水解玉米蛋白 | 0.6 | 0.8 | 1 |
| 山梨醇 | 2 | 3 | 4 |
| 辛甘醇 | 0.1 | 0.2 | 0.3 |
| 胶原蛋白 | 5 | 6 | 7 |
| 去离子水 | 100 | 110 | 120 |

**〈制备方法〉**

(1) 将白丁香、白附子和白芷混合均匀，粉碎，过200～300目筛，得药粉，备用；

(2) 将月见草油、柠檬精油、玻尿酸、聚甘油酯、辛甘醇和甘油加入油相锅内，开启蒸汽加热，搅拌加热至70～80℃，保温15～25min，使其充分熔化均匀，备用；

（3）将玫瑰花提取液、三色堇花提取物、苯氧乙醇、山梨醇、去离子水加入油相锅内，开启蒸汽加热，搅拌加热至80～90℃保温，维持20～30min灭菌；

（4）将步骤（1）的药粉、步骤（2）的油相物、步骤（3）的水相物、珍珠粉、水解玉米蛋白和胶原蛋白一起加入乳化锅内，温度控制在80～85℃之间，搅拌20～30min，冷却至40～50℃后，加入香精再搅拌8～12min，冷却后杀菌、装瓶、密封即得乳液。

**〈产品应用〉** 本品是一种祛斑美白玫瑰精华乳液。

使用方法：每天早晚洁面后，涂抹于面部和颈部，晚上10点前使用，效果更佳。

**〈产品特性〉** 本品能在很短时间内被皮肤快速吸收，使肌肤透亮、紧致，有祛斑美白的功效，令肌肤形成保水屏障，平滑提拉肌肤，刺激成纤维细胞增殖，活化肌肤，使皮肤恢复弹性，保持皮肤健康、活力。本产品原料为纯天然植物提取精华液，无毒副作用。

## 配方52 全效美白保湿乳液

**〈原料配比〉**

| 原料 | 配比(质量份) |
|---|---|
| 珍珠水解液 | 2.5 |
| 蚕丝水解液 | 2.5 |
| 透明质酸 | 2.5 |
| 硬脂酸 | 5 |
| $C_{16}$醇 | 5 |
| 乙酰化羊毛脂 | 5 |
| 白凡士林 | 2 |
| 甘油 | 2 |
| 维生素E | 1 |
| 维生素C | 1 |
| 乳化剂 | 1.5 |
| 助渗剂 | 2 |
| 防腐剂与香精 | 1 |
| 去离子水 | 67 |

**〈制备方法〉**

（1）按照配比选取材料；

（2）将去离子水加热至85℃，加入硬脂酸、$C_{16}$醇、乙酰化羊毛脂、白凡士林、甘油、维生素E，高速搅拌20min，冷却至50℃，加入珍珠水解液、蚕丝水解液、透明质酸、维生素C、乳化剂、助渗剂、防腐剂与香精，继续高速搅拌20min，自然冷却。当冷却至38℃以下时，装瓶，即为全效美白保湿乳液成品。

**〈产品应用〉** 本品是一种全效美白保湿乳液。

《产品特性》 本产品加入了珍珠水解液，蚕丝水解液和由动物组织提取的透明质酸等活性物质，对皮肤具有显著的美白和保湿效果，可在皮肤按摩保健的同时起到美容作用，而且没有副作用。

## 配方 53 润肤美白乳液

《原料配比》

| 原料 | 配比(质量份) | | |
|---|---|---|---|
| | 1# | 2# | 3# |
| 山楂片 | 10 | 33 | 60 |
| 鹿茸 | 12 | 18 | 28 |
| 决明子 | 15 | 40 | 63 |
| 熊果苷 | 20 | 40 | 60 |
| 益母草 | 11 | 40 | 50 |
| 夏枯草 | 15 | 25 | 45 |
| 二甲亚砜 | 22 | 25 | 30 |
| 郁李仁 | 20 | 45 | 70 |
| 三乙醇胺 | 18 | 38 | 45 |
| 乳酸 | 10 | 30 | 43 |
| 单硬脂酸甘油酯 | 20 | 35 | 60 |
| 癸醇 | 10 | 25 | 50 |
| 荷叶 | 30 | 40 | 60 |
| 液蜡 | 30 | 45 | 50 |
| 去离子水 | 110 | 180 | 200 |

《制备方法》 将上述物料加入反应釜中，在常温下搅拌 4h，即可制得成品。

《产品应用》 本品是一种润肤美白乳液。

《产品特性》 本品能够减轻皮肤表皮色素沉着，对雀斑、黄褐斑和瑞尔氏黑皮症具有较好的祛除效果，可以有效减少黑色素的形成，对已形成的黑色素可以淡化色斑。

## 配方 54 润肤乳

《原料配比》

| 原料 | 配比(质量份) | | | | | | | |
|---|---|---|---|---|---|---|---|---|
| | 1# | 2# | 3# | 4# | 5# | 6# | 7# | 8# |
| 水 | 78.1 | 76.9 | 73.9 | 72.3 | 79.7 | 71.2 | 75.45 | 73.35 |
| 卡波姆 | 0.2 | 0.2 | 0.2 | 0.2 | 0.2 | 0.2 | 0.2 | 0.2 |
| 三乙醇胺 | 0.20 | 0.2 | 0.2 | 0.2 | 0.2 | 0.2 | 0.2 | 0.2 |
| 羊奶 | 0.6 | 0.7 | 0.8 | 0.9 | 0.5 | 1 | 0.75 | 0.85 |
| 甘油 | 1.2 | 1.4 | 2.2 | 2.6 | 1 | 3 | 2 | 2.5 |
| 淀粉辛烯基琥珀酸铝 | 1.4 | 1.8 | 2.4 | 2.8 | 1 | 3 | 2 | 2.5 |

续表

| 原料 | 配比(质量份) | | | | | | | |
|---|---|---|---|---|---|---|---|---|
| | 1# | 2# | 3# | 4# | 5# | 6# | 7# | 8# |
| 棕榈酸异丙酯 | 1.5 | 1.6 | 2.5 | 2.8 | 1 | 3 | 2 | 2.5 |
| 鲸蜡硬脂醇乙基己酸酯 | 1.4 | 1.8 | 2.4 | 2.8 | 1 | 3 | 2 | 2.5 |
| 二氧化钛 | 0.05 | 0.05 | 0.05 | 0.05 | 0.05 | 0.05 | 0.05 | 0.05 |
| 甘油硬脂酸酯 | 1.60 | 1.6 | 1.6 | 1.6 | 1.6 | 1.6 | 1.6 | 1.6 |
| 硬脂酸 | 1.25 | 1.25 | 1.25 | 1.25 | 1.25 | 1.25 | 1.25 | 1.25 |
| 鲸蜡醇 | 1.35 | 1.35 | 1.35 | 1.35 | 1.35 | 1.35 | 1.35 | 1.35 |
| 硬脂醇 | 1.35 | 1.35 | 1.35 | 1.35 | 1.35 | 1.35 | 1.35 | 1.35 |
| 鲸蜡硬脂醇聚醚-12 | 2.0 | 2 | 2 | 2 | 2 | 2 | 2 | 2 |
| 环聚二甲基硅氧烷 | 5.0 | 5 | 5 | 5 | 5 | 5 | 5 | 5 |
| 聚二甲基硅氧烷 | 1.0 | 1 | 1 | 1 | 1 | 1 | 1 | 1 |
| 苯氧乙醇 | 0.45 | 0.45 | 0.45 | 0.45 | 0.45 | 0.45 | 0.45 | 0.45 |
| 9.69%甲基异噻唑啉酮水溶液 | 0.008 | 0.008 | 0.008 | 0.008 | 0.008 | 0.008 | 0.008 | 0.008 |
| 香精 | 0.70 | 0.7 | 0.4 | 0.7 | 0.7 | 0.7 | 0.7 | 0.7 |

**制备方法**

(1) 主搅拌锅：将水加热至70～75℃并保温，加入甘油、卡波姆，搅拌至膨胀为止，加入三乙醇胺；另取水5.0质量份，加入二氧化钛并搅拌完全，后再加入主搅拌锅中。

(2) 将甘油硬脂酸酯、硬脂酸、鲸蜡醇、硬脂醇、鲸蜡硬脂醇聚醚-12加热至完全熔化，再加入棕榈酸异丙酯、鲸蜡硬脂醇乙基己酸酯，保温在70～75℃，搅拌均匀，加入主搅拌锅中；冷却至50～55℃，再加入环聚二甲基硅氧烷、聚二甲基硅氧烷，搅拌，继续冷却至<45℃；另取50～55℃的水2.00～2.50质量份，加入羊奶和淀粉辛烯基琥珀酸铝，搅拌至完全分散，加入主搅拌锅中，搅拌均匀。

(3) 主搅拌锅中加苯氧乙醇、9.69%甲基异噻唑啉酮水溶液、香精，搅拌至均匀，即可。

**产品应用** 本品是一种润肤乳。

**产品特性** 本品具有很好的补水保湿、抗衰老、抗炎、美白作用。

## 配方 55 三白草美白乳液

**原料配比**

| 原料 | | 配比(质量份) |
|---|---|---|
| 水相料液 | | 85 |
| 油相料液 | | 15 |
| 羧甲基纤维素钠 | | 3 |
| 水相料液 | 去离子水 | 100 |
| | 丁基羟基甲苯 | 1 |
| | 透明质酸钠 | 2 |
| | 甘油 | 8 |

续表

| 原料 | | 配比(质量份) |
|---|---|---|
| 水相料液 | 1,3-丁二醇 | 4 |
| | 三白草提取物 | 8 |
| | 左旋维生素 C | 1 |
| 油相料液 | 葡萄籽油 | 100 |
| | 维生素 E | 1 |
| | 乳化剂聚乙烯醇 | 3 |
| | 精油 | 3 |

**〈制备方法〉**

(1) 洗净新鲜的三白草,将水分晾干。

(2) 将晾干后的三白草置于干燥机中,于 90～100℃下干燥 2～3min。

(3) 将干燥后的三白草放入粉碎机中粉碎,然后过 60 目筛,得三白草粉末;粉碎过程中,每 30s 暂停一次,待粉碎机热量散去再继续。

(4) 称取三白草粉末 10g,乙醇体积分数为 70%,按照料液比 1∶18,在 50℃下超声提取 50min,提取液经旋转蒸发,浓缩得到三白草提取物。

(5) 称取去离子水,加热至 60℃,加入丁基羟基甲苯,待全部溶解,加入透明质酸钠,混合均匀并冷却至室温,加入甘油及 1,3-丁二醇,混合均匀,再加入三白草提取物及左旋维生素 C,混合均匀,得水相料液。

(6) 取葡萄籽油,并加入维生素 E、精油及乳化剂聚乙烯醇,四者的质量比为100∶1∶3∶3,混合均匀,得油相料液。

(7) 将步骤(5)制得水相料液缓慢加入步骤(6)制备的油相料液中,二者质量比为 85∶15,混合均匀,得混合液,向混合液中加入羧甲基纤维素钠,再将混合液加入真空乳化机内进行乳化,即得三白草美白乳液。

**〈产品应用〉** 本品是一种用于皮肤美白、使皮肤光滑透亮的美白乳液。

**〈产品特性〉**

(1) 本品中的羧甲基纤维素钠主要用作水溶胶、乳化剂、增稠剂,可将浸提物有效融合在一起充分发挥护肤作用。

(2) 本产品无化学添加,具有优良的美白护肤功效,长期使用可以使皮肤光滑透亮,且适用于易过敏人群。

## 配方 56 爽肤乳液

**〈原料配比〉**

| 原料 | 配比(质量份) | | |
|---|---|---|---|
| | 1# | 2# | 3# |
| 马齿苋 | 10～15 | 10～12 | 15～17 |
| 白茯苓 | 12～13 | 12～13 | 13～15 |
| 甘草酸二钾 | 0.5～1 | 1～2 | 1～2 |

续表

| 原料 | 配比(质量份) | | |
|---|---|---|---|
| | 1# | 2# | 3# |
| 玻尿酸 | 10～15 | 12～15 | 5～7 |
| 维生素 | 5～6 | 4～6 | 3～4 |
| 酸奶 | 2～3 | 1～3 | 1～3 |
| 黄原胶 | — | 2～6 | 5～6 |
| 聚乙二醇 | — | — | 6～8 |
| 黄瓜水 | 适量 | 适量 | 适量 |

**〈制备方法〉** 常温下，按配比将各原料组分加入黄瓜水中溶解，室温下搅拌2～3h，使溶液均质后调色，静置10～20h后过滤，再灭菌灌装。

**〈产品应用〉** 本品是一种爽肤乳液。

**〈产品特性〉** 本品适合人群广，老人、小孩、孕妇都适用，特有的酸奶成分使肌肤更美白健康，特别适用于粉刺、油性、易过敏皮肤。

## 配方57 天然茶油护肤乳液

**〈原料配比〉**

| 原料 | 配比(质量份) | | | | |
|---|---|---|---|---|---|
| | 1# | 2# | 3# | 4# | 5# |
| 精制茶油 | 30 | 20 | 23 | 25 | 28 |
| 去离子水 | 70 | 63 | 60 | 66 | 68 |
| 茶皂素 | 0.6 | 0.6 | 0.5 | 0.5 | 0.4 |
| 玉竹提取液 | 4 | 6 | 8 | 5 | 7 |
| 百香果籽油 | 7 | 10 | 6 | 8 | 9 |
| 榆树叶精油 | 1.5 | 2 | 2 | 1 | 1.5 |
| 黑木耳多糖 | 7.5 | 6 | 7 | 6.5 | 8 |
| 蓝莓花青素 | 8 | 6.5 | 6 | 7 | 7.5 |
| 芦荟胶 | 6 | 7 | 8 | 4 | 5 |
| 薄荷提取液 | 2.5 | 2 | 1 | 1.5 | 3 |
| 丁香提取液 | 1 | 2.5 | 3 | 2 | 1.5 |

**〈制备方法〉**

(1) 精制茶油活化：取精制茶油20～30份，置于高速剪切机中进行高速剪切活化，剪切活化转速为1500～2000r/min，活化时间为8～12min；

(2) 活化水的制备：取60～70份去离子水放入电液压脉冲装置中进行活化，采用的电压为50～70kV，作用时间为2～3min，重复操作两次；

(3) 将(1)制得的活化精制茶油放入反应釜中，往反应釜中缓慢搅拌加入0.4～0.6份茶皂素，将反应釜中的温度升到70～80℃；

(4) 将玉竹提取液、百香果籽油、榆树叶精油、黑木耳多糖、蓝莓花青素、芦荟胶、薄荷提取液、丁香提取液加入反应釜中，搅拌反应20～30min；

(5) 将经过活化的水缓慢加入反应釜中，搅拌速度为800～1000r/min，搅拌混合均匀，得到混合物；

(6) 将 (5) 制得的混合物放入高压均质机中进行均质乳化，均质压力为60～80MPa，均质时间为10～15min，然后进行灭菌，将温度降到室温后抽样检测，检验合格后包装，即得天然茶油护肤乳液。

**〈原料介绍〉** 所述的玉竹提取液、薄荷提取液、丁香提取液的提取方法为水蒸气蒸馏、乙醇浸提、油浸提、超临界萃取中的一种。

**〈产品应用〉** 本品主要用于美白补水保湿、抗皱淡斑、修复皮肤。

**〈产品特性〉**

(1) 本产品以精制茶油为主要原料，复配玉竹提取液、黑木耳多糖、芦荟胶、蓝莓花青素、百香果籽油等物质，这些物质中的活性成分之间相互协同作用，增强了乳液的补水保湿性能，可有效清除皮肤中的自由基，延缓肌肤衰老，同时含有的活性成分还具有防腐杀菌效果，防止表皮微生物对肌肤的伤害。

(2) 本产品对皮肤温和不刺激，易被吸收，具有良好的保湿、补水效果，并有持续锁水效果，使皮肤柔软、细嫩光滑并富有弹性。

(3) 本产品能够为肌肤提供营养物质，可美白肌肤、淡化斑痕，防止紫外线晒伤，能够修复肌肤，降低皮肤粗糙度，使皱纹深度变浅，延缓肌肤衰老。

(4) 本产品为天然成分，护肤效果好，无毒副作用，安全性好且无过敏现象。

## 配方58 皙透亮白洁面乳

**〈原料配比〉**

| 原料 | 配比(质量份) | | |
|---|---|---|---|
| | 1# | 2# | 3# |
| 月桂醇磺基琥珀酸酯二钠 | 46 | 48 | 50 |
| 甲基月桂酰基牛磺酸钠 | 7 | 8 | 9 |
| 月桂酰胺丙基甜菜碱 | 4 | 5 | 6 |
| 月桂醇聚醚硫酸酯钠 | 2.5 | 3 | 3.6 |
| 氯化钠 | 2.5 | 3 | 3.5 |
| 椰油酰胺DEA | 1.5 | 2 | 2.5 |
| 丙烯酸(酯)类共聚物 | 0.6 | 1 | 1.5 |
| 辛酸/癸酸甘油酯类聚甘油-10酯类 | 0.6 | 1 | 1.5 |
| 甜菜碱 | 0.6 | 1 | 1.5 |
| 月桂氮䓬酮 | 0.01 | 0.05 | 0.1 |
| 3-*O*-乙基抗坏血酸 | 0.05 | 0.1 | 0.2 |
| 熊果苷 | 0.05 | 0.1 | 0.2 |
| 牡丹美白精华 | 0.6 | 0.8 | 1 |
| 百里香提取物 | 0.5 | 0.7 | 1 |
| 布列塔尼亚珍珠藻 | 0.4 | 0.6 | 0.8 |
| PEG-120甲基葡萄糖二油酸酯 | 0.4 | 0.6 | 0.8 |

续表

| 原料 | 配比(质量份) | | |
|---|---|---|---|
| | 1# | 2# | 3# |
| 二(氢化牛脂基)邻苯二甲酸酰胺 | 0.3 | 0.5 | 0.7 |
| 泛醇 | 0.3 | 0.5 | 0.7 |
| 烟酰胺 | 0.3 | 0.5 | 0.7 |
| 氨甲环酸 | 0.05 | 0.1 | 0.2 |
| DMDM 乙内酰脲 | 0.25 | 0.3 | 0.35 |
| 香精 | 0.25 | 0.3 | 0.35 |
| 水 | 31.24 | 22.85 | 13.8 |

**制备方法**

(1) 将水、月桂醇聚醚硫酸酯钠、椰油酰胺 DEA、月桂醇磺基琥珀酸酯二钠、月桂酰胺丙基甜菜碱、二(氢化牛脂基)邻苯二甲酸酰胺、PEG-120 甲基葡萄糖二油酸酯、甲基月桂酰基牛磺酸钠依次加入主锅中，搅拌加热至 80～85℃，使其溶解完全，保温 20～40min，得物料 A；

(2) 向物料 A 中加入预溶解的丙烯酸(酯)类共聚物和水，并搅拌至均匀，得物料 B；

(3) 将物料 B 降温至 55～65℃，加入预先加热溶解完全的氯化钠、水和预先加热溶解的辛酸/癸酸甘油酯类聚甘油-10 酯类、甜菜碱，并搅拌至均匀，得物料 C；

(4) 将物料 C 降温至 45～50℃，加入 3-*O*-乙基抗坏血酸、氨甲环酸、熊果苷、泛醇、月桂氮䓬酮、烟酰胺和 DMDM 乙内酰脲、香精、牡丹美白精华、百里香提取物、布列塔尼亚珍珠藻，搅拌至均匀，得物料 D；

(5) 将物料 D 降温至 38℃，抽样检验，合格出料。

**产品应用** 本品主要用于深层清洁肌肤，补水美白，修复受损肌肤，消炎保湿。

**产品特性**

(1) 本品能够有效清除污垢、灰尘、残妆、油脂，扫除肌肤成分吸收障碍，洗后水润不紧绷，可减少黑色素、淡化斑点暗沉，令肌肤白皙动人；

(2) 本品还具有修护受损肌肤，补水保湿，消炎抑菌的作用，有效抑痘，保护受损肌肤。

## 配方 59 皙透亮白乳液

**原料配比**

| 原料 | 配比(质量份) | | |
|---|---|---|---|
| | 1# | 2# | 3# |
| 聚二甲基硅氧烷 | 2 | 3 | 4 |
| 聚甘油-10 | 2 | 3 | 4 |
| 甘油 | 2 | 3 | 4 |

续表

| 原料 | 配比(质量份) | | |
|---|---|---|---|
| | 1# | 2# | 3# |
| 丙二醇 | 2 | 3 | 4 |
| 辛酸/癸酸甘油三酯 | 1 | 2 | 3 |
| 鲸蜡硬脂醇/鲸蜡硬脂基葡糖苷 | 0.5 | 1 | 1.5 |
| 甘油硬脂酸酯/PEG-100 硬脂酸酯 | 0.5 | 1 | 1.5 |
| 烟酰胺 | 0.5 | 1 | 1.5 |
| 月桂氮䓬酮 | 0.6 | 1 | 1.5 |
| 苯乙基间苯二酚 | 0.5 | 1 | 1.4 |
| 3-*O*-乙基抗坏血酸 | 0.5 | 1 | 1.4 |
| 百里香提取物 | 0.3 | 0.6 | 0.8 |
| 牡丹美白精华 | 0.3 | 0.5 | 0.8 |
| 中华猕猴桃果提取物 | 0.01 | 0.02 | 0.03 |
| 丙烯酸钠/丙烯酰二甲基牛磺酸钠共聚物/异十六烷/水/山梨醇酐油酸酯/聚山梨醇酯-80 | 0.4 | 0.6 | 0.8 |
| 鲸蜡醇棕榈酸酯 | 0.4 | 0.5 | 0.7 |
| $C_{20}$～$C_{22}$醇磷酸酯/$C_{20}$～$C_{22}$醇 | 0.3 | 0.5 | 0.7 |
| 甜菜碱 | 0.3 | 0.5 | 0.7 |
| 尿囊素 | 0.1 | 0.2 | 0.3 |
| 丙烯酸羟乙酯/丙烯酰二甲基牛磺酸钠共聚物/角鲨烷/聚山梨醇酯-60/山梨醇酐异硬脂酸酯 | 0.1 | 0.2 | 0.3 |
| 卡波姆 | 0.1 | 0.12 | 0.2 |
| 三乙醇胺 | 0.05 | 0.1 | 0.15 |
| 生育酚乙酸酯 | 0.05 | 0.1 | 0.15 |
| 亚硫酸氢钠 | 0.06 | 0.1 | 0.14 |
| 透明质酸钠 | 0.01 | 0.02 | 0.03 |
| CI 19140 | 0.025 | 0.028 | 0.03 |
| 羟苯甲酯 | 0.12 | 0.15 | 0.18 |
| 对羟基苯乙酮 | 0.4 | 0.4 | 0.5 |
| 香精 | 0.008 | 0.01 | 0.012 |
| 水 | 86.867 | 75.352 | 69.678 |

**《制备方法》**

(1) 将鲸蜡硬脂醇/鲸蜡硬脂基葡糖苷、甘油硬脂酸酯/PEG-100 硬脂酸酯、鲸蜡醇棕榈酸酯、$C_{20}$～$C_{22}$醇磷酸酯/$C_{20}$～$C_{22}$醇、生育酚乙酸酯、辛酸/癸酸甘油三酯、聚二甲基硅氧烷、羟苯甲酯加入油相锅中，搅拌加热至 75～85℃，完全溶解，得物料 A；

(2) 将卡波姆、水用吊式均质机均质至分散均匀，得物料 B；

(3) 将物料 B 和水、透明质酸钠、聚甘油-10、甘油、丙二醇、甜菜碱、尿囊素加入主锅中，搅拌加热至 80～90℃，加热保温 10～20min，得物料 C；

(4) 开启均质，将物料 A 加入物料 C 中，同时加入丙烯酸羟乙酯/丙烯酰二甲基牛磺酸钠共聚物/角鲨烷/聚山梨醇酯-60/山梨醇酐异硬脂酸酯、三乙醇胺、丙烯酸钠/丙烯酰二甲基牛磺酸钠共聚物/异十六烷/水/山梨醇酐油酸酯/聚山梨醇酯-80，均质5～8min至乳化均匀，保温5～15min后搅拌降温，降至50～60℃，得物料D；

（5）将物料D加入预溶好的水、对羟基苯乙酮以及香精、苯乙基间苯二酚、烟酰胺、中华猕猴桃果提取物、3-*O*-乙基抗坏血酸、月桂氮䓬酮、亚硫酸氢钠、百里香提取物、牡丹美白精华、CI 19140，搅拌至均匀，得物料E；

（6）将物料E降至常温，抽样检验，合格后出料，即得。

**〈产品应用〉** 本品主要用于保湿，改善色素沉积及晦暗肤质，令皮肤白皙，且适用于皮肤损伤的患者。

**〈产品特性〉**

（1）本产品中含有苯乙基间苯二酚、3-*O*-乙基抗坏血酸、百里香提取物、牡丹美白精华、中华猕猴桃果提取物等多种小分子及天然活性成分，可有效渗入角质层，更好地发挥补水、美白、去皱、抗老化的功效；

（2）本产品体系稳定，易渗透吸收，有效补水保湿、淡化斑点、改善暗沉、修复肌肤、延缓皮肤衰老，使肌肤由内而外散发迷人光彩，水嫩亮泽，白皙滢亮；

（3）本产品具有抑菌作用，适用于皮肤损伤的患者使用；

（4）本产品安全稳定，使用后肌肤清爽不黏腻，且制备方法简单，条件可控，工艺稳定，可推广应用。

## 配方60 植物天然保湿温和的山姜防晒乳

**〈原料配比〉**

| 原料 | | 配比(质量份) | | | | | |
|---|---|---|---|---|---|---|---|
| | | 1# | 2# | 3# | 4# | 5# | 6# |
| 植物天然紫外线吸收剂 | 山姜提取物 | 3 | 3 | 3 | 3 | 3 | 3 |
| | 月见草籽粕提取物 | 1 | 7 | 5 | 3 | 2 | 4 |
| 抗炎剂 | 肥皂草提取物 | 0.1 | — | 2 | — | — | — |
| | 牡丹根提取物 | — | 1.5 | — | — | 2.5 | — |
| | 苦参素 | — | — | — | 3 | — | 0.5 |
| 抗氧化剂 | 槐花提取物 | 3 | — | 1.5 | — | — | 1 |
| | 迷迭提取物 | — | 0.5 | — | 2 | 2.5 | — |
| 保湿剂 | 甘油 | 6 | — | 7 | — | 5 | — |
| | 山梨醇 | — | 8 | — | 10 | — | 9 |
| 抗敏剂 | 虎杖根提取物 | 0.3 | — | 0.5 | 1 | — | — |
| | 马齿苋提取物 | — | 0.1 | — | — | 0.8 | 0.2 |
| 酪氨酸酶抑制剂 | 抗坏血酸葡糖苷 | 5 | — | — | — | 4 | — |
| | 氨甲环酸 | — | 0.5 | 2.5 | — | — | — |
| | 荔枝核提取物 | — | — | — | 3 | — | 1 |
| 滋润剂 | 生物糖胶-1 | 3 | — | 1.5 | — | 2.5 | — |
| | 海藻提取液 | — | 0.3 | — | 2 | — | 1 |

续表

| 原料 | | 配比(质量份) | | | | | |
|---|---|---|---|---|---|---|---|
| | | 1# | 2# | 3# | 4# | 5# | 6# |
| 乳化剂 | 甘油硬脂酸酯/PEG-100 硬脂酸酯 | 4 | — | 3.5 | — | 2.5 | — |
| | 甲基葡萄糖倍半硬脂酸酯 | — | 2 | — | 4 | — | 5 |
| 香精 | | 0.01 | 0.055 | 0.03 | 0.04 | 0.02 | 0.01 |
| 防腐剂 | 山梨酸钾 | 0.7 | 0.4 | 0.5 | 0.3 | 0.6 | 0.5 |
| 水 | | 加至 100 | 加至 100 | 加至 100 | 加至 100 | 加至 100 | 加至 100 |

**〈制备方法〉** 将各组分原料混合均匀即可。

**〈产品应用〉** 本品是一种植物天然保湿温和的山姜防晒乳。

**〈产品特性〉** 本品中添加了山姜提取物和月见草籽粕提取物在保持紫外线吸收效果的前提下，有效延长了防晒的时间，防晒效果更持久，有效提升了皮肤的平滑度和紧致性，长期使用可美白皮肤。此外，肥皂草提取物可以消除因紫外线照射引发炎症因子对肌肤的伤害，保护肌肤；槐花提取物能够有效帮助肌肤抵抗紫外线，从而间接起到防晒作用；不仅能够有效吸收紫外线，起到防晒功效，还能够减轻因紫外线照射造成的皮肤损伤症状。

## 配方 61 中药美白淡斑精华乳

**〈原料配比〉**

| 原料 | | 配比(质量份) | | | | | | | |
|---|---|---|---|---|---|---|---|---|---|
| | | 1# | 2# | 3# | 4# | 5# | 6# | 7# | 8# |
| 基础油 | 乳木果油 | 7.5 | 2.5 | 2.5 | 2.5 | 1 | 4 | 4 | 1 |
| | 山茶油 | — | 5 | 5 | 5 | 4 | 6 | 4 | 6 |
| 乳化剂 | 卵磷脂 | 5.5 | 3 | 3 | 3 | 2.5 | 3.5 | 2.5 | 3.5 |
| | 甲基葡萄糖苷倍半硬脂酸酯 | — | 2.5 | 2.5 | 2.5 | 1.5 | 3.5 | 2.5 | 1.5 |
| 增稠剂 | 卡波姆 | 0.3 | — | — | — | — | — | — | — |
| | 聚丙烯酸酯交联聚合物-6 | — | 0.3 | 0.3 | 0.3 | 0.1 | 0.5 | 0.4 | 0.2 |
| 多元醇类保湿剂 | 丁二醇 | 10 | 5 | 5 | 5 | 2.5 | 7.5 | 6 | 3 |
| | 甘油 | — | 5 | 5 | 5 | 2.5 | 7.5 | 7 | 4 |
| 透明质酸 | | 0.1 | 0.1 | 0.1 | 0.1 | 0.01 | 0.2 | 0.15 | 0.05 |
| 防腐剂 | 苯氧乙醇 | 0.6 | 0.5 | 0.5 | 0.5 | 0.25 | 0.75 | 0.75 | 0.25 |
| | 乙基己基甘油 | — | 0.1 | 0.1 | 0.1 | 0.5 | 0.15 | 0.05 | 0.15 |
| 中药提取液 A | | 10 | 10 | 10 | 10 | 5 | 15 | 12 | 7 |
| 中药提取液 A | 独活、荆芥、防风和柴胡 | 67.5 | 67.5 | — | — | — | — | — | — |
| | 独活 | — | — | 7.5 | 7.5 | 5 | 10 | 9 | 6 |
| | 荆芥 | — | — | 7.5 | 7.5 | 5 | 10 | 9 | 6 |
| | 防风 | — | — | 7.5 | 7.5 | 5 | 10 | 9 | 6 |
| | 柴胡 | — | — | 7.5 | 7.5 | 5 | 10 | 9 | 6 |

续表

| 原料 | | 配比(质量份) | | | | | | | |
|---|---|---|---|---|---|---|---|---|---|
| | | 1# | 2# | 3# | 4# | 5# | 6# | 7# | 8# |
| 中药提取液A | 当归 | — | — | 7.5 | 7.5 | 5 | 10 | 9 | 6 |
| | 川芎 | — | — | 7.5 | 7.5 | 5 | 10 | 9 | 6 |
| | 延胡索 | — | — | 7.5 | 7.5 | 5 | 10 | 9 | 6 |
| | 黄芪 | — | — | 7.5 | 7.5 | 5 | 10 | 9 | 6 |
| | 甘草 | — | — | 7.5 | 7.5 | 5 | 10 | 9 | 6 |
| 中药提取液B | | 7.5 | 7.5 | 7.5 | 7.5 | 5 | 10 | 9 | 6 |
| 中药提取液B | 血竭 | 0.5 | 0.5 | 0.5 | 0.5 | 0.5 | 0.5 | 0.5 | 0.5 |
| | 食用乙醇 | 4.5 | 4.5 | 4.5 | 4.5 | 4.5 | 4.5 | 4.5 | 4.5 |
| 小球藻提取物 | | 0.03 | 0.03 | 0.03 | 0.03 | 0.01 | 0.05 | 0.04 | 0.02 |
| 橙花香 | | — | — | — | 1 | 0.1 | 2 | 1.2 | 0.5 |
| 冰片 | | — | — | — | 0.1 | 0.01 | 0.2 | 0.16 | 0.05 |
| 4-甲氧基水杨酸钾(4MSK) | | — | — | — | 3 | 5 | 10 | 9 | 6 |
| 水 | | 加至100 | 加至100 | 加至100 | 加至100 | 加至100 | 加至100 | 加至100 | 加至100 |

**〈制备方法〉** 将所述乳化剂、基础油和水升温至70～90℃，搅拌混合均匀后，加入防腐剂，搅拌均匀，冷却至40～45℃，加入其他原料，在抽真空环境下搅拌均匀，即可过滤出料。其他原料若是包括橙花香和冰片，需将冰片预先溶于橙花香中使用；若是包括4MSK，需将4MSK预先溶于部分水中使用，4MSK与该部分水的质量比为1∶1。

**〈产品应用〉** 本品是一种解决表皮湿热问题、色斑不易复发的中药美白淡斑精华乳。

**〈产品特性〉** 本产品除了能有效祛除色斑外，还能抗炎舒敏，解决目前大多数女性过度使用护肤品带来的过敏问题。

## 配方62 中药美白淡斑乳

**〈原料配比〉**

| 原料 | | 配比(质量份) | | | | | | | |
|---|---|---|---|---|---|---|---|---|---|
| | | 1# | 2# | 3# | 4# | 5# | 6# | 7# | 8# |
| 基础油 | 山茶油 | 7 | 10 | 10 | 10 | 7 | 6 | 8 | 12 |
| | 乳木果油 | 15 | 5 | 5 | 5 | 3 | 4 | 4 | 5 |
| 乳化剂 | 卵磷脂 | 5.5 | 3 | 3 | 3 | 2.5 | 3.5 | 2.5 | 3.5 |
| | 甲基葡萄糖苷倍半硬脂酸酯 | — | 2.5 | 2.5 | 2.5 | 1.5 | 3.5 | 2.5 | 1.5 |
| 增稠剂 | 卡波姆 | 0.3 | — | — | — | — | — | — | — |
| | 聚丙烯酸酯交联聚合物-6 | — | 0.3 | 0.3 | 0.3 | 0.1 | 0.5 | 0.2 | 0.4 |
| 多元醇类保湿剂 | 甘油 | — | 5 | 5 | 5 | 2.5 | 7.5 | 7 | 11 |
| | 丁二醇 | 15 | 10 | 10 | 10 | 7.5 | 12.5 | 6 | 6 |
| 透明质酸 | | 0.03 | 0.03 | 0.03 | 0.03 | 0.01 | 0.05 | 0.02 | 0.04 |

续表

| 原料 | | 配比(质量份) | | | | | | | |
|---|---|---|---|---|---|---|---|---|---|
| | | 1# | 2# | 3# | 4# | 5# | 6# | 7# | 8# |
| 防腐剂 | 乙基己基甘油 | 0.1 | 0.1 | 0.1 | 0.1 | 0.05 | 0.15 | 0.05 | 0.1 |
| | 苯氧乙醇 | 0.6 | 0.5 | 0.5 | 0.5 | 0.25 | 0.75 | 0.45 | 0.7 |
| 中药提取液A | | 20 | 20 | 20 | 20 | 15 | 25 | 17 | 23 |
| 中药提取液B | | 5 | 5 | 5 | 5 | 4 | 6 | 4.5 | 6 |
| 水 | | 加至100 | 加至100 | 加至100 | 加至100 | 加至100 | 加至100 | 加至100 | 加至100 |
| 中药提取液A | 独活 | — | — | 1.25 | 1.25 | 1 | 4 | 2 | 4 |
| | 荆芥 | — | — | 1.25 | 1.25 | 1 | 4 | 2 | 4 |
| | 防风 | — | — | 1.25 | 1.25 | 1 | 4 | 2 | 4 |
| | 柴胡 | — | — | 1.25 | 1.25 | 1 | 4 | 2 | 4 |
| | 当归 | — | — | 1.25 | 1.25 | 1 | 4 | 2 | 4 |
| | 川芎 | — | — | 1.25 | 1.25 | 1 | 4 | 2 | 4 |
| | 延胡索 | — | — | 1.25 | 1.25 | 1 | 4 | 2 | 4 |
| | 黄芪 | — | — | 1.25 | 1.25 | 1 | 4 | 2 | 4 |
| | 甘草 | — | — | 1.25 | 1.25 | 1 | 4 | 2 | 4 |
| 中药提取液B | 血竭 | 0.3 | 0.3 | 0.3 | 0.3 | 0.1 | 0.5 | 0.2 | 0.4 |
| | 食用乙醇 | 4.5 | 4.5 | 4.5 | 4.5 | 4.5 | 4.5 | 4.5 | 4.5 |
| 橙花香 | | — | — | — | 1 | 0.1 | 2 | 0.3 | 1.5 |
| 冰片 | | — | — | — | 0.1 | 0.01 | 0.2 | 0.03 | 0.15 |
| 4-甲氧基水杨酸钾(4MSK) | | — | — | — | 3 | 1 | 5 | 2 | 4 |

**〈制备方法〉**

(1) 将增稠剂、多元醇类保湿剂、透明质酸和水混合后加热至70～90℃，均质5min，保温30～60min，得到A相混合液；

(2) 将乳化剂和基础油混合后加热至70～90℃，然后在搅拌的条件下，加入防腐剂，搅拌均质5～15min，得到B相混合液；

(3) 将A相混合液降温至35～55℃，往A相混合液中加入B相混合液和其他原料，抽真空，搅拌均质5～15min，即可过滤出料，制得所述中药美白淡斑乳。其他原料若是包括橙花香和冰片，需将冰片预先溶于橙花香中使用：若是包括4MSK，需将4MSK预先溶于部分水中使用。

**〈原料介绍〉** 所述中药提取液A由中药经水煎提取制得，所述中药包括独活、荆芥、防风、柴胡、当归、川芎、延胡索、黄芪和甘草。每10质量份中药提取液A由9～36质量份中药用水煎提取制得。

所述中药提取液B为血竭溶于食用级乙醇制得。

**〈产品应用〉** 本品是一种中药美白淡斑乳。

**〈产品特性〉**

(1) 本产品除了能有效祛除色斑外，还能抗炎舒敏，解决目前大多数女性过度使用护肤品带来的过敏问题。

(2) 本产品具有较好的铺展性、渗透性，涂抹在皮肤上能带来顺滑清爽的感受。

# 三、美白精华液

## 配方1 补水美白精华液

《原料配比》

| 原料 | 配比(质量份) | | | |
|---|---|---|---|---|
| | 1# | 2# | 3# | 4# |
| 淘米水 | 40 | 37 | 35 | 45 |
| 透明质酸 | 13 | 11 | 10 | 15 |
| 藏红花提取物 | 2 | 2 | 1 | 3 |
| 乳木果提取物 | 7 | 7 | 5 | 10 |
| 芦荟提取物 | 7 | 6 | 5 | 10 |
| 绞股蓝醇提取物 | 5 | 5 | 3 | 9 |
| 葡萄籽提取物 | 11 | 9 | 8 | 13 |
| 水解珍珠 | 11 | 11 | 6 | 13 |
| 玫瑰花提取物 | 12 | 13 | 11 | 15 |
| 红石榴水 | 9 | 9 | 7 | 13 |
| 洋甘菊提取物 | 3 | 3 | 2 | 5 |
| 红景天提取物 | 7 | 7 | 6 | 9 |
| 青瓜提取物 | 6 | 8 | 4 | 8 |
| 黄芪提取物 | 12 | 13 | 11 | 14 |
| 丁二醇 | 8 | 7 | 6 | 12 |
| 胶原蛋白 | 12 | 8 | 7 | 16 |
| 玉米须提取物 | 9 | 7 | 5 | 13 |
| 蜂蜜 | 3 | 3 | 1 | 6 |
| 烟酰胺 | 1.5 | 1 | 0.5 | 2 |
| 帝王花提取物 | 11 | 11 | 5 | 16 |

《制备方法》

(1) 收集量取淘米水，对淘米水进行灭菌消毒；

(2) 将藏红花提取物、乳木果提取物、芦荟提取物、绞股蓝醇提取物、葡萄籽提取物、玫瑰花提取物、红石榴水、洋甘菊提取物、红景天提取物、青瓜提取物、黄芪提取物、玉米须提取物、烟酰胺和帝王花提取物置入淘米水中，搅拌均匀；

(3) 将透明质酸、水解珍珠、丁二醇、胶原蛋白和蜂蜜放置到淘米水中，充分搅拌均匀，得到补水美白精华液。

**〈产品应用〉** 本品主要用于分解脸上的油污、淡化色素和防止出现脂肪粒等。

**〈产品特性〉** 本品采用淘米水作为水质，淘米水中溶解了一些淀粉、蛋白质、维生素等养分，可以分解脸上的油污，淡化色素和防止出现脂肪粒等。本品中添加了强效补水美白的营养物质，可达到很好的对面部肌肤补水美白的功效，同时不刺激面部皮肤。本品制造方法简单，适合大量生产，节约成本。

## 配方 2 补水美白祛印精华液

**〈原料配比〉**

| 原料 | 配比(质量份) | |
|---|---|---|
| | 1# | 2# |
| 水 | 5 | 10 |
| 1,3-丙二醇 | 0.5 | 1 |
| 丁二醇 | 1 | 2 |
| 抗坏血酸 | 3 | 6 |
| 熊果苷 | 3 | 6 |
| 透明质酸 | 1.5 | 3 |
| 透明质酸钠 | 1.5 | 3 |
| 尿囊素 | 1.5 | 3 |

**〈制备方法〉** 将各组分原料混合均匀即可。

**〈产品应用〉** 本品主要用于补水祛印和美白。

**〈产品特性〉** 本品温和不刺激，可针对性抑制黑色素，可以达到保湿补水、缩小毛孔、提亮肤色、祛印美白、改善肤质的效果。

## 配方 3 茶多酚美白淡斑祛痘精华液

**〈原料配比〉**

| 原料 | 配比(质量份) |
|---|---|
| 水 | 77 |
| 棕榈酸异己酯 | 2 |
| 丙二醇 | 2 |
| 甘油 | 3 |
| 番石榴果提取物 | 1 |
| 黄檗提取物 | 1 |
| 茶多酚 | 3 |
| 三奈提取物 | 3 |
| 冰片 | 0.2 |
| 红没药醇 | 0.1 |

续表

| 原料 | 配比(质量份) |
|---|---|
| 尿囊素 | 0.3 |
| 黄原胶 | 1 |
| 咪唑烷基脲 | 0.1 |

**〈制备方法〉** 将各组分原料混合均匀即可。

**〈产品应用〉** 本品是一种茶多酚美白淡斑祛痘精华液。

使用方法：睡前面部清洁后，将该美白淡斑祛痘精华液涂在脸上后入睡。由于人类蠕形螨虫在避光黑暗中会到皮肤表面进行交配，此时螨虫接触到药物后即被杀灭。

**〈产品特性〉**

(1) 本产品充分利用茶多酚、三奈提取物的消毒、灭菌、抗皮肤老化、减少日光中的紫外线辐射对皮肤的损伤等功效。茶多酚还能够阻挡紫外线和清除紫外线诱导的自由基，从而保护黑色素细胞的正常功能，抑制黑色素的形成。同时茶多酚还能对脂质氧化产生抑制作用，减轻黑色素的沉着。

(2) 本产品祛斑美白效果良好。由于茶多酚和从茶叶中提取的纯天然植物精华对人体无害，可以长期使用，无毒副作用，不会产生依赖，是一种安全有效的护肤品。

## 配方 4 超渗透美白保湿精华液

**〈原料配比〉**

| 原料 | 配比(质量份) | | | | | |
|---|---|---|---|---|---|---|
| | 1# | 2# | 3# | 4# | 5# | 6# |
| 去离子水 | 88 | 90 | 85 | 88 | 87 | 90 |
| 霍霍巴油 | 7 | 5 | 7 | 9 | 8 | 9 |
| 熊果苷 | 2 | 2 | 1 | 3 | 3 | 1 |
| 壬二酸氨基酸钾盐 | 4 | 3 | 4 | 6 | 4 | 5 |
| 羟苯甲酯 | 0.1 | 0.1 | 0.3 | 0.2 | 0.3 | 0.3 |
| 辛基聚甲基硅氧烷 | 7 | 5 | 4 | 10 | 8 | 9 |
| 甘油 | 8 | 8 | 5 | 7 | 9 | 7 |
| 丙二醇 | 9 | 8 | 6 | 8 | 7 | 9 |
| 水溶性神经酰胺 | 3 | 4 | 5 | 4 | 3 | 2 |
| 透明质酸钠 | 0.3 | 0.2 | 0.1 | 0.3 | 0.2 | 0.2 |
| 苯氧乙醇 | 0.2 | 0.3 | 0.3 | 0.2 | 0.2 | 0.1 |
| 三乙醇胺 | 0.1 | 0.07 | 0.05 | 0.05 | 0.08 | 0.1 |
| 卡波姆 | 0.07 | 0.1 | 0.05 | 0.06 | 0.1 | 0.07 |
| 天然植物精华提取物 | 10 | 10 | 9 | 12 | 10 | 11 |

**〈制备方法〉**

(1) 将去离子水、霍霍巴油、熊果苷、壬二酸氨基酸钾盐、羟苯甲酯、辛基聚甲基硅氧烷放入搅拌器中，在800～1500r/min、60～80℃下搅拌20～30min，得到混合物A。

(2) 将甘油、丙二醇、水溶性神经酰胺、透明质酸钠、苯氧乙醇、三乙醇胺放入搅拌器中，在 800～1500r/min、60～80℃下搅拌 20～30min，得到混合物 B。

(3) 将混合物 B 加入乳化均质装置中，再慢慢加入混合物 A，在 2000～3000r/min 速度均质 10～20s。冷却后，加入卡波姆、天然植物精华提取物，用 200～300r/min 速度常温下混合 10～20min，得到乳化物 C。

(4) 用纳米级超高压均质机纳米化乳化物 C，压力控制在 150～200MPa，均质 3 次，最终得到精华液。

**〈原料介绍〉**

所述甘油为生物精化甘油。

所述熊果苷为 $\beta$-熊果苷。

所述天然植物精华提物为石榴精华提取物。

所述石榴精华提取物的制备方法为：

(1) 筛选及脱壳：选择充分成熟的、饱满的石榴果实，去除霉烂、变质、损坏等坏果，用 3 倍以上体积的清水冲洗，阴处吹干。使用石榴去皮机进行脱壳去皮。

(2) 破碎：将石榴果肉和石榴籽用破碎机破碎，破碎机转速设置成 100～150r/min，选取过滤网直径为 1～3mm。果肉充分破碎后，将石榴果肉残渣和石榴汁分开收集待用。

(3) 超声：石榴皮在 30～40℃下烘干，用粉碎机粉碎。将石榴皮与之前的果肉残渣混合，按质量比 1∶10 加入去离子水，混匀搅拌 20min。将混合物放入超声波细胞破碎仪中，在 0～10℃条件下，超声频率 22kHz，超声时间 40～60min。用 10$\mu$m 孔径过滤器过滤超声产物，收集过滤液。将过滤液与步骤 (2) 中的石榴汁充分混合，按质量比 1∶(0.01～0.05) 加入乙二胺四乙酸二钠，40r/min 下搅拌 20～30min，得到混合液。

(4) 发酵液的制备：在步骤 (3) 的混合液中按质量比 1∶(0.01～0.03) 加入谷氨酰胺，加入葡萄糖将含糖量调节至 16%～20%，按质量比 1∶0.2 加入柠檬酸钠，将 pH 值调节至 5.0～5.5。

(5) 发酵：将发酵液倒入彻底灭菌的发酵罐中，按质量比 1∶0.01 添加酵母菌，在 26～28℃条件下进行恒温发酵，搅拌速度为 100～150r/min，发酵时间为 8 天。

(6) 澄清：将发酵液用 100 目过滤网过滤，去除杂质；然后用低速离心机 500～800r/min 离心，去除沉淀。

(7) 浓缩：用冷冻浓缩机浓缩澄清液，浓缩循环为：先将温度降低到 0～－4℃，20～30h，去除冰晶；－4～－10℃，10～20h，去除冰晶，得到浓缩液。

(8) 超滤除菌：用 0.45$\mu$m 除菌过滤膜将步骤 (7) 的浓缩液除菌过滤，得到石榴精华提取物。

**〈产品应用〉** 本品是一种超渗透美白保湿精华液。

**〈产品特性〉**

(1) 本品含有多种安全有效的美白保湿营养成分，特别添加了特制的天然植物石榴精华，营养成分更加丰富、天然、易吸收。

（2）本品进行了充分的乳化和纳米处理，使精华分子达到纳米级，从而具有超渗透的效果，能大大提高肌肤表面的吸收率，避免了大量营养成分堆积而导致的肌肤问题，显著提升了精华液的使用效果。

## 配方 5　含龙涎香的美白护肤液

**原料配比**

| 原料 | | 配比(质量份) | | | | | | | | |
|---|---|---|---|---|---|---|---|---|---|---|
| | | 1# | 2# | 3# | 4# | 5# | 6# | 7# | 8# | 9# |
| 护肤组合物 | 牡丹干细胞提取物 | 20 | 24.9 | 26 | 22 | 24.2 | 25 | 22 | 24.2 | 25 |
| | 草豆蔻提取物 | 8.9 | 10 | 5 | 8 | 9 | 10 | 8 | 9 | 10 |
| | 龙涎香 | 4 | 1 | 3.2 | 1 | 2 | 1.2 | 1 | 2 | 1.2 |
| | 雏菊花提取物 | — | — | — | 5 | 6 | 7 | 8 | 7 | 8 |
| 护肤组合物 | | 7.6 | 7.6 | 7.6 | 7.6 | 7.6 | 7.6 | 7.6 | 7.6 | 7.6 |
| 乳化剂 | 山梨醇橄榄油脂 | 10.3 | 10.3 | 10.3 | 10.3 | 10.3 | 10.3 | 10.3 | 10.3 | 10.3 |
| 保湿剂 | 甘油 | 8 | 8 | 8 | 8 | 8 | 8 | 8 | 8 | 8 |
| 去离子水 | | 加至100 | 加至100 | 加至100 | 加至100 | 加至100 | 加至100 | 加至100 | 加至100 | 加至100 |

**制备方法**

（1）将护肤组合物加入去离子水中，于69℃加热搅拌2h，得到混合物Ⅰ；

（2）向所述混合物Ⅰ中加入乳化剂和保湿剂，于53℃加热搅拌1h，冷却后得到护肤液。

**原料介绍**　所述的牡丹干细胞提取物的制备方法：

（1）选取牡丹茎的一部分进行消毒处理；切碎接种在MS培养基上，25℃下黑暗培养；两周后将增殖的外增殖体取出，分离并转移到继代培养基中培养，每两周继代一次，得到牡丹干细胞；

（2）裂解牡丹干细胞，之后进行冷冻干燥，得到牡丹干细胞提取物。

**产品应用**　本品是一种含龙涎香的美白护肤液。

**产品特性**　本产品包含牡丹干细胞提取物、草豆蔻提取物和龙涎香，均为天然物质，对皮肤无损伤。产品配比科学合理，能滋润皮肤和美白肌肤。

## 配方 6　含有甘蔗提取物的美白修护精华液

**原料配比**

| 原料 | 配比(质量份) | | | | |
|---|---|---|---|---|---|
| | 1# | 2# | 3# | 4# | 5# |
| 馨鲜酮 | 0.5 | 0.75 | 0.85 | 0.8 | 0.1 |
| 己二醇 | 0.5 | 0.75 | 0.85 | 0.8 | 0.1 |
| 甘油 | 2 | 2.5 | 3.5 | 4 | 5 |

续表

| 原料 | 配比(质量份) | | | | |
|---|---|---|---|---|---|
| | 1# | 2# | 3# | 4# | 5# |
| 去离子水 | 40 | 45 | 50 | 50 | 65 |
| 玻尿酸 | 0.3 | 0.35 | 0.45 | 0.5 | 0.7 |
| 水溶性橄榄油 | 1.7 | 1.6 | 1.2 | 1.3 | 1.9 |
| 甘蔗红茶菌发酵液 | 15 | 22 | 23 | 19 | 24.5 |
| 甘蔗提取物 | 8 | 10 | 10 | 9 | 12 |
| 石榴果提取物 | 10 | 12 | 12.5 | 11.5 | 15 |
| 莲花提取物 | 0.5 | 0.75 | 0.6 | 0.75 | 1 |
| 甜橙精油 | 0.3 | 0.35 | 0.35 | 0.4 | 0.5 |

**《制备方法》**

(1) 常温下，将馨鲜酮 0.1～1 份、己二醇 0.1～1 份以及甘油 2～5 份，用 40～65 份去离子水溶解；

(2) 加入玻尿酸 0.3～0.8 份，升温至 60℃，搅拌使其溶解并混合均匀；

(3) 温度保持 60℃，加入水溶性橄榄油 1～2 份，搅拌使其溶解并混合均匀；

(4) 降至室温，依次往步骤 (3) 的溶液中加入甘蔗红茶菌发酵液 15～25 份、甘蔗提取物 8～12 份、石榴果提取物 10～15 份以及莲花提取物 0.5～1 份，混合均匀；

(5) 加入 0.3～0.5 份甜橙精油，混合均匀，即得美白修护精华液。

**《原料介绍》**

所述甘蔗提取物制备方法：

(1) 带皮榨完汁的甘蔗渣 100 份加入质量分数为 0.05%的 NaOH 水溶液 300 份和浓度为 40U/mL 的纤维素酶 2～5 份；

(2) 反应 2h 后加入质量分数为 2%的酸性蛋白酶 3～5 份，常温下反应 2h，过滤，将滤液浓缩到 100 质量份，即得甘蔗提取物。

所述甘蔗红茶菌发酵液制备方法：

(1) 将 4～9 质量份的红茶、45～55 质量份的甘蔗汁以及 900～1200 质量份的去离子水混合煮沸 100～120min，静置冷却后过滤；

(2) 在步骤 (1) 中制备的滤液中加入去离子水，使滤液保持 900～1200 质量份，混匀加入容器中，放入高温灭菌锅中灭菌 20min，灭菌结束后冷却到室温；

(3) 在步骤 (2) 中制备的溶液中加入 45～60 质量份的红茶菌母液，用纱布封口，在常温常压下发酵 7d 后，用筛网过滤，得到甘蔗红茶菌发酵液。

所述水溶性橄榄油制备方法：

(1) 在装有球形回流冷凝管的三颈烧瓶中，加入 100 质量份聚甘油-10 和1～2质量份的饱和磷酸氢二钠溶液；

(2) 在 60℃条件下进行水浴搅拌，反应时间 1h；

(3) 先滴加 12～20 质量份的橄榄油，然后加入 2 质量份的对甲苯磺酸，60℃下继续反应 1h；

(4) 滴加1～2质量份饱和碳酸氢钠溶液至溶液的pH值至6.5～7.5;

(5) 液体冷却后转移至分液漏斗中，直接分离得到下层溶液，即为水溶性橄榄油。

所述的石榴果提取物制备方法:

(1) 将石榴果洗净，风干表面水分;

(2) 称取100质量份风干的石榴果加入反应瓶中，加入300质量份的质量分数为0.05%的NaOH水溶液，60℃恒温搅拌提取2h，冷却至室温后过滤除渣，滤液备用;

(3) 在步骤(2)的滤渣中依次加入100份的去离子水和加入1～8质量份的浓度为60U/mL胰蛋白酶，用氢氧化钠溶液调节pH值=8，在40℃下酶解3h;

(4) 用稀盐酸调节pH值=4.5，加入质量分数为2%的酸性蛋白酶3～5份，常温下反应2h，过滤;

(5) 合并步骤(2)与步骤(4)中的滤液，经过灭酶处理，浓缩到100质量份，过滤，即得石榴果提取物。

所述的莲花提取物制备方法:

(1) 将莲花洗净，风干表面水分;

(2) 称取100质量份风干的莲花加入反应瓶中，加入300质量份的质量分数为0.05%的NaOH水溶液，60℃恒温搅拌提取2h，冷却至室温后过滤除渣，滤液备用;

(3) 在步骤(2)的滤渣中依次加入100份的去离子水和1～8质量份的浓度为60U/mL胰蛋白酶，用氢氧化钠溶液调节pH值=8，在40℃下酶解3h;

(4) 用稀盐酸调节pH值=4.5，加入质量分数为2%的酸性蛋白酶3～5份，常温下反应2h，过滤;

(5) 合并步骤(2)与步骤(4)中的滤液，经过灭酶处理，浓缩到100质量份，过滤，即得莲花提取物。

**〈产品应用〉** 本品是一种含有甘蔗提取物的美白修护精华液。

**〈产品特性〉** 本产品具有原料来源广泛、性能稳定等优点，不仅具有美白保湿的功效，而且能够有效修护受损的表皮细胞，在美白的同时有效提高皮肤屏障保护功能。本产品不需要添加卡松、苯甲酸钠、甲基异噻唑啉酮、山梨酸钾等防腐剂，能够长期使用，不会给皮肤造成副作用，具有温和、低刺激性等优点，能够适用于敏感性肌肤。

## 配方7 红藤美白化妆水

**〈原料配比〉**

| 原料 | | 配比(质量份) | | | | | | |
|---|---|---|---|---|---|---|---|---|
| | | 1# | 2# | 3# | 4# | 5# | 6# | 7# |
| 红藤提取物与花色苷 | 红藤提取物 | 20 | 15 | 6 | 5 | 3 | 2 | 1 |
| | 花色苷 | 1 | 1 | 1 | 1 | 1 | 1 | 1 |

续表

| 原料 | 配比(质量份) | | | | | | |
|---|---|---|---|---|---|---|---|
| | 1# | 2# | 3# | 4# | 5# | 6# | 7# |
| 红藤提取物与花色苷 | 6 | 6 | 6 | 6 | 6 | 6 | 6 |
| 甘油 | 5 | 5 | 5 | 5 | 5 | 5 | 5 |
| 丙二醇 | 3 | 3 | 3 | 3 | 3 | 3 | 3 |
| 尿囊素 | 2 | 2 | 2 | 2 | 2 | 2 | 2 |
| 羟乙基纤维素 | 0.8 | 0.8 | 0.8 | 0.8 | 0.8 | 0.8 | 0.8 |
| 山梨酸钾 | 2 | 2 | 2 | 2 | 2 | 2 | 2 |
| 透明质酸钠 | 0.8 | 0.8 | 0.8 | 0.8 | 0.8 | 0.8 | 0.8 |
| 去离子水 | 加至100 | 加至100 | 加至100 | 加至100 | 加至100 | 加至100 | 加至100 |

**制备方法** 将各组分原料混合均匀即可。

**产品应用** 本品是一种红藤美白化妆水。

**产品特性** 本产品以红藤提取物为主要原料，加入花色苷以及一些基质，具有协同美白效果，特别是红藤提取物与花色苷的质量比在（5∶1）～（6∶1）时，美白效果大幅度提高。

## 配方8 积雪草美白化妆水

**原料配比**

| 原料 | | 配比(质量份) | | | | | | |
|---|---|---|---|---|---|---|---|---|
| | | 1# | 2# | 3# | 4# | 5# | 6# | 7# |
| 积雪草提取物与橙皮苷 | 积雪草提取物 | 20 | 15 | 6 | 5 | 3 | 2 | 1 |
| | 橙皮苷 | 1 | 1 | 1 | 1 | 1 | 1 | 1 |
| 积雪草提取物与橙皮苷 | | 2 | 2 | 2 | 2 | 2 | 2 | 2 |
| 甘油 | | 2 | 2 | 2 | 2 | 2 | 2 | 2 |
| 丙二醇 | | 1 | 1 | 1 | 1 | 1 | 1 | 1 |
| 尿囊素 | | 2 | 2 | 2 | 2 | 2 | 2 | 2 |
| 羟乙基纤维素 | | 0.8 | 0.8 | 0.8 | 0.8 | 0.8 | 0.8 | 0.8 |
| 山梨酸钾 | | 2 | 2 | 2 | 2 | 2 | 2 | 2 |
| 透明质酸钠 | | 0.8 | 0.8 | 0.8 | 0.8 | 0.8 | 0.8 | 0.8 |
| 去离子水 | | 加至100 | 加至100 | 加至100 | 加至100 | 加至100 | 加至100 | 加至100 |

**制备方法** 将各组分原料混合均匀即可。

**产品应用** 本品是一种积雪草美白化妆水。

**产品特性** 本产品以积雪草提取物为主要原料，加入橙皮苷以及一些基质，价格低廉。积雪草提取物与少量的橙皮苷混合对于美白可起到很好的协同效果，特别是积雪草提取物与橙皮苷的质量比在（5∶1）～（6∶1）时，美白效果大幅度提高。

# 配方 9　具有抗衰效果的美白粉底液

**〈原料配比〉**

| 原料 | | 配比(质量份) | | |
|---|---|---|---|---|
| | | 1# | 2# | 3# |
| 竹叶黄酮 | | 1 | 2 | 0.5 |
| 灵芝孢子多糖 | | 3 | 5 | 1 |
| 蜂蜡 | | 0.5 | 1 | 0.2 |
| 维生素 E | | 0.05 | 5 | 0.01 |
| 熊果苷 | | 2 | 5 | 0.1 |
| 间苯二酚衍生物 | 己基间苯二酚 | 1 | — | — |
| | 苯乙基间苯二酚 | — | 2 | — |
| | 二甲氧基甲苯基-4-丙基间苯二酚 | — | — | 0.05 |
| 液体脂质 | 肉豆蔻酸甘油酯 | 5 | — | — |
| | 辛酸/癸酸甘油三酯 | — | 5 | — |
| | 丙二醇单辛酸酯 | — | — | 0.5 |
| | 亚油酸甘油酯 | — | 5 | — |
| | 丙二醇二壬酸酯 | — | — | 0.5 |
| 表面活性剂 | 聚氧乙烯脂肪酸酯 | 10 | — | — |
| | 山梨醇月桂酸酯 | — | 8 | — |
| | 聚氧乙烯氢化蓖麻油 | — | — | 2 |
| | 聚氧乙烯失水山梨醇脂肪酸酯 | — | 7 | — |
| 多元醇 | 甘油 | 4 | — | — |
| | 丙二醇 | — | 10 | — |
| | 聚乙二醇 | 4 | — | — |
| | 1,3-丁二醇 | — | 5 | — |
| | 1,2-戊二醇 | — | — | 1 |
| 纳米珍珠粉 | | 8 | 2 | 15 |
| 调色粉 | | 1 | 0.5 | 4 |
| 生理性海水 | | 加至 100 | 加至 100 | 加至 100 |

**〈制备方法〉**

(1) 将生理性海水在 90～95℃下保持搅拌 15～20min 高温灭菌。待温度降温至 65～85℃时，向其中溶解蜂蜡；

(2) 将所述纳米珍珠粉和调色粉混合碾磨后，与所述液体脂质、表面活性剂和多元醇在 80～85℃搅拌 15～20min，搅拌速度为 40～50r/min；

(3) 将所述步骤 (1) 得到的溶解料液与步骤 (2) 得到的混合物一起均质，均质速度为 1200～1800r/min，均质时间为 3～5min；

(4) 将均质后的物料降温到 48～55℃，加入所述竹叶黄酮、灵芝孢子多糖、熊果苷、间苯二酚衍生物以及维生素 E，搅拌均匀，降至常温。

**〈原料介绍〉** 所述间苯二酚衍生物包括己基间苯二酚、苯乙基间苯二酚、二甲氧基甲苯基-4-丙基间苯二酚中的一种或几种的混合物。

所述液体脂质包括肉豆蔻酸甘油酯、肉豆蔻酸异丙酯、辛酸/癸酸甘油三酯、聚乙二醇月桂酸甘油酯、亚油酸甘油酯、丙二醇单辛酸酯、二辛癸酸丙二醇酯、癸二

酸二乙酯、异壬酸异壬酯、丙二醇二壬酸酯和辛基十二醇肉豆蔻酸酯中的一种或几种的混合物。

所述表面活性剂包括山梨醇月桂酸酯、聚氧乙烯氢化蓖麻油、聚氧乙烯脂肪酸酯、蓖麻油聚氧乙烯醚和聚氧乙烯失水山梨醇脂肪酸酯中的一种或几种的混合物。

所述多元醇包括聚乙二醇、丙二醇、甘油、1,3-丁二醇和1,2-戊二醇中的一种或几种的混合物。

**〈产品应用〉** 本品是一种具有抗衰效果的美白粉底液，适用于各种肌肤。用于面部和颈部，具有滋润延缓肌肤衰老，抗过敏、美白效果。

**〈产品特性〉** 本产品不含有毒物质，可单独涂敷于皮肤。本产品可滋润延缓肌肤衰老，抗过敏、美白效果显著，使用方便。

## 配方10　具有美白功效的组合物

**〈原料配比〉**

| 原料 | 配比(质量份) | | | |
|---|---|---|---|---|
| | 1# | 2# | 3# | 4# |
| 五倍子提取物 | 0.2 | 0.5 | 0.2 | 0.3 |
| 大黄提取物 | 1 | 0.1 | 0.5 | 0.6 |
| 黄芩提取物 | 0.1 | 4 | 0.3 | 2 |
| 维生素C乙基醚 | 2 | 0.1 | 0.5 | 1 |
| 虎杖提取物 | 0.1 | 3 | 0.5 | 0.5 |
| 桑白皮提取物 | 5.3 | 0.1 | 2 | 2 |
| 玉竹提取物 | 0.1 | 3.7 | 2 | 3 |
| 白蔹提取物 | 5 | 0.1 | 2.3 | 2 |
| 冬瓜籽提取物 | 0.1 | 6.9 | 0.4 | 3 |
| 防腐剂 | 适量 | 适量 | 适量 | 适量 |
| 去离子水 | 加至100 | 加至100 | 加至100 | 加至100 |

**〈制备方法〉**

(1) 按所述的质量份称取各个组分；

(2) 将步骤 (1) 称取的各个组分按比例溶于去离子水中，加入防腐剂，分散均匀。

**〈产品应用〉** 本品是一种具有美白功效的组合物。

**〈产品特性〉** 本品以传统中医药理论为基础，以中草药提取物为主，科学配伍，合理组方，可抑制酪氨酸酶活力。

## 配方11　具有美白效果的安全型精华液

**〈原料配比〉**

| 原料 | 配比(质量份) | | | |
|---|---|---|---|---|
| | 1# | 2# | 3# | 4# |
| 结冷胶 | 0.05 | 0.08 | 0.06 | 0.055 |
| 黄原胶 | 0.1 | 0.2 | 0.15 | 0.17 |

续表

| 原料 | | 配比(质量份) | | | |
|---|---|---|---|---|---|
| | | 1# | 2# | 3# | 4# |
| 甘油 | | 5 | 8 | 6 | 5.7 |
| 丙二醇 | | 10 | 12 | 11 | 11.7 |
| 透明质酸钠 | | 0.1 | 0.2 | 0.15 | 0.17 |
| 水解透明质酸 | | 0.2 | 0.3 | 0.2～0.3 | 0.27 |
| 霍霍巴蜡 PEG-120 酯类 | | 0.1 | 0.2 | 0.15 | 0.17 |
| 烟酰胺 | | 1 | 2 | 1.5 | 1.7 |
| 黏度调节剂 | | 0.3 | 0.4 | 0.35 | 0.37 |
| 蜗牛分泌滤液提取物 | | 0.5 | 1 | 0.6 | 0.7 |
| 灵芝提取物 | | 0.5 | 1 | 0.6 | 0.7 |
| 光甘草定 | | 0.005 | 0.01 | 0.0008 | 0.007 |
| EGF | | 0.1 | 0.2 | 0.15 | 0.17 |
| 美白复方 | | 0.5 | 1 | 0.6 | 0.57 |
| 酵母提取物 | | 1 | 2 | 1.5 | 1.7 |
| 曲霉发酵产物提取物 | | 0.5 | 1 | 0.6 | 0.7 |
| 三甲基五苯基三硅氧烷 | | 1 | 2 | 1.5 | 1.7 |
| 去离子水 | | 加至 100 | 68.41 | 74.782 | 73.448 |
| 美白复方 | 玫瑰精油 | 6 | 10 | 8 | 7 |
| | 茉莉精油 | 5 | 8 | 6 | 7 |
| | 葡萄籽精油 | 3 | 5 | 3.5 | 4 |
| | 蜂蜜 | 15 | 20 | 18 | 17 |
| | 珍珠粉 | 2 | 3 | 2.5 | 2 |
| | 洋甘菊精油 | 3 | 5 | 4 | 4 |

**〈制备方法〉**

（1）先在乳化锅内加入去离子水、结冷胶、黄原胶、甘油、丙二醇、透明质酸钠、水解透明质酸、霍霍巴蜡 PEG-120 酯类和烟酰胺，然后升温至 80℃，把物料搅至透明均一的溶液，然后通过保温装置保温 30min；

（2）将步骤（1）制得的混合溶液进行搅拌，然后待其温度降低至 65～60℃时加入黏度调节剂，搅拌 35min，再将温度降至 38～35℃；

（3）将步骤（2）制得的混合溶液的温度降至适合范围后，再加入蜗牛分泌滤液提取物、灵芝提取物、光甘草定、EGF、美白复方、酵母提取物和曲霉发酵产物提取物，搅拌 15min 后，放慢搅拌速度，最后加入三甲基五苯基三硅氧烷，将料体搅拌均匀后检测合格出料。

**〈原料介绍〉** 所述美白复方的制备步骤是：

（1）将原料：玫瑰精油、茉莉精油、葡萄籽精油、洋甘菊精油按所需的质量份数备齐，放置容器中搅拌均匀；

（2）在步骤（1）制得的混合精油中加入蜂蜜和珍珠粉，然后混合搅拌均匀，备用。

**〈产品应用〉** 本品是一种具有美白效果的安全型精华液。

**〈产品特性〉** 本产品在没有添加任何违禁激素或者易分解且有安全风险的美白物质：通过加入蜗牛分泌滤液提取物、灵芝提取物、酵母提取物、曲霉发酵产物提取物等，安全无隐患，在保证安全的同时实现美白效果。

## 配方 12　美白保湿精华液

**〈原料配比〉**

| 原料 | 配比(质量份) | | | | |
|---|---|---|---|---|---|
| | 1# | 2# | 3# | 4# | 5# |
| 白芷提取液 | 30 | 31 | 33 | 34 | 35 |
| 白蒺藜提取液 | 23 | 24 | 25 | 26 | 27 |
| 维生素C乙基醚 | 3 | 5 | 5 | 4 | 6 |
| 十一碳烯酰基苯丙氨酸 | 2 | 4 | 3 | 3 | 5 |
| 海藻糖 | 1 | 1.3 | 1.4 | 1.7 | 2 |
| 四氢姜黄素 | 0.5 | 0.6 | 0.7 | 0.9 | 1 |
| 尼泊金酯 | 0.3 | 0.4 | 0.5 | 0.5 | 0.6 |
| 光甘草定 | 0.8 | 1.1 | 1 | 0.9 | 1.2 |
| 透明质酸 | 1 | 1.8 | 1.6 | 1.2 | 2 |
| 卵磷脂 | 1 | 1.7 | 1.3 | 1.1 | 2 |
| 尿囊素 | 0.2 | 0.3 | 0.4 | 0.4 | 0.5 |
| 聚氧乙烯月桂醇 | 2 | 2.3 | 2.5 | 2.7 | 3 |
| 去离子水 | 75 | 79 | 78 | 76 | 80 |

**〈制备方法〉**

（1）称取白芷提取液、白蒺藜提取液、十一碳烯酰基苯丙氨酸和海藻糖，投入磁力搅拌机中，磁力搅拌混合25～30min，获得第一混合物；

（2）称取四氢姜黄素、透明质酸和卵磷脂，加入第一混合物中，继续磁力搅拌50～55min，出料，获得第二混合物；

（3）称取去离子水，将去离子水和第二混合物一起加至乳化锅中，在60～70℃下均质处理10～15min，获得第三混合物；

（4）保持步骤（3）中乳化锅的温度，将维生素C乙基醚、尼泊金酯、光甘草定、尿囊素和聚氧乙烯月桂醇投入第三混合物中，均质处理20～25min，获得第四混合物；

（5）对第四混合物进行理化性质检测，合格后，出料，即可。

**〈原料介绍〉** 所述白芷提取液制备方法：取白芷，洗净后烘干，切碎，将4～80℃的低温水和切碎后的白芷一起投入超微粉碎机中，进行超微粉碎处理，控制出料细度为100～200μm，获得白芷分散液；对白芷分散液超声波处理50～60min，过滤，获得超微提取液和超微残渣，向超微残渣中加入8～10倍质量的50%乙醇水溶液，加热回流提取1～2h，过滤，获得回流提取液和回流提取残渣，将超微提取液和回流提取液合并，减压蒸发浓缩为原体积的10%～15%，即得白芷提取液。所述低温水的用量为白芷质量的6～8倍。所述白蒺藜提取液的制备方法与白芷提取液的制备方法相同。

《产品应用》 本品是一种美白保湿精华液。

《产品特性》 本产品能够杀菌、控油，改善因使用激素药品而造成的激素依赖性皮炎，改善色素沉着，且具有良好的保湿能力，滋润肌肤，使肌肤美白红润，富有弹性。

## 配方 13 美白保湿原液

《原料配比》

| 原料 | 配比(质量份) | | |
|---|---|---|---|
| | 1# | 2# | 3# |
| 1,3-丁二醇 | 4 | 5 | 5 |
| 丙二醇 | 3 | 4 | 5 |
| 生物糖胶-1 | 5 | 5 | 6 |
| 石斛提取物 | 4 | 5 | 6 |
| 维生素C乙基醚 | 2 | 3 | 5 |
| 烟酰胺 | 2.5 | 3 | 3.5 |
| 杜鹃花酸 | 1 | 2 | 3 |
| 九肽-1 | 1 | 2 | 3 |
| 六肽-2 | 1 | 2 | 3 |
| 透明质酸钠 | 0.25 | 0.4 | 0.5 |
| 生育酚 | 0.5 | 1 | 1.5 |
| 水解胶原 | 0.5 | 1 | 1.5 |
| EDTA二钠 | 0.05 | 0.05 | 0.05 |
| 对羟基苯乙酮 | 0.3 | 0.3 | 0.3 |
| 1,2-己二醇 | 0.3 | 0.3 | 0.3 |
| 去离子水 | 74.6 | 65.95 | 56.35 |

《制备方法》

(1) 将预定质量的去离子水升温至90～100℃，并保温30min；去离子水冷却至50℃时分别将原料维生素C乙基醚、烟酰胺、九肽-1、六肽-2投入罐中，搅拌均匀待用。

(2) 将步骤(1)中的原料和预定量的去离子水依次投入搅拌锅A中，进行搅拌、离心处理，过滤，获得预配液。

(3) 将水相去离子水和丙二醇、生物糖胶-1、1,3-丁二醇、透明质酸钠、EDTA二钠、石斛提取物依次投入搅拌锅B中并搅拌，使EDTA二钠、透明质酸钠均匀溶解在去离子水中，加热至80～100℃，并保温30min。

(4) 将搅拌锅B的混合液搅拌，并冷却至40～70℃。

(5) 将步骤(2)的预配液和生育酚、水解胶原、杜鹃花酸依次投入到步骤(3)的搅拌锅B中，搅拌，搅拌转速为20～30r/min，随后降温至40～50℃时，加入对羟基苯乙酮、1，2-己二醇，并使混合物的pH值为5.3～6.5，且混合物的黏度为

3500～5500mPa·s时，即得成品。

**〈产品应用〉** 本品是一种含有多种美白保湿成分的美白保湿原液。

**〈产品特性〉** 本产品采用具有美白保湿的组分，如九肽-1、六肽-2、维生素C乙基醚、烟酰胺等，能有效弱化黑色素母细胞的活性，减少黑色素的产生量，抑制黑色素的生成，可抑制黑色素输送途径，起到均匀和提亮肤色的效果；具有良好的抗氧化和抗菌消炎效果，与胶原蛋白合成修复皮肤细胞活性，提高皮肤的弹性；可改善皮肤的屏障作用，降低经表皮失水率，提高原液的保湿效果；可减少面部红斑、色素沉积；还具有扩张血管的作用。本产品刺激性小，可用于面部及身体保湿美白护理，可抑制黑色素的合成，令脸部及身体皮肤保持年轻、通透白皙，肤感柔滑而富有弹性，可满足肌肤补水需求。

## 配方 14 美白补水的牡丹皮爽肤水

**〈原料配比〉**

| 原料 | 配比(质量份) | | | | |
|---|---|---|---|---|---|
| | 1# | 2# | 3# | 4# | 5# |
| 牡丹皮提取液 | 38 | 39 | 40 | 41 | 42 |
| 琥珀酸二钠 | 2 | 4 | 3.5 | 3 | 5 |
| 骨胶原 | 5 | 6 | 7 | 8 | 9 |
| 氢化蓖麻油 | 2 | 2.3 | 2.5 | 2.7 | 3 |
| 透明质酸钠 | 0.5 | 1.1 | 0.9 | 0.6 | 1.2 |
| 多聚甘油 | 4 | 7 | 6 | 5 | 8 |
| 阿魏酸 | 2 | 2.2 | 2.5 | 2.8 | 3 |
| 甲基脯氨酸 | 1 | 1.4 | 1.5 | 1.6 | 2 |
| 黄原胶 | 4 | 5 | 5 | 6 | 7 |
| 乳酸钠 | 2 | 4 | 4 | 3 | 5 |
| 丁二醇 | 6 | 9 | 8 | 7 | 10 |
| 去离子水 | 80 | 84 | 83 | 81 | 85 |

**〈制备方法〉**

(1) 称取氢化蓖麻油、多聚甘油、阿魏酸和丁二醇，合并后，在50～60℃下搅拌混合30～40min，获得第一混合物；

(2) 称取琥珀酸二钠、透明质酸钠、乳酸钠和去离子水，在75～80℃下搅拌混合25～30min，获得第二混合物；

(3) 将第一混合物和第二混合物均加入至乳化锅中，在1500～2000r/min、70～75℃下搅拌混合15～20min，然后均质处理5～8min，获得第三混合物；

(4) 将步骤(3)中的乳化锅降温至40～45℃，加入牡丹皮提取液、骨胶原、甲基脯氨酸和黄原胶，在800～1200r/min下搅拌混合20～30min，然后均质处理8～10min，出料，即可。

**〈原料介绍〉** 所述牡丹皮提取液由以下方法制得：取牡丹皮，清洗，烘干，研末，加入6～8倍质量的水，一起投入至高压釜中，在130～135℃、0.5～0.8MPa下搅拌混合1～2h，然后离心处理，获得高压提取液和高压提取残渣，将高压提取残渣加入3～4倍质量的乙醇水溶液，浸泡2～3h，超声波提取40～50min，过滤，获得超声波提取液和超声波提取残渣，将高压提取液和超声波提取液合并，减压蒸发浓缩为原体积的15%～20%，即得牡丹皮提取液。

所述乙醇水溶液的乙醇浓度为70%～80%。

**〈产品应用〉** 本品是一种美白补水的牡丹皮爽肤水。

**〈产品特性〉** 本产品含有牡丹皮和骨胶原，再配合其他组分，能够补充肌肤水分，具有很好的美白作用，可改善肤色，去除皮肤表层角质，淡化色斑，使肌肤红润白皙，增加皮肤的弹性，减少皱纹，达到美白补水的效果。

## 配方15 美白护肤品

**〈原料配比〉**

| 原料 | | 配比(质量份) | | |
|---|---|---|---|---|
| | | 1# | 2# | 3# |
| 第一精华液 | 番茄籽油 | 30 | 80 | 50 |
| | 珍珠粉 | 3 | 10 | 7 |
| | 苹果酸 | 1 | 1.5 | 1 |
| | 柠檬酸 | 2 | 3 | 2.5 |
| | 乳木果油 | 0.5 | 1 | 0.5 |
| | 葡萄籽提取物 | 2 | 8 | 5 |
| | 芦荟汁 | 3 | 7 | 3～7 |
| | 玫瑰花提取液 | 1 | 3 | 1.5 |
| | 有机山毛榉树提取物 | 2 | 5 | 4 |
| | 桑白皮提取物 | 2 | 5 | 4 |
| | 洋甘菊提取物 | 2 | 5 | 4 |
| | 红景天提取物 | 2 | 5 | 4 |
| | 橙皮苷提取物 | 2 | 5 | 4 |
| 第二精华液 | 人参 | 2 | 10 | 6 |
| | 生地黄 | 3 | 10 | 6 |
| | 白芷 | 3 | 10 | 6 |
| | 白芍 | 3 | 10 | 6 |
| | 白术 | 3 | 10 | 6 |
| | 白茯苓 | 3 | 10 | 6 |
| | 白附子 | 2 | 8 | 6 |
| | 当归 | 2 | 8 | 6 |
| | 水 | 100 | 100 | 100 |

**〈制备方法〉**

(1) 将番茄籽油、珍珠粉、苹果酸、柠檬酸、乳木果油、葡萄籽提取物、芦荟汁、玫瑰花提取液、有机山毛榉树提取物、桑白皮提取物、洋甘菊提取物、红景天

提取物、橙皮苷提取物混合成第一精华液；

(2) 将人参、生地黄、白芷、白芍、白术、白茯苓、白附子、当归加入100份水中，通过加热炉煮沸蒸发，滤除残渣并浓缩至30份，得第二精华液，冷却至常温；

(3) 将第一精华液和第二精华液混合搅拌均匀。

**产品应用** 本品是一种美白护肤品。

**产品特性** 本品天然、温和、无刺激，可以长期作润肤保湿之用，对于燥肤质、敏感肤质等都有较好的补水保湿效果，并能预防色素沉着，保持皮肤白皙，可有效抗衰老。

## 配方16 美白化妆水

**原料配比**

| 原料 | 配比(质量份) | | |
|---|---|---|---|
| | 1# | 2# | 3# |
| 白芷提取物 | 5 | 15 | 10 |
| 玫瑰花提取物 | 1 | 5 | 3 |
| 葛根提取物 | 1 | 10 | 6 |
| 桔梗提取物 | 5 | 15 | 10 |
| 积雪草提取物 | 3 | 9 | 6 |
| 芦荟肉提取物 | 2 | 3 | 2.3 |
| 珍珠粉 | 1 | 5 | 1.5 |
| 茵陈蒿提取物 | 11 | 19 | 11.9 |
| 光果甘草提取物 | 5 | 7 | 5.7 |
| 木瓜蛋白酶 | 3 | 5 | 3.5 |
| 维生素E油 | 3 | 5 | 3.5 |
| 维生素B油 | 1 | 5 | 1.5 |
| 去离子水 | 5 | 10 | 8 |

**制备方法** 将各组分原料混合均匀即可。

**产品应用** 本品是一种美白化妆水。

**产品特性** 本品具有美白效果好、见效时间短、天然安全的特点。

## 配方17 美白精华液

**原料配比**

| 原料 | 配比(质量份) | | | | |
|---|---|---|---|---|---|
| | 1# | 2# | 3# | 4# | 5# |
| 去离子水 | 94.69 | 85 | 82.66 | 81.52 | 80.17 |
| 卡波姆 | 0.11 | 0.13 | 0.18 | 0.19 | 0.2 |
| 黄原胶 | 0.12 | 0.15 | 0.17 | 0.12 | 1.65 |

续表

| 原料 | 配比(质量份) | | | | |
|---|---|---|---|---|---|
| | 1# | 2# | 3# | 4# | 5# |
| 甘油 | 2.1 | 2 | 2.4 | 2.2 | 2.75 |
| 丙二醇 | 7 | 6.74 | 8 | 9 | 8.34 |
| 尿囊素 | 0.13 | 0.1 | 0.2 | 0.13 | 0.163 |
| 透明质酸钠 | 0.12 | 0.2 | 0.16 | 0.19 | 0.142 |
| 水解透明质酸 | 0.1 | 0.15 | 0.13 | 0.11 | 0.158 |
| 抗氧化剂 | 0.31 | 0.34 | 0.45 | 0.5 | 0.48 |
| pH 调节剂 | 0.16 | 0.13 | 0.17 | 0.16 | 0.174 |
| 光甘草定 | 0.007 | 0.006 | 0.008 | 0.007 | 0.009 |
| EGF | 0.053 | 0.054 | 0.072 | 0.07 | 0.074 |
| 皮肤调理剂 | 5.1 | 5 | 5.4 | 5.8 | 5.69 |

**《制备方法》**

(1) 根据配方，称取适量原料；

(2) 在乳化锅内加入去离子水、卡波姆、黄原胶、甘油、丙二醇、尿囊素、透明质酸钠、水解透明质酸和抗氧化剂，升温至 75～85℃，将物料搅至透明均一溶液；

(3) 将步骤 (1) 中的透明均一溶液保温 30min；

(4) 将温度降至 60～70℃，加入 pH 调节剂，搅拌 30～40min；

(5) 将温度降至 35～40℃ 左右，加入光甘草定、EGF 和皮肤调理剂，搅拌 15min；

(6) 冷却至室温，成品密封保存。

**《产品应用》** 本品是一种美白精华液。

**《产品特性》** 本产品美白效果好，温和不刺激。

## 配方 18 美白抗衰老精华液

**《原料配比》**

| 原料 | 配比(质量份) | | | | |
|---|---|---|---|---|---|
| | 1# | 2# | 3# | 4# | 5# |
| 去离子水 | 38 | 50 | 38 | 45 | 41.52 |
| 黄原胶 | 0.12 | 0.2 | 0.14 | 0.2 | 0.18 |
| 卡波姆 940 | 0.02 | 0.06 | 0.04 | 0.06 | 0.05 |
| 中药提取液 | 25 | 40 | 30 | 38 | 35 |
| 玫瑰纯露 | 4 | 6 | 4 | 6 | 5 |
| 鞣花酸 | 2 | 4 | 2 | 4 | 3 |
| 透明质酸钠 | 0.05 | 1 | 0.05 | 1 | 0.2 |
| 甘油 | 4 | 6 | 4 | 6 | 5 |
| 丙二醇 | 3 | 6 | 3 | 6 | 5 |
| $\beta$-葡聚糖 | 3 | 6 | 3 | 6 | 5 |

续表

| 原料 | | 配比(质量份) | | | | |
|---|---|---|---|---|---|---|
| | | 1# | 2# | 3# | 4# | 5# |
| 对羟基苯乙酮 | | 0.03 | 0.06 | 0.03 | 0.06 | 0.05 |
| 中药提取液 | 枳实提取液 | 25 | 40 | 25 | 40 | 30 |
| | 土瓜根提取液 | 15 | 25 | 15 | 25 | 20 |
| | 柿子叶提取液 | 45 | 55 | 45 | 55 | 50 |

**《制备方法》**

(1) 称取原料备用。

(2) 中药提取液的制备：

① 对枳实、土瓜根、柿子叶分别进行提取处理，得到枳实、土瓜根、柿子叶的粗提取液；

② 将枳实、土瓜根、柿子叶的提取液分别经 24h 静置，然后 2000 目抽滤得到上清液；

③ 将分别得到的上清液进行低温真空浓缩，得到稠膏；

④ 将稠膏烘干、粉碎，分别得到枳实、土瓜根、柿子叶有效成分的提取物；

⑤ 将上述有效成分的提取物溶解于去离子水中，得到中药提取液。

(3) 功能液的制备：

① 将卡波姆 940、黄原胶加到水中，加热到 75～85℃，使充分溶解并打均质，然后降温到 55～65℃，加入透明质酸钠，搅拌使完全溶解，打均质，待用；

② 将对羟基苯乙酮加入丙二醇中，加热至 55～65℃，并搅拌使完全溶解，待用；

③ 把步骤①和②所得产物混合均匀，并依次加入甘油、β-葡聚糖、鞣花酸和玫瑰纯露，使各物料充分混合溶解，得到功能液。

(4) 美白抗衰老精华液的制备：将中药提取液加入搅拌锅中，充分搅拌均匀后升温至 85～90℃，保温搅拌 15～30min 后降温至 45℃以下；加入功能液，充分搅拌均匀后出料，得美白抗衰老精华液。

**《产品应用》** 本品是一种美白抗衰老精华液。

美白抗衰老精华液在面膜制备中的应用步骤：先将无纺布材料按规格要求冲剪为面型，留双眼、鼻子、嘴，并人工折叠进铝箔袋中；然后利用贴膜灌装机将美白抗衰老精华液灌装进铝箔袋中，封口包装，喷码，即得面膜产品，然后检验合格后入库。

**《产品特性》** 本产品中，中草药提取物的抗衰老、消炎、美白与补充面部皮肤营养结合，除了富含锁水保湿成分透明质酸钠、β-葡聚糖外，还含美白祛斑功能物质鞣花酸、玫瑰纯露、天然柿子叶提取物、消炎的土瓜根提取物、抗衰祛皱的枳实提取物等。利用面膜载体，将锁水保湿和美白成分深入肌肤，由内而外滋润，使皮肤水嫩美白的同时，能很快淡化斑印，延缓皮肤衰老；还适用于功能受损引起的面部皮炎、湿疹皮肤疾病的辅助治疗；本品可保护面部皮肤水分，降低经表皮水分流失，调节皮肤 pH 值及油脂分泌，淡化面部皮肤过敏、黑斑、皱痕等，使皮肤保持光亮润滑、美白、亮丽、健康。

## 配方 19　美白亮肤的组合物

**原料配比**

| 原料 | 配比(质量份) | | |
|---|---|---|---|
| | 1# | 2# | 3# |
| 吴茱萸果提取物 | 2 | 3 | 4 |
| 烟酰胺 | 2 | 2.5 | 3 |
| 桑树皮提取物 | 1 | 2 | 3 |
| α-熊果苷 | 0.5 | 1 | 1.5 |
| 羟乙基哌嗪乙烷磺酸 | 0.2 | 0.5 | 0.8 |
| 甘草提取物 | 0.2 | 0.4 | 0.6 |
| 丁二醇 | 3 | 3 | 3 |
| 甘油 | 5 | 5 | 5 |
| 防腐剂 | 0.15 | 0.1 | 0.25 |
| 香精 | 0.05 | 0.1 | 0.05 |
| 水 | 加至100 | 加至100 | 加至100 |

**制备方法**　将各组分原料混合均匀即可。

**产品应用**　本品是一种美白亮肤的组合物。

**产品特性**

(1) 本产品中有效成分各有特点，从软化更新角质、抑制黑色素合成、抗炎、抗自由基、改善微循环、抗紫外线和污染的侵害等多方面入手，全面协同增效，大大提高了整体效果，以达到减少黑色素、美白及提亮肤色的效果。

(2) 本产品原料温和、稳定性较好，活性成分多是天然植物来源或生物制剂，对肌肤温和，对环境友好，大大降低了配方的刺激性和潜在风险。该组合物不含有有毒物质，没有潜在危害。

## 配方 20　美白提亮组合物

**原料配比**

| 原料 | 配比(质量份) | | | | | | |
|---|---|---|---|---|---|---|---|
| | 1# | 2# | 3# | 4# | 5# | 6# | 7# |
| 卷柏提取物 | 20 | 60 | 40 | 50 | 45 | 45 | 45 |
| 番茄提取物 | 10 | 30 | 20 | 25 | 25 | 25 | 25 |
| 黄葵籽提取物 | 3 | 10 | 5 | 8 | 6 | 6 | 6 |
| 乙酰壳糖胺 | 5 | 20 | 15 | 20 | 18 | 18 | 18 |
| 透明质酸 | 3 | 18 | 10 | 15 | 13 | 13 | 13 |
| 水解透明质酸 | 1 | 10 | 5 | 8 | 6 | 6 | 6 |

续表

| 原料 | 配比(质量份) | | | | | | |
|---|---|---|---|---|---|---|---|
| | 1# | 2# | 3# | 4# | 5# | 6# | 7# |
| 甘草酸二钾 | 1 | 8 | 5 | 7 | 6 | 6 | 6 |
| 去离子水 | 10 | 30 | 20 | 30 | 30 | 130 | 130 |
| 石榴、卷柏、甘草混合物的提取物微胶囊 | — | — | — | — | — | 20 | 20 |
| 石榴籽提取物 | — | — | — | — | — | 8 | 8 |
| 红旱莲提取物 | — | — | — | — | — | 5 | 5 |
| 丝瓜提取物 | — | — | — | — | — | 10 | 10 |
| α-熊果苷 | — | — | — | — | — | 10 | 10 |
| 薏仁提取物 | — | — | — | — | — | 12 | 12 |
| 三七提取物 | — | — | — | — | — | 8 | 8 |
| 金镂梅叶提取物 | — | — | — | — | — | 15 | 15 |
| 洋甘菊提取物 | — | — | — | — | — | 6 | 6 |
| 水飞蓟提取物 | — | — | — | — | — | 4 | 4 |
| 积雪草提取物 | — | — | — | — | — | 10 | 10 |
| 接骨木提取物 | — | — | — | — | — | 7 | 7 |
| 黄瓜提取物 | — | — | — | — | — | 5 | 5 |
| 红景天提取物 | — | — | — | — | — | 8 | 8 |
| 枸杞提取物 | — | — | — | — | — | 4 | 4 |
| 沙棘油 | — | — | — | — | — | 3 | 3 |
| 薰衣草提取物 | — | — | — | — | — | 4 | 4 |
| 富勒烯活性液 | — | — | — | — | — | — | 0.1 |

**《制备方法》**

(1) 将去离子水、卷柏提取物、番茄提取物、黄葵籽提取物、水解透明质酸、甘草酸二钾混合，在30℃下搅拌均匀后，加入透明质酸、乙酰壳糖胺，保持温度，继续搅拌30min后，得到第一产品；

(2) 将石榴籽提取物、红旱莲提取物、丝瓜提取物、α-熊果苷、薏仁提取物、三七提取物、金镂梅叶提取物、洋甘菊提取物、水飞蓟提取物、积雪草提取物、接骨木提取物、黄瓜提取物、红景天提取物、枸杞提取物、沙棘油、薰衣草提取物在室温下混合搅拌60min，再加入石榴、卷柏、甘草混合物的提取物微胶囊、富勒烯活性液，在50℃下搅拌30min，冷却至室温，得到第二产品；

(3) 将第二产品全部加入第一产品中，在－5℃存放24h，得到美白提亮组合物。

**《原料介绍》** 所述石榴、卷柏、甘草混合物的提取物微胶囊的制备方法如下：

(1) 称取石榴、卷柏、甘草，混合后，进行粉碎，得到50g原料，加入300g质量分数为50%乙醇溶液，同时向乙醇溶液中加入0.01g富勒烯活性液，在40℃下，超声60min，得到第一提取物；

(2) 称取10g囊壁材料，溶解在50g去离子水中，待囊壁材料全部溶解，并于室温下加入6g第一提取物，搅拌均匀，超声30min，使其混合均匀，于入口温度

175℃、进料流量 3mL/min、喷嘴头直径 0.7mm 和喷嘴清洗 2 次/min 条件下进行喷雾干燥，得到石榴、卷柏、甘草混合物的提取物微胶囊。

所述囊壁材料为壳聚糖与超支化聚酰胺复合物、阿拉伯胶的混合物，二者质量比为 1∶1。

所述美白提亮组合物为以下形态的制剂：霜剂、颗粒剂、软膏剂、泡沫剂、洗剂、硬膏剂、片剂、乳剂。

**产品应用** 本品是一种美白提亮组合物。

**产品特性** 本产品对酪氨酸酶具有较高的抑制率，并对雾霾等空气污染中出现的大肠杆菌、金黄色葡萄球菌、痤疮丙酸杆菌具有较好的抑菌效果，还具有较好的美白效果。

## 配方 21 祛斑美白的紫草爽肤水

**原料配比**

| 原料 | 配比(质量份) | | | | |
|---|---|---|---|---|---|
| | 1# | 2# | 3# | 4# | 5# |
| 紫草提取液 | 28 | 29 | 30 | 31 | 32 |
| 骨胶原 | 7 | 8 | 9 | 10 | 11 |
| 氢化卵磷脂 | 5 | 7 | 7 | 6 | 8 |
| 透明质酸 | 3 | 5 | 4.5 | 4 | 6 |
| 传明酸 | 2 | 3 | 3 | 4 | 5 |
| 甘草酸二钾 | 2 | 3 | 3.5 | 4 | 5 |
| 山梨醇 | 1 | 1.2 | 1.5 | 1.8 | 2 |
| 燕麦 β-葡聚糖 | 2 | 2.7 | 2.5 | 2.3 | 3 |
| 丁二醇 | 4 | 7 | 6 | 5 | 8 |
| 去离子水 | 75 | 79 | 77 | 76 | 80 |

**制备方法**

(1) 称取紫草提取液、透明质酸和山梨醇，投入反应釜中，在 60～65℃、400～600r/min 下搅拌混合 20～30min，获得第一混合物；

(2) 称取传明酸和燕麦 β-葡聚糖，加入步骤 (1) 中的反应釜中，在 60～65℃、800～1000r/min 下搅拌混合 40～50min，出料，获得第二混合物；

(3) 称取去离子水、氢化卵磷脂和甘草酸二钾，投入乳化锅中，在 75～80℃下均质处理 8～10min，获得第三混合物；

(4) 将步骤 (3) 中的乳化锅降温至 50～55℃，加入第二混合物、骨胶原和丁二醇，均质处理 12～15min，出料，即可。

**原料介绍** 所述紫草提取液由以下方法制得：取紫草，洗净，烘干，研末，加入 8～10 倍质量的乙醇水溶液，浸泡 1～2h，加热回流提取 50～60min，获得回流提取液和回流提取残渣；向回流提取残渣中加入 4～5 倍质量的乙醇水溶液，超声波提取 40～60min，过滤，获得超声波提取液和超声波提取残渣，将回流提取液和超

声波提取液合并，过滤，将滤液减压蒸发浓缩为原体积的18%～22%，即得紫草提取液。

所述乙醇水溶液的乙醇浓度为75%～80%。

**〈产品应用〉** 本品主要用于祛痘、祛斑、消炎、美白。

**〈产品特性〉** 本产品具有显著的祛痘、祛斑、消炎、美白的效果，能够有效补充皮肤流失的胶原蛋白，增加皮肤的弹性，加速痘印和疤痕的新陈代谢，快速祛除痘印和疤痕，改善肤质。

## 配方 22 祛痘印美白爽肤水

**〈原料配比〉**

| 原料 | 配比(质量份) | | |
|---|---|---|---|
| | 1# | 2# | 3# |
| 茉莉花提取液 | 20 | 30 | 25 |
| 山竹提取液 | 5 | 10 | 8 |
| 西瓜皮提取液 | 10 | 20 | 15 |
| 蜂王浆 | 1 | 2 | 1.5 |
| 薏仁 | 2 | 5 | 3 |
| 柠檬酸 | 2 | 5 | 3 |
| 透明质酸钠 | 0.2 | 0.4 | 0.3 |
| 白醋 | 2 | 4 | 3 |
| 甘油 | 10 | 15 | 12 |
| 氯化钠 | 2 | 3 | 2.5 |
| 羟苯丙酯 | 0.5 | 0.7 | 0.6 |
| 茶多酚 | 0.6 | 0.8 | 0.7 |
| 二氧化钛 | 1 | 2 | 1.5 |

**〈制备方法〉**

(1) 将干燥后的2～5份薏仁研磨至20～30μm的固体粉末，然后与0.5～10μm的二氧化钛1～2份混合，充分搅拌均匀，添加30～40份的乙醇溶液，在60～72℃下均质处理，得到悬浊液，备用；

(2) 将新鲜的茉莉花、山竹果肉、西瓜皮投入植物组织捣碎机中捣碎10～20min，过滤提纯，制得具有20～30份茉莉花提取液、5～10份山竹提取液、10～20份西瓜皮提取液的混合液，然后将其倒入提取罐中，在100～120份乙醇溶液（去离子水：乙醇=5：1）中回流搅拌2～4h，回流温度为70～72℃，回流搅拌完成后再次过滤，提取得到植物混合液，再采用超声波旋蒸方法将植物混合液浓缩至80～90份；

(3) 将蜂王浆1～2份、柠檬酸2～5份、透明质酸钠0.2～0.4份、白醋2～4份、甘油10～15份、氯化钠2～3份、羟苯丙酯0.5～0.7份、茶多酚0.6～0.8份投入乳化罐中，抽真空，真空度-0.05～0MPa，然后缓慢加入步骤(1)得到的二氧化钛和薏仁的悬浊液和步骤(2)制备的植物混合液，均质混合2～3h，均质转速

1500～1700r/min，均质温度为88～90℃，最后冷却至室温后停止搅拌，出料，理化检测后，即得所述祛痘印美白爽肤水。

**《产品应用》** 本品主要用于祛痘印的美白爽肤水。

**《产品特性》** 本产品以茉莉花、薏仁、西瓜皮组合，多种植物成分协同作用，能够促进人体皮肤新陈代谢，达到美白滋润皮肤、淡化痘印的功效。

## 配方23 全效美白补水祛皱祛斑祛痘精华液

**《原料配比》**

| 原料 | 配比(质量份) | |
|---|---|---|
| | 1# | 2# |
| 去离子水 | 75 | 5 |
| 甘油 | 7 | 7 |
| 丙二醇 | 7 | 7 |
| 1,2-戊二醇 | 5 | 5 |
| 对羟基苯乙酮 | 0.5 | 0.5 |
| 透明质酸钠 | 0.3 | 0.3 |
| PCA-K | 1.2 | 1.2 |
| 芦芭油 | 3 | 3 |
| 雪莲花提取物 | 5 | 5 |
| 寡肽-1 | 4 | 4 |
| 寡肽-3 | 4 | 4 |
| β-葡聚糖 | 3 | 3 |

**《制备方法》**

(1) 将去离子水、甘油、丙二醇、1，2-戊二醇和对羟基苯乙酮加入搅拌锅，然后开启均质机，转速为30～50r/min，慢慢加入寡肽-1和寡肽-3；

(2) 加热步骤(1)中的溶液，温度达到60～65℃时加入透明质酸钠、PCA-K、芦芭油、雪莲花提取物和β-葡聚糖，继续升温至85℃，均质10min；

(3) 对步骤(2)中的溶液进行检测，合格后降温，出锅。

**《产品应用》** 本品是一种全效美白补水祛皱祛斑祛痘精华液。

**《产品特性》** 本产品制作流程简单，易控制，易操作，生产步骤少，降低了染菌概率。

## 配方24 缬草美白化妆水

**《原料配比》**

| 原料 | 配比(质量份) | | | | |
|---|---|---|---|---|---|
| | 1# | 2# | 3# | 4# | 5# |
| 缬草提取物与七叶皂苷 | — | — | 5 | 5 | 5 |

续表

| 原料 | | 配比(质量份) | | | | |
|---|---|---|---|---|---|---|
| | | 1# | 2# | 3# | 4# | 5# |
| 缬草提取物与七叶皂苷 | 缬草提取物 | 0.2 | 0.3 | 10 | 5 | 2 |
| | 七叶皂苷 | 4 | 4.5 | 1 | 1 | 1 |
| 甘油 | | 5 | 5 | 5 | 5 | 5 |
| 丙二醇 | | 3 | 3 | 3 | 3 | 3 |
| 尿囊素 | | 2 | 2 | 2 | 2 | 2 |
| 羟乙基纤维素 | | 0.8 | 0.8 | 0.8 | 0.8 | 0.8 |
| 山梨酸 | | 2 | 2 | 2 | 2 | 2 |
| 透明质酸钠 | | 0.8 | 0.8 | 0.8 | 0.8 | 0.8 |
| 去离子水 | | 加至100 | 加至100 | 加至100 | 加至100 | 加至100 |

**〈制备方法〉** 将各组分原料混合均匀即可。

**〈产品应用〉** 本品是一种缬草美白化妆水。

**〈产品特性〉** 本产品以缬草提取物为主要原料，加入七叶皂苷以及一些基质，价格低廉。缬草提取物与少量的七叶皂苷混合，可起到很好的协同美白效果，特别是缬草提取物与七叶皂苷的质量比在（10∶1）～（15∶1）时，美白效果大幅度提高。

## 配方 25 植物提取的美白祛斑化妆品

**〈原料配比〉**

| 原料 | 配比(质量份) | | | | | |
|---|---|---|---|---|---|---|
| | 1# | 2# | 3# | 4# | 5# | 6# |
| 维生素C乙基醚 | 2 | 8 | 2 | 7 | 5 | 5 |
| 3-*O*-乙基抗坏血酸 | 4 | 10 | 5 | 9 | 8 | 7 |
| 生物糖胶 | 5 | 15 | 7 | 13 | 12 | 10 |
| 苦参提取物 | 4 | 18 | 6 | 16 | 15 | 11 |
| 甘草提取物 | 8 | 20 | 10 | 18 | 14 | 14 |
| 薄荷提取液 | 4 | 12 | 6 | 11 | 10 | 8 |
| 珍珠粉 | 5 | 16 | 6 | 15 | 13 | 10 |
| 益母草 | 4 | 12 | 5 | 10 | 10 | 8 |
| 白菊花 | 4 | 10 | 6 | 9 | 8 | 7 |
| 款冬花 | 8 | 12 | 9 | 10 | 9 | 10 |
| 去离子水 | 20 | 40 | 25 | 35 | 38 | 30 |

**〈制备方法〉**

（1）将益母草、白菊花、款冬花混合后加入粉碎机中粉碎，之后过100目筛，得到混合物A；粉碎机转速为1000～2000r/min，时间为20min～30min。

（2）将苦参提取物、甘草提取物、薄荷提取液、珍珠粉混合后加入加热锅中，再加入去离子水，加热，温度为50～70℃，时间为10～20min，之后冷却至室温，得到混合物B。

(3) 将混合B加入混合物A中，再依次加入维生素C乙基醚、3-*O*-乙基抗坏血酸、生物糖胶，在常温下充分混合后，放置2h，即得到本化妆品。

**〈产品应用〉** 本品主要用于消除色素沉着，淡化皮肤出现的皱纹和色斑，使皮肤更加细腻、光滑、嫩白和富于弹性。

**〈产品特性〉** 本产品可以加快皮肤代谢，促进皮肤血液循环，增加皮肤营养，还能有效去除自由基。此外，本产品制备方法操作简单，能够防止有效成分流失，进一步提高了化妆品的使用效果。

# 四、美白面膜

## 配方1 补水保湿、抗衰美白凝胶面膜

**原料配比**

| 原料 | 配比(质量份) | | | | |
|---|---|---|---|---|---|
| | 1# | 2# | 3# | 4# | 5# |
| 大分子透明质酸（分子量 $1.8\times10^6$） | 1.5 | 2 | 1 | 1.2 | 2 |
| 尿素 | 0.5 | 1 | 1 | 0.8 | 1 |
| 银耳多糖提取物 | 0.085 | 0.068 | 0.034 | 0.017 | 0.10 |
| 大花紫薇多酚提取物 | 0.03 | 0.02 | 0.04 | 0.05 | 0.08 |
| 四磷酸二鸟苷 | 0.05 | 0.02 | 0.03 | 0.07 | 0.1 |
| 聚甘油-2 | 0.12 | 0.08 | 0.10 | 0.15 | 0.2 |
| 超分子水凝胶基质 | 4 | 5 | 4 | 4 | 5 |
| 去离子水 | 30 | 40 | 30 | 30 | 40 |

**制备方法** 将各组分溶于水中，搅拌均匀，均质后灌装即得。

**原料介绍**

所述的超分子水凝胶基质由如下质量份数的原料制备而成：瓜尔胶羟基丙基三甲基氯化铵 10～20 份，肌醇六磷酸 3～9 份，甲基异噻唑啉酮 1～3 份。

所述的超分子水凝胶基质的制备包括以下步骤：取瓜尔胶羟基丙基三甲基氯化铵溶于水，制成质量体积浓度为 6%～8%的水溶液，然后加热至 55～60℃，缓慢滴加预先溶解好的质量体积浓度为 2%～3%的肌醇六磷酸水溶液，在搅拌状态下反应 2～3h，加入甲基异噻唑啉酮，搅拌均匀，反应 30～40min，冷却至室温，干燥，即得超分子水凝胶基质。

本品中的大分子保湿剂为大分子透明质酸、胶原蛋白、壳聚糖及其衍生物中的至少一种；小分子保湿剂为山梨醇、木糖醇、双丙甘醇、1,2-己二醇、神经酰胺、吡咯烷酮羧酸钠、角鲨烷、1-乳酸钠、尿素、丝肽中的至少一种。

所述的大花紫薇多酚提取物的制备包括以下步骤：

(1) 多酚粗提取：称取 10g 干燥大花紫薇叶粗粉置于烧杯中，然后按1g：(10～

20)mL 的料液比加入体积分数为 70%的乙醇，在 20℃条件下用超声波提取两次；将提取液离心分离，合并上清液，减压浓缩，将浓缩液冷冻干燥，即得大花紫薇多酚粗提物，将多酚粗提物置于 4～6℃冰箱中保存，待用。

(2) 纯化：

① 大孔树脂预处理：将 AB-8 大孔树脂在无水乙醇中浸泡 24h，使树脂充分溶胀并除去表面杂质，然后用 95%乙醇溶液进行润洗，直至无浑浊现象出现，再用水洗至无醇味，接着用 5%HCl 溶液和 5%NaOH 溶液分别浸泡 2h，最后水洗至中性，备用；

② 吸附与解吸：取已预处理的 AB-8 树脂 1.0g，加入 0.5mg/mL 大花紫薇粗提物乙醇溶液 20mL，混合摇匀，在恒温振荡器中吸附 2h，然后，控制吸附温度为 25℃，依次用去离子水（pH 值=5）和 60%乙醇洗脱，弃去水洗脱液，收集 60%乙醇洗脱液，真空度为 0.04MPa，50～60℃回收乙醇，浓缩至浸膏，干燥，即得精制大花紫薇多酚提取物。

所述的银耳多糖提取物的制备包括以下步骤：

(1) 将新鲜的银耳去根置于烘箱中，65℃烘干，粉碎，用无水乙醇浸泡 12h，抽滤干燥，备用；

(2) 取步骤 (1) 得到的银耳 10g，按 1g∶(100～150)mL 的液料比加入去离子水，调节 pH 值为 8.5～9.0，超声 30min 后置于 90℃水浴加热 1.5h，离心，取上清液；将滤渣按上述步骤重提一次，合并上清液，旋蒸至原来体积的 1/5，得物料；

(3) 往步骤 (2) 得到的物料中加入其体积 80 倍的无水乙醇，静置 12h，离心，取固体，烘干，即得银耳多糖提取物。

**〈产品应用〉** 本品是一种补水保湿、抗衰美白凝胶面膜。

**〈产品特性〉** 本产品具有多种护肤功效：补水保湿、美白祛斑、去皱抗衰，护肤效果显著；且具有较佳的抗菌性，高温稳定性佳，其黏性较常规的凝胶面膜低，易于涂抹，需要清除时不会粘拉汗毛，避免引起不适，提升使用者的舒适感。

## 配方 2 高效美白补水面膜液及面膜

**〈原料配比〉**

| 原料 | | 配比(质量份) | | | | | |
|---|---|---|---|---|---|---|---|
| | | 1# | 2# | 3# | 4# | 5# | 6# |
| 去离子水 | | 100 | 100 | 100 | 100 | 100 | 100 |
| 保湿剂 | | 6 | 13 | 8.6 | 8.6 | 8.6 | 8.6 |
| 皮肤调理剂 | | 3 | 9 | 5.5 | 5.5 | 5.5 | 5.5 |
| 皮肤调理剂 | 尿囊素 | 3 | 7 | 5 | 6 | 5 | 5 |
| | 神经酰胺 | 1 | 5 | 3 | 3 | 3 | 3 |
| | β-葡聚糖 | 35 | 44 | 40 | 42 | 40 | 40 |
| | 欧龙胆根和葡萄籽提取物 | 36 | 42 | 41 | 39 | 41 | 41 |
| | 海月水母和大米提取物 | 16 | 23 | 22 | 18 | 22 | 22 |
| 保湿剂 | 小分子多元醇 | 3 | 3 | 3 | 3 | 3 | 3 |
| | 糖类保湿剂 | 0.06 | 0.13 | 0.08 | 0.11 | 0.11 | 0.11 |
| | 氨基酸类保湿剂 | 1 | 1 | 1 | 1 | 1 | 1 |

续表

| 原料 | | 配比(质量份) | | | | | |
|---|---|---|---|---|---|---|---|
| | | 1# | 2# | 3# | 4# | 5# | 6# |
| 小分子多元醇 | 甘油 | 1 | 1 | 1 | 1 | 1 | 1 |
| | 2-甲基-1,3-丙二醇 | 1 | 1.5 | 1.4 | 1.4 | 1.4 | 1.4 |
| | 二丙二醇 | 1.2 | 2 | 1.7 | 1.7 | 1.7 | 1.7 |
| 糖类保湿剂 | 透明质酸 | 1 | 1 | 1 | 1 | 1 | 1 |
| | 海藻糖 | 1 | 1.2 | 1.05 | 1.05 | 1.05 | 1.05 |
| 透明质酸 | 大分子透明质酸钠 | 0.1 | 0.1 | 0.1 | 0.1 | 0.1 | 0.1 |
| | 中分子透明质酸钠 | 1 | 1 | 1 | 1 | 1 | 1 |
| | 小分子透明质酸钠 | 2 | 2 | 2 | 2 | 2 | 2 |
| 助剂 | | — | — | — | — | — | 0.24 |
| 助剂 | 螯合剂 EDTA 二钠 | — | — | — | — | — | 1 |
| | 增稠剂卡波姆 981 | — | — | — | — | — | 2 |
| | pH 调节剂三乙醇胺 | — | — | — | — | — | 5 |

**《制备方法》**

(1) 向盛有去离子水的配置锅中加入保湿剂，在 80℃下 25～40Hz 搅拌至完全溶解；降温至 40℃，向配置锅中加入皮肤调理剂和助剂，20～35Hz 搅拌至均匀；待温度降至室温，200 目滤布过滤，得到所述的高效补水面膜液。

(2) 所述的面膜包括：作为载体的面膜基质，以及所述的高效补水面膜液。面膜基质用以吸附面膜液。

**《原料介绍》**

所述的欧龙胆根和葡萄籽提取物的制备方法，至少包括以下步骤：分别取冷冻干燥的欧龙胆根和葡萄籽，粉碎，过 60 目筛，按照欧龙胆根和葡萄籽质量比为 35∶1 均匀混合，用质量分数为 75%的乙醇回流提取 2～4h，提取 3～4 次，合并提取液，过滤，喷雾干燥，即得。

所述的海月水母和大米提取物是先将海月水母和大米用淀粉酶或蛋白酶进行酶解，并加入发酵菌种进行发酵所制得的物质。

所述的面膜基质并没有特别的限制，如无纺布、纯棉布/果蔬纤维、硅胶、琼脂等制成的水晶凝胶、植物纤维、生物纤维、蚕丝、生物炭等。

**《产品应用》** 本品是一种高效美白补水面膜液及面膜，适用于绝大部分肤质。

**《产品特性》** 本产品的主要活性成分都是天然成分提取物，不仅对皮肤无刺激，还能刺激皮肤细胞活性，增强皮肤自身的免疫保护功能，高效修护皮肤屏障，兼具美白、补水、舒缓、保湿等多个功效。

## 配方 3 含石榴精华的美白保湿面膜

**《原料配比》**

| 原料 | 配比(质量份) | | | | | |
|---|---|---|---|---|---|---|
| | 1# | 2# | 3# | 4# | 5# | 6# |
| 去离子水 | 87 | 90 | 83 | 90 | 88 | 85 |

续表

| 原料 | 配比(质量份) | | | | | |
|---|---|---|---|---|---|---|
| | 1# | 2# | 3# | 4# | 5# | 6# |
| 霍霍巴油 | 7 | 5 | 8 | 4 | 7 | 6 |
| 烟酰胺 | 0.9 | 1 | 0.6 | 0.8 | 0.5 | 1 |
| 壬二酸氨基酸钾盐 | 6 | 4 | 5 | 3 | 5 | 6 |
| 甜菜碱 | 1.9 | 1.5 | 1.98 | 2 | 1.5 | 1.7 |
| 氯苯甘醚 | 0.1 | 0.2 | 0.1 | 0.3 | 0.2 | 0.3 |
| 辛基聚甲基硅氧烷 | 8 | 6 | 4 | 5 | 10 | 4 |
| 甘油 | 7 | 10 | 5 | 7 | 6 | 9 |
| 2-甲基-1,3-丙二醇 | 9 | 8 | 7 | 5 | 8 | 8 |
| 水溶性神经酰胺 | 3 | 4 | 5 | 4 | 3 | 34 |
| 透明质酸钠 | 0.3 | 0.2 | 0.2 | 0.3 | 0.15 | 0.1 |
| 苯氧乙醇 | 0.15 | 0.1 | 0.2 | 0.3 | 0.1 | 0.15 |
| 三乙醇胺 | 0.06 | 0.07 | 0.1 | 0.05 | 0.07 | 0.05 |
| 红没药醇 | 0.1 | 0.08 | 0.05 | 0.07 | 0.08 | 0.05 |
| 卡波姆 | 0.07 | 0.1 | 0.05 | 0.07 | 0.06 | 0.1 |
| 石榴精华提取物 | 11 | 12 | 10 | 9 | 10 | 12 |

**制备方法**

（1）将去离子水、霍霍巴油、烟酰胺、壬二酸氨基酸钾盐、甜菜碱、氯苯甘醚、辛基聚甲基硅氧烷放入搅拌器中，在 800～1500r/min，60～80℃下搅拌20～30min，得到混合物 A。

（2）将甘油、2-甲基-1，3-丙二醇、水溶性神经酰胺、透明质酸钠、苯氧乙醇、三乙醇胺、红没药醇放入搅拌器中，在 800～1500r/min、60～80℃下搅拌 20～30min，得到混合物 B。

（3）将混合物 B 加入乳化均质装置中，再慢慢加入混合物 A，在 2000～3000r/min 速度下均质 10～20s，冷却后，加入卡波姆、石榴精华提取物，在 200～300r/min 速度、常温下混合 10～20min，得到乳化物 C。

（4）用纳米级超高压均质机纳米化乳化物 C，压力控制在 150～200MPa，均质 3 次，最终得到精华液。

（5）将生物纤维面膜基材及配套珠光膜进行杀菌辐照后，贴合折叠装入铝箔袋，输送到包装生产线，灌装机注入精华液后再次进行杀菌辐照，封口机封口。

**原料介绍**

所述石榴精华提取物的制备方法为：

（1）筛选及脱壳：选择充分成熟的、饱满的石榴果实，去除霉烂、变质、损坏等坏果，用 3 倍以上体积的清水冲洗，阴处吹干，使用石榴去皮机进行脱壳去皮。

（2）破碎：将石榴果肉和石榴籽用破碎机破碎，破碎机转速设置为 100～150r/min，选取过滤网直径为 1～3mm，果肉充分破碎后，将石榴果肉残渣和石榴汁分开收集待用。

（3）超声：石榴皮在 30～40℃下烘干，用粉碎机粉碎，将石榴皮与之前的果肉

残渣混合，按质量比1∶10加入去离子水，混匀搅拌20min，将混合物放入超声波细胞破碎仪，在0～10℃、超声频率22kHz条件下，超声40～60min，用10μm孔径过滤器过滤超声产物，收集过滤液，将过滤液与步骤（2）中的石榴汁充分混合，按质量比1∶（0.01～0.05）加入乙二胺四乙酸三钠，40r/min下搅拌20～30min，得到混合液。

（4）发酵液制备：在步骤（3）的混合液中按质量比1∶（0.01～0.03）加入谷氨酰胺，加入葡萄糖，将含糖量调节至16%～20%，按质量比1∶0.2加入柠檬酸钠，将pH值调节至5.0～5.5。

（5）发酵：将发酵液倒入彻底灭菌的发酵罐中，按质量比1∶0.01添加酵母菌，在26～28℃条件下进行恒温发酵，搅拌速度为100～150r/min，发酵时间为8d。

（6）澄清：将发酵液用100目过滤网过滤，去除杂质，然后用低速离心机，500～800r/min离心，去除沉淀。

（7）浓缩：用冷冻浓缩机浓缩澄清液，浓缩循环为：先将温度降低到0～－4℃，20～30h，去除冰晶；－4～－10℃，10～20h，去除冰晶，得到浓缩液。

（8）超滤除菌：用0.45μm除菌过滤膜将步骤（7）的浓缩液除菌过滤，得到石榴精华提取物。

**〈产品应用〉** 本品是一种含石榴精华的美白保湿面膜。

**〈产品特性〉**

（1）本品含有多种安全有效的美白保湿营养成分，特别添加天然植物石榴精华，营养成分更加丰富、天然、易吸收。面膜精华液进行了充分的乳化和纳米处理，使精华分子达到纳米级，从而产生了超渗透的效果，能大大提高肌肤表面的吸收率，避免了大量营养成分堆积而导致的肌肤问题，可显著提升精华面膜使用效果。

（2）使用由木醋杆菌自然发酵制成的生物纤维作为面膜基材，具有超强的亲肤性，能贴入皱纹与皮丘深处的包覆能力较一般布织面膜的敷面效果更好，可紧贴肌肤不脱落，大大提高了面膜的吸收率，达到了更佳的使用效果。

## 配方4 含益生菌发酵液的美白面膜液

**〈原料配比〉**

| 原料 | 配比(质量份) | |
|---|---|---|
| | 1# | 2# |
| 丙三醇 | 7 | 9 |
| 儿茶胺 | 0.4 | 0.6 |
| 琼脂糖 | 1.5 | 1.8 |
| EDTA二钠 | 0.06 | 0.08 |
| 去离子水 | 75 | 80 |
| 硬脂酸-1-抗坏血酸酯 | 1.2 | 1.4 |

续表

| 原料 | | 配比(质量份) | |
|---|---|---|---|
| | | 1# | 2# |
| 花生醇山嵛酸酯 | | 0.3 | 0.5 |
| 花生甘醇 | | 3 | 5 |
| 印蒿油 | | 1.1 | 1.3 |
| 聚二甲基硅氧烷 | | 4.2 | 4.5 |
| 硼硅酸钠钙 | | 0.05 | 0.08 |
| 磺基琥珀酸-1,4-二戊酯钠盐 | | 0.7 | 0.9 |
| 鲸蜡硬脂醇橄榄油酸酯 | | 2.4 | 2.7 |
| 生育酚乙酸酯 | | 1.1 | 1.3 |
| 二氢羊毛甾醇 | | 2.2 | 2.5 |
| 己二酸/环氧丙基二亚乙基三胺共聚物 | | 0.3 | 0.4 |
| 尿囊素半乳糖醛酸 | | 2.1 | 2.2 |
| 丙二醇 | | 5 | 6 |
| 益生菌发酵液 | | 3.3 | 3.6 |
| 稳定剂 | 2-氨基丁醇 | 0.4 | 0.6 |
| 三甘醇 | | 2.1 | 2.3 |
| 防腐剂 | 山梨酸 | 0.4 | |
| | 苯氧乙醇 | | 0.4 |
| 抗氧剂 | 抗坏血酸 | 0.2 | |
| | α-硫辛酸 | | 0.3 |

**〈制备方法〉**

(1) 将丙三醇、儿茶胶、琼脂糖、EDTA二钠和去离子水于70℃下搅拌均匀得A相;

(2) 将硬脂酸-1-抗坏血酸酯、花生醇山嵛酸酯、花生甘醇、印蒿油、聚二甲基硅氧烷、硼硅酸钠钙、磺基琥珀酸-1,4-二戊酯钠盐、鲸蜡硬脂醇橄榄油酸酯、生育酚乙酸酯和二氢羊毛甾醇混合,70℃下搅拌均匀得B相;

(3) 将己二酸/环氧丙基二亚乙基三胺共聚物、尿囊素半乳糖醛酸和丙二醇混合,60℃下搅拌均匀得C相,备用;

(4) 将益生菌发酵液、稳定剂2-氨基丁醇和三甘醇混合均匀得D相,备用;

(5) 将A相与B相混合,然后升温至80℃均质2～3min;然后加入C相,在4000r/min的转速下均质10min;降温至45℃加入D相,在5000r/min的转速下均质20min;降至室温,加入防腐剂和抗氧剂,在3000r/min的转速下均质30min,得含益生菌发酵液的美白面膜液。

**〈产品应用〉** 本品是一种含益生菌发酵液的美白面膜液。

**〈产品特性〉**

本产品理化性质稳定,在高温和低温条件下均未出现分层、析出颗粒或其他不均一现象;在自然光照条件下连续放置30d后未出现变色、变味和其他异常现象,稳定性良好。

# 配方 5 含有骨胶原的美白面膜液

**《原料配比》**

| 原料 | 配比(质量份) | | | | |
|---|---|---|---|---|---|
| | 1# | 2# | 3# | 4# | 5# |
| 吡啶-3-甲酰胺 | 4 | 5 | 6 | 7 | 8 |
| 熊果苷 | 9 | 10 | 11 | 11 | 12 |
| 骨胶原 | 2 | 2.5 | 3 | 3.5 | 4 |
| 马齿苋提取液 | 15 | 18 | 17 | 16 | 19 |
| 菟丝子提取液 | 7 | 10 | 9 | 8 | 11 |
| 黄原胶 | 0.5 | 0.8 | 0.7 | 0.6 | 0.8 |
| 烟酰胺 | 2 | 3 | 3.5 | 4 | 5 |
| 甘油 | 1.2 | 1.4 | 1.5 | 1.6 | 1.8 |
| 甘草酸二钾 | 2.1 | 2.2 | 2.3 | 2.5 | 2.6 |
| 氢化卵磷脂 | 1 | 1.7 | 1.5 | 1.3 | 2 |
| 氨丁三醇 | 0.3 | 0.6 | 0.5 | 0.4 | 0.7 |
| 三乙醇胺 | 5 | 7 | 6 | 6 | 8 |
| 去离子水 | 95 | 96 | 97 | 98 | 100 |

**《制备方法》**

(1) 称取吡啶-3-甲酰胺、马齿苋提取液和烟酰胺，合并后投入搅拌机中，搅拌混合 40～50min，出料，得第一混合物；

(2) 称取菟丝子提取液、熊果苷和甘草酸二钾，合并后投入搅拌机中，搅拌混合 50～60min，出料，得第二混合物；

(3) 将第一混合物和第二混合物合并，并加入氨丁三醇和三乙醇胺，一起投入磁力搅拌机中，在 50～60℃下磁力搅拌 45～50min，得第三混合物；

(4) 称取去离子水、黄原胶和氢化卵磷脂，投入乳化锅中，在 75～80℃下均质处理 10～15min，得混合物 A；

(5) 将乳化锅温度降温至 55～60℃，加入骨胶原、甘油和第三混合物，继续均质处理 30～35min，出料，得混合物 B；

(6) 对混合物 B 进行性质检测，合格后，即得所述含有骨胶原的美白面膜液。

**《原料介绍》** 所述马齿苋提取液由以下方法制得：取马齿苋，洗净，烘干，研末；加入 10～12 倍质量的水，浸泡 2～3h，煎煮 1～2h，获得一次煎煮液和一次煎煮残渣；向一次煎煮残渣中加入 6～8 倍质量的水，浸泡 1～2h，煎煮 0.5h，获得二次煎煮液和二次煎煮残渣；将一次煎煮液和二次煎煮液合并，过滤，减压蒸发浓缩为原体积的 15%～20%，即得马齿苋提取液。

所述菟丝子提取液由以下方法制得：取菟丝子，清洗，烘干，在 160～180℃下烘焙处理 30～40min，研磨；然后加入 7～8 倍质量的水，浸泡 2～3h，煎煮 1～2h，获得煎煮液和煎煮残渣；向煎煮残渣中加入 4～5 倍质量的水，超声波处理 50～60min，过滤，获得超声波提取液和超声波提取残渣；将煎煮液和超声波提取液合并，减压蒸发浓缩为原体积的 25%～30%，即得菟丝子提取液。

**〈产品应用〉** 本品是一种含有骨胶原的美白面膜液。

**〈产品特性〉** 本品具有优异的美白效果，且不刺激皮肤，能够有效抑制黑色素沉积，长期使用能够淡化黑色素，起到明显的增白效果。

## 配方 6　含有蜗牛黏液与玻尿酸的保湿美白面膜液

**〈原料配比〉**

| 原料 | 配比(质量份) |
|---|---|
| 芦荟提取液 | 13～20 |
| 雪莲花萃取液 | 8～15 |
| 小分子量透明质酸溶液 | 2～5 |
| 黄瓜提取物 | 3～8 |
| 纳米珍珠粉 | 0.1～0.5 |
| 蜗牛黏液提取物溶液 | 15～25 |
| 维生素 E | 0.5～1 |
| 增稠剂 | 2～4 |
| 玫瑰精油 | 1～3 |
| 去离子水 | 30～45 |

**〈制备方法〉**

(1) 将去离子水加热至 45℃，加入量取好的除增稠剂外的其他原料，在 800r/min 下均匀搅拌 2h，得到溶液 A；

(2) 将准备好的增稠剂平均分成四份依次加入溶液 A 中搅拌，每小时加一份，在 1000r/min 下剧烈搅拌 24h，冷却至室温，得到成品溶液 B；

(3) 灌装。

**〈原料介绍〉** 所述蜗牛黏液提取物溶液是由购买的蜗牛黏液冻干粉与去离子水配制而成，所述蜗牛黏液提取物溶液浓度为 2%～5%。

所述小分子量透明质酸溶液，其分子量为 200000～400000，其溶液的浓度为 0.5%～1%。

所述增稠剂为小分子量海藻酸钠，其分子量为 8000～10000。

**〈产品应用〉** 本品是一种含有蜗牛黏液与玻尿酸的保湿美白面膜液。

**〈产品特性〉** 本产品不含重金属、防腐剂，所用原料均为天然成分经人工提取而得，人体易吸收，能够抑制皮肤变黑，保持肌肤水分，具有保湿美白的效果。

## 配方 7　红藤美白面膜

**〈原料配比〉**

| 原料 | 配比(质量份) | | | | | | |
|---|---|---|---|---|---|---|---|
| | 1# | 2# | 3# | 4# | 5# | 6# | 7# |
| 红藤提取物 | 20 | 15 | 10 | 8 | 5 | 2 | 1 |
| 花色苷 | 1 | 1 | 1 | 1 | 1 | 1 | 1 |

续表

| 原料 | 配比(质量份) | | | | | | |
|---|---|---|---|---|---|---|---|
| | 1# | 2# | 3# | 4# | 5# | 6# | 7# |
| 维生素E磷酸酯镁 | 15 | 15 | 15 | 15 | 15 | 15 | 15 |
| 聚甘油-3双异硬脂酸酯 | 28 | 28 | 28 | 28 | 28 | 28 | 28 |
| 甘醇酸 | 24 | 24 | 24 | 24 | 24 | 24 | 24 |
| 亚麻油 | 30 | 30 | 30 | 30 | 30 | 30 | 30 |
| 透明质酸 | 40 | 40 | 40 | 40 | 40 | 40 | 40 |

**制备方法** 将红藤提取物与花色苷混合，依次加入维生素E磷酸酯镁、聚甘油-3双异硬脂酸酯、甘醇酸、亚麻油，加热搅拌溶解，将其降温至约30～50℃，加入透明质酸，使其溶解，得到油相，将水相加热到约90℃左右，搅拌加入油相，匀浆，进行乳化搅拌，冷却降温，成膏即得。

**原料介绍** 所述红藤提取物的制作工艺为：

（1）将真空干燥后的红藤在粉碎机中粉碎，得到红藤粉末，将红藤粉末置于超临界萃取的萃取釜中。

（2）使用超临界$CO_2$作为溶剂，浓度为65%的乙醇作夹带剂。

（3）调节萃取釜，将萃取压力控制在25～30MPa，温度控制在45℃，$CO_2$流量控制在9L/h，萃取时间控制在2h，得红藤提取物。

**产品应用** 本品是一种红藤美白面膜。

**产品特性** 本产品以红藤提取物为主要原料，加入花色苷以及一些基质，价格低廉。红藤提取物与少量的花色苷混合，具有很好的协同美白效果，特别是红藤提取物与花色苷的质量比在(5∶1)～(6∶1)时美白效果大幅度提高。

## 配方8 积雪草美白面膜

**原料配比**

| 原料 | 配比(质量份) | | | | | | |
|---|---|---|---|---|---|---|---|
| | 1# | 2# | 3# | 4# | 5# | 6# | 7# |
| 积雪草提取物 | 20 | 15 | 10 | 8 | 5 | 2 | 1 |
| 橙皮苷 | 1 | 1 | 1 | 1 | 1 | 1 | 1 |
| 维生素E磷酸酯镁 | 15 | 15 | 15 | 15 | 15 | 15 | 15 |
| 聚甘油-3双异硬脂酸酯 | 28 | 28 | 28 | 28 | 28 | 28 | 28 |
| 甘醇酸 | 24 | 24 | 24 | 24 | 24 | 24 | 24 |
| 亚麻油 | 30 | 30 | 30 | 30 | 30 | 30 | 30 |
| 透明质酸 | 40 | 40 | 40 | 40 | 40 | 40 | 40 |

**制备方法** 将积雪草提取物与橙皮苷混合，依次加入维生素E磷酸酯镁、聚甘油-3双异硬脂酸酯、甘醇酸、亚麻油，加热搅拌溶解，将其降温至约30～50℃，加入透明质酸，使其溶解，冷却降温，成膏即得。

**〈原料介绍〉** 所述的积雪草提取物的制作工艺为：

（1）将真空干燥后的积雪草在粉碎机中粉碎，得到积雪草粉末，将其置于超临界萃取的萃取釜中。

（2）使用超临界 $CO_2$ 作为溶剂，浓度为65%的乙醇作夹带剂。

（3）调节萃取釜，将萃取压力控制在25～30MPa，温度控制在45℃，$CO_2$ 流量控制在9L/h，萃取时间控制在2h，得积雪草提取物。

**〈产品应用〉** 本品是一种积雪草美白面膜。

**〈产品特性〉** 本产品以积雪草提取物为主要原料，加入橙皮苷以及一些基质，价格低廉。积雪草提取物与少量的橙皮苷混合，具有很好的协同美白效果，特别是积雪草提取物与橙皮苷的质量比在(5∶1)～(6∶1) 时美白效果大幅度提高。

## 配方 9 具有抗菌祛痘功效的美白保湿面膜

**〈原料配比〉**

| 原料 | | 配比(质量份) | | |
|---|---|---|---|---|
| | | 1# | 2# | 3# |
| 艾叶精油 | | 0.2 | 0.3 | 0.4 |
| 曲酸双棕榈酸酯 | | 1 | 2 | 3 |
| 抗敏剂 | 马齿苋黄酮 | 0.1 | 0.3 | 0.5 |
| 神经酰胺 | | 1 | 2 | 3 |
| 角鲨烷 | | 0.5 | 1.5 | 2.5 |
| 透明质酸 | | 0.1 | 0.3 | 0.5 |
| 岩藻多糖 | | 0.5 | 2 | 3 |
| 尿囊素 | | 0.5 | 1 | 1.5 |
| 烟酰胺 | | 2 | 3 | 4 |
| 谷胱甘肽 | | 0.01 | 0.03 | 0.05 |
| 乳化剂 | 单硬脂酸甘油酯 | 1 | 2 | 3 |
| 防腐剂 | 苯氧乙醇 | 0.16 | 0.24 | 0.32 |
| | 乙基己基甘油 | 0.04 | 0.06 | 0.08 |
| 去离子水 | | 65 | 75 | 85 |

**〈制备方法〉**

（1）将艾叶精油、曲酸双棕榈酸酯、抗敏剂、角鲨烷和乳化剂置于油相锅中，搅拌并加热至70～80℃，搅拌均匀得到油相A；

（2）水相锅中放入去离子水，并加入透明质酸、岩藻多糖和尿囊素，搅拌并加热至50～60℃，搅拌均匀得水相B；

（3）将步骤（1）得到的油相A和步骤（2）得到的水相B混合，得物料C；

（4）将步骤（3）得到的物料C降温至30～40℃，加入烟酰胺和谷胱甘肽，并搅拌均匀，降至室温后加入神经酰胺和防腐剂，即得。

**〈原料介绍〉** 所述的曲酸双棕榈酸酯的制备方法：

（1）向磁力搅拌反应釜中加入25.64g棕榈酸和二氯亚砜23.79g，然后加入

0.5g 五甲基二乙烯三胺，加热至 60℃，搅拌反应 2h，反应结束后将磁力搅拌反应釜中的反应物倒入蒸馏器，70℃旋转蒸除二氯亚砜，即得棕榈酰氯；

(2) 取 100mL 三口烧瓶，加入 15g 曲酸，用 60mL 丙酮和吡啶体积比为5∶1的溶液溶解，将 10g 步骤 (1) 得到的棕榈酰氯滴入三口烧瓶中，室温下反应 2h 后，用冷却水洗涤后抽滤，干燥即得。

所述的抗敏剂为马齿苋黄酮，其提取方法为：称取马齿苋 300g，60℃下烘干，粉碎过 80 目筛后置于500mL 锥形瓶中，用 300mL 石油醚 80℃回流 3h，得滤液Ⅰ和滤渣；滤渣烘干后用 300mL 乙醇 85℃回流 2h，得滤液Ⅱ；合并滤液Ⅰ和Ⅱ，浓缩干燥，即得。

所述的乳化剂为单硬脂酸甘油酯。

所述的防腐剂由苯氧乙醇和乙基己基甘油按质量比 4∶1 组成。

**《产品应用》** 本品是一种具有抗菌祛痘功效的美白保湿面膜。

**《产品特性》** 本产品不仅具有很好的美白保湿效果，且抑菌祛痘效果良好，可以有效解决由于面膜营养成分过多滋生细菌，青春期的少男少女脸上油脂分泌过多导致粉刺的烦恼，以及挤破痘后容易感染等问题。

## 配方 10 美白保湿枸杞发酵液面膜

**《原料配比》**

| 原料 | | 配比(质量份) | | | | | |
|---|---|---|---|---|---|---|---|
| | | 1# | 2# | 3# | 4# | 5# | 6# |
| 去离子水 | | 25 | 40 | 30 | 40 | 35 | 30 |
| 枸杞发酵液 | | 20 | 22 | 25 | 35 | 30 | 28 |
| 聚谷氨酸 | 分子量为 95 万 | 2 | — | — | — | — | 3 |
| | 分子量为 91 万 | — | 4 | — | — | — | — |
| | 分子量为 100 万 | — | — | 3 | 3 | — | — |
| | 分子量为 101 万 | — | — | — | — | 4 | — |
| 维生素 C | | 0.3 | 0.4 | 0.4 | 0.5 | 0.4 | 0.4 |
| 芦荟汁 | | 15 | 16 | 17 | 20 | 18 | 16 |
| 珍珠粉 | 粒径为 100nm | 10 | — | 15 | 15 | 13 | 12 |
| | 粒径为 200nm | — | 12 | — | — | — | — |
| 丙二醇 | | 0.3 | 0.4 | 0.8 | 0.8 | 0.6 | 0.5 |
| 低聚壳聚糖 | 分子量为 1300 | 2 | — | — | — | — | — |
| | 分子量为 1600 | — | 5 | — | — | — | 3 |
| | 分子量为 1400 | — | — | 4 | — | 4 | — |
| | 分子量为 1500 | — | — | — | 3 | — | — |
| 灵芝发酵液 | | 10 | 5 | 6 | 7 | 6 | 8 |
| 地榆提取物 | | 6 | 3 | 4 | 5 | 5 | 5 |
| 当归提取物 | | 1 | 3 | 2 | 2.5 | 2 | 2 |
| 普鲁兰多糖 | 分子量为 20 万 | 2 | — | — | 3 | — | — |
| | 分子量为 25 万 | — | 4 | — | — | — | — |
| | 分子量为 30 万 | — | — | 5 | — | 5 | 5 |

续表

| 原料 | | 配比(质量份) | | | | | |
|---|---|---|---|---|---|---|---|
| | | 1# | 2# | 3# | 4# | 5# | 6# |
| 枸杞发酵液 | 干枸杞 | 1 | 1 | 1 | 1 | 1 | 1 |
| | 水 | 8 | 8 | 15 | 15 | 15 | 15 |
| | 酵母提取物 | 0.1 | 0.1 | 0.4 | 0.4 | 0.4 | 0.4 |
| | 磷酸氢二钾 | 0.03 | 0.03 | 0.2 | 0.2 | 0.2 | 0.2 |
| | 硫酸镁 | 0.01 | 0.01 | 0.2 | 0.2 | 0.2 | 0.2 |
| | 柠檬酸三铵 | 0.1 | 0.1 | 0.2 | 0.2 | 0.2 | 0.2 |
| | 硫酸锰 | 0.001 | 0.001 | 0.005 | 0.005 | 0.005 | 0.005 |

**〈制备方法〉**

(1) 将聚谷氨酸和珍珠粉溶于去离子水中，并搅拌均匀，使其成为黏稠状的液体；

(2) 将芦荟汁加入上述液体中，再依次加入维生素C、丙二醇、普鲁兰多糖、枸杞发酵液、低聚壳聚糖、灵芝发酵液、地榆提取物和当归提取物，搅拌混匀，得到面膜原液；

(3) 将面膜原液灭菌后，再将水刺无纺布面膜巾在面膜原液中浸泡，然后真空封装，即得枸杞面膜。

**〈原料介绍〉** 所述枸杞发酵液是将干枸杞与水按质量比1∶(8～15)混合，充分打浆，制得基础液；向基础液中加入以下质量分数的物质：酵母提取物0.1%～0.4%，磷酸氢二钾0.03%～0.2%，硫酸镁0.01%～0.2%，柠檬酸三铵0.1%～0.2%，硫酸锰0.001%～0.005%，充分混匀后灭菌；接种乳酸菌，置于摇床上180r/min，30℃，培养48h，得到枸杞发酵原液；将该发酵原液过滤除菌，保留上清液，并将上清液的pH值调至中性，得到枸杞发酵液。灵芝发酵液和枸杞发酵液的制备方法相同。

所述当归提取物和地榆提取物的提取方法为：将要制备的提取物粉碎后，加入体积分数为30%～95%的乙醇溶液，过滤；然后将过滤液浓缩后置于大孔吸附树脂柱上，用同样体积分数的乙醇溶液洗脱后，干燥即得所述提取物。

**〈产品应用〉** 本品是一种美白保湿枸杞发酵液面膜。

**〈产品特性〉** 本产品无毒、温和不刺激，其有效成分可通过水合作用被皮肤吸收，防止角质层中的水分蒸发减少，具有优良的补水保湿、滋润皮肤、补充营养、软化角质、美白祛斑、防止老化、隔离防护、改善肤质、保持肌肤活力的作用；适用于各种肤质。

## 配方11 美白补水面膜液

**〈原料配比〉**

| 原料 | 配比(质量份) | | |
|---|---|---|---|
| | 1# | 2# | 3# |
| 桦树汁 | 80 | 100 | 90 |

续表

| 原料 | 配比(质量份) | | |
|---|---|---|---|
| | 1# | 2# | 3# |
| 白芷提取物 | 40 | 80 | 60 |
| 碳酸氢钠粉 | 8 | 10 | 9 |
| 葛根提取物 | 2 | 4 | 3 |
| 珍珠粉 | 1 | 5 | 3 |
| 透明质酸钠 | 0.01 | 0.1 | 0.05 |
| 牛油果树果脂 | 3 | 5 | 4 |
| 阿胶精华 | 1 | 3 | 2 |
| 尿囊素 | 1 | 3 | 2 |
| 角鲨烷 | 3 | 5 | 4 |
| 芦芭胶油 | 2 | 4 | 3 |
| 自乳化单甘酯 | 3 | 8 | 5 |
| 三乙醇胺 | 0.01 | 0.05 | 0.03 |
| 玫瑰花提取液 | 1 | 3 | 2 |
| 蛋清 | 1 | 3 | 2 |
| 青瓜提取液 | 1 | 2 | 1.5 |
| 石榴提取液 | 1 | 3 | 2 |
| 燕麦粉 | 4 | 6 | 5 |
| 白及 | 2 | 4 | 3 |
| 金银花 | 3 | 5 | 4 |
| 槐米 | 1 | 3 | 2 |
| 黄芪 | 5 | 7 | 6 |

**制备方法**

(1) 按质量份数取桦树汁、白芷提取物、碳酸氢钠粉、葛根提取物、珍珠粉，均匀混合，得混合物A，备用；

(2) 按质量份数取透明质酸钠、牛油果树果脂、阿胶精华、尿囊素、角鲨烷、芦芭胶油、自乳化单甘酯、三乙醇胺，混合均匀，得混合物B，备用；

(3) 按质量份数取燕麦粉、白及、金银花、槐米、黄芪，混合后，加入水提取两次，每次加入水量为上述原料药总质量的5～6倍，每次提取时间0.5～1h，过滤，合并煎煮液后，浓缩至加入水总体积的1/10，得煎煮液，备用；

(4) 将混合物A与混合物B分别加热至85℃，将加热后的混合物B投入乳化锅中，并按质量份数加入玫瑰花提取液、蛋清、青瓜提取液、石榴提取液，搅拌均质5min，再投入加热后的混合物A，乳化均质8min，然后保温30min抽真空；

(5) 将步骤(4)中均质化后的溶液冷却，待冷却至40℃后，加入煎煮液，再次充分搅拌，混合均匀后，即得面膜液。

**产品应用** 本品是一种美白补水面膜液。

**产品特性**

(1) 本产品含有中药材提取成分，更天然，更安全；采用玫瑰花提取液、蛋清、青瓜提取液、石榴提取液等天然成分，不含有香精、防腐剂以及杀菌剂，对皮肤滋养的同时不产生副作用；可美白去皱，增加皮肤弹性，使皮肤细腻、光滑、有光泽，可作为面膜类护肤产品长期使用。

（2）本产品制备工艺简单，分三步进行混合，能有效乳化和均质化。

## 配方 12 美白润肤面膜

**〈原料配比〉**

| 原料 | 配比(质量份) | | |
|---|---|---|---|
| | 1# | 2# | 3# |
| 甘油 | 5 | 8 | 10 |
| 聚二甲基硅氧烷 | 5 | 8 | 10 |
| 霍霍巴油 | 5 | 8 | 10 |
| 鲸蜡硬脂醇 | 5 | 6 | 7 |
| 烷基糖苷 | 2 | 3 | 4 |
| 维生素 C | 1 | 2 | 3 |
| 银杏提取液 | 1 | 2 | 3 |
| 玫瑰精油 | 1 | 2 | 3 |
| 人参提取液 | 1 | 2 | 3 |
| 中药美白成分 | 3 | 5 | 8 |
| 去离子水 | 加至 100 | 加至 100 | 加至 100 |

**〈制备方法〉** 将各组分原料混合均匀即可。

**〈产品应用〉** 本品是一种美白润肤面膜。

**〈产品特性〉** 本产品配方合理，成本低，能够有效抑制皮肤变黑，长时间保持皮肤水润，同时可提亮肤色，使皮肤细腻光滑。

## 配方 13 美白面膜

**〈原料配比〉**

| 原料 | | 配比(质量份) | | |
|---|---|---|---|---|
| | | 1# | 2# | 3# |
| 竹叶黄酮 | | 1 | 2 | 0.5 |
| 灵芝孢子多糖 | | 3 | 5 | 1 |
| 蜂蜡 | | 0.5 | 1 | 0.2 |
| 维生素 E | | 0.05 | 5 | 0.01 |
| 熊果苷 | | 2 | 5 | 0.1 |
| 间苯二酚衍生物 | 己基间苯二酚 | 1 | — | — |
| | 苯乙基间苯二酚 | — | 2 | — |
| | 二甲氧基甲苯基-4-丙基间苯二酚 | — | — | 0.05 |
| 液体脂质 | 肉豆蔻酸甘油酯 | 5 | — | — |
| | 辛酸/癸酸甘油三酯 | — | 5 | — |
| | 丙二醇单辛酸酯 | — | — | 0.5 |
| | 亚油酸甘油酯 | — | 5 | — |
| | 丙二醇二壬酸酯 | — | — | 0.5 |

续表

| 原料 | | 配比(质量份) | | |
|---|---|---|---|---|
| | | 1# | 2# | 3# |
| 表面活性剂 | 聚氧乙烯脂肪酸酯 | 10 | — | — |
| | 山梨醇月桂酸酯 | — | 8 | — |
| | 聚氧乙烯失水山梨醇脂肪酸酯 | — | 7 | — |
| | 聚氧乙烯氢化蓖麻油 | — | — | 2 |
| 多元醇 | 聚乙二醇 | 4 | — | — |
| | 丙二醇 | — | 10 | — |
| | 1,3-丁二醇 | — | 5 | — |
| | 1,2-戊二醇 | — | — | 1 |
| | 甘油 | 4 | — | — |
| 生理性海水 | | 加至100 | 加至100 | 加至100 |

**〈制备方法〉**

(1) 将生理性海水高温灭菌，即在90～95℃下保持搅拌15～20min。待温度降至65～85℃时，向其中溶解蜂蜡。

(2) 将表面活性剂、液体脂质和多元醇在80～85℃下搅拌15～20min；搅拌速度为40～50r/min。

(3) 将所述步骤 (1) 得到的溶解料液与步骤 (2) 得到的混合物一起均质；均质速度为1200～1800r/min，均质时间为3～5min。

(4) 将均质后的物料降温到48～55℃，加入所述竹叶黄酮、灵芝孢子多糖、熊果苷、间苯二酚衍生物以及维生素E，搅拌均匀，调节pH值至5～7，降至常温。

**〈产品应用〉** 本品是一种美白面膜。

**〈产品特性〉** 本产品不含有毒物质，可单独涂敷于皮肤，也可将无纺布等面膜基质浸泡于本面膜中，涂敷于皮肤，主要用于面部和颈部。本产品可延缓肌肤衰老，抗过敏、美白效果显著，具有平衡肌肤水油平衡、延缓肌肤衰老、提高皮肤水润、细腻嫩滑等多重功效，适用于各种肌肤人群，使用方便。

## 配方14 美白嫩肤面膜液及面膜

**〈原料配比〉**

| 原料 | 配比(质量份) | | |
|---|---|---|---|
| | 1# | 2# | 3# |
| 水 | 82 | 85 | 80 |
| 丙烯酸酯类/$C_{10}$～$C_{30}$烷醇丙烯酸酯交联聚合物 | 0.2 | 0.4 | 0.2 |
| 丁二醇 | 8 | 6 | 8 |
| 甘油 | 6 | 4 | 7 |
| 尿囊素 | 0.2 | 0.1 | 0.4 |
| 透明质酸 | 0.1 | 0.2 | 0.15 |
| 水溶性红没药醇 | 0.5 | 0.5 | 0.9 |
| 甘草酸二钾 | 0.1 | 0.1 | 0.2 |

续表

| 原料 | | 配比(质量份) | | |
|---|---|---|---|---|
| | | 1# | 2# | 3# |
| 维生素 E | | 0.2 | 0.4 | 0.35 |
| 小核菌胶 | | 1.2 | 1.8 | 1.0 |
| 生长因子 | | 0.0002 | 0.0003 | 0.00015 |
| 去红血丝素复合物 | | 1.2 | 0.8 | 1.2 |
| pH 调节剂 | 碳酸钠 | 0.2 | — | 0.4 |
| | 氢氧化钠饱和溶液 | — | 0.4 | — |
| 防腐剂 | 羟苯甲酯 | 0.1 | — | 0.2 |
| | 抗菌肽 DC | — | 0.3 | — |
| 生长因子 | 表皮生长因子 | 4 | 3 | 4 |
| | 角质细胞生长因子 | 1 | 1 | 1 |

**〈制备方法〉**

(1) 向 90%～99%质量的水中加入丙烯酸酯类/$C_{10}$～$C_{30}$烷醇丙烯酸酯交联聚合物，加热至 80～88℃，均质，得到 A 相；称取丁二醇、甘油、尿囊素和透明质酸，搅拌均匀，得到 B 相；称取水溶性红没药醇，得到 C 相；称取甘草酸二钾，并用 1%～10%质量的水溶解，得到 D 相；称取维生素 E 和小核菌胶，搅拌均匀，得到 E 相；称取生长因子和去红血丝素复合物，搅拌均匀，得到 F 相。

(2) 向 A 相中加入 B 相，搅拌均匀，保温 20～60min；降温至 50～58℃，加入 C 相和 D 相，搅拌均匀；继续降温至 38～42℃，加入 E 相、F 相和防腐剂，搅拌均匀；加入 pH 调节剂调节 pH 值，检验合格后过滤出料，即得到美白嫩肤面膜液。

**〈原料介绍〉** 所述面膜载体选自无纺布、蚕丝或蕾丝。

**〈产品应用〉** 本品主要用于滋润补水、美白嫩肤、抗皱等。

**〈产品特性〉** 本品将去红血丝素复合物与表皮生长因子、角质细胞生长因子按一定的比例复配使用，可显著提高面膜液的美白嫩肤功效，增强对自由基等伤害的抵御能力。此外，去红血丝素复合物的存在，对保持生长因子的长期稳定性起到至关重要的作用，无需添加特定的肽类成分。本面膜液质量稳定性好，可有效改善肤质。

## 配方 15 美白祛斑面膜液

**〈原料配比〉**

| 原料 | 配比(质量份) | | | | |
|---|---|---|---|---|---|
| | 1# | 2# | 3# | 4# | 5# |
| 紫苏籽油 | 3 | 4 | 4.5 | 5 | 6 |
| 珍珠水解液 | 13 | 14 | 15 | 16 | 17 |
| 白兰花提取液 | 10 | 11 | 13 | 14 | 15 |
| 积雪草提取液 | 6 | 7 | 8 | 8 | 9 |
| 沙棘提取液 | 8 | 11 | 10 | 9 | 12 |

续表

| 原料 | 配比(质量份) | | | | |
|---|---|---|---|---|---|
| | 1# | 2# | 3# | 4# | 5# |
| 柚皮苷 | 2 | 4 | 3 | 3 | 5 |
| 卵磷脂 | 1 | 1.7 | 1.5 | 1.3 | 2 |
| 尿囊素 | 0.5 | 0.8 | 0.7 | 0.6 | 0.9 |
| 熊果苷 | 0.8 | 0.9 | 1 | 1.1 | 1.2 |
| 甘油 | 1 | 1.4 | 1.7 | 1.9 | 2 |
| 月桂醇聚氧乙烯醚 | 2 | 2.2 | 2.4 | 2.7 | 3 |
| 羊胎盘素 | 0.7 | 1.0 | 0.9 | 0.8 | 1.1 |
| 海藻糖 | 1.3 | 1.6 | 1.5 | 1.4 | 1.7 |
| 去离子水 | 130 | 138 | 135 | 132 | 140 |
| 1,3-丁二醇 | 4 | 5 | 6 | 7 | 8 |

**制备方法**

(1) 称取紫苏籽油、白兰花提取液、柚皮苷和羊胎盘素，放入乳化锅中，在50～55℃下均质处理10～15min，出料，得混合物A；

(2) 称取卵磷脂、尿囊素和海藻糖，加入混合物A中，然后送入超声波处理器中，超声处理50～60min，得混合物B，备用；

(3) 称取去离子水、珍珠水解液、积雪草提取液和熊果苷，放入乳化锅中，在75～80℃下均质处理8～10min，得混合物C；

(4) 将步骤(3)中乳化锅的温度降至50～55℃，将沙棘提取液、甘油、1,3-丁二醇、月桂醇聚氧乙烯醚和混合物B加入混合物C中，均质处理15～20min，得混合物D；

(5) 对混合物D进行理化性质检测，检测合格后出料，即可。

**原料介绍** 所述白兰花提取液由以下方法制得：取白兰花，洗净后，烘干，研末，送入渗漉器中，采用10～12倍质量的乙醇水溶液进行渗漉处理，获得渗漉提取液和渗漉提取残渣；向渗漉提取残渣中加入3～4倍质量的乙醇水溶液，浸泡3～5h，超声波处理40～50min，获得超声波提取液和超声波提取残渣；将超声波提取液与渗漉提取液合并，减压蒸发浓缩为原体积的15%～20%，即得白兰花提取液。

所述积雪草提取液由以下方法制得：取积雪草，洗净后，烘干，研末，送入渗漉器中，采用14～15倍质量的乙醇水溶液进行渗漉处理，获得渗漉提取液和渗漉提取残渣；向渗漉提取残渣中加入2～3倍质量的乙醇水溶液，浸泡8～10h，超声波处理50～60min，获得超声波提取液和超声波提取残渣；将超声波提取液与渗漉提取液合并，减压蒸发浓缩为原体积的12%～15%，即得积雪草提取液。

所述沙棘提取液由以下方法制得：取沙棘，洗净后，烘干，研末，加入2～3倍质量的食醋，浸泡24～30h，小火蒸干；然后加入8～10倍质量的乙醇水溶液，浸泡2～3h，加热回流提取1～2h，获得回流提取液和回流提取残渣；向回流提取残渣中加入4～6倍质量的乙醇水溶液，浸泡2～3h，超声波处理40～50min，获得超声波提取液和超声波提取残渣；将超声波提取液与回流提取液合并，减压蒸发浓缩为原体积的20%～25%，即得沙棘提取液。

所述乙醇水溶液的浓度为40%～50%。

**产品应用** 本品主要用于美白皮肤，淡化色斑。

**产品特性** 本品能够减少皮肤色素沉积，美白皮肤、淡化色斑效果显著，使用方便。

## 配方16 美白祛斑面膜

**原料配比**

| 原料 | | 配比(质量份) | | | | |
|---|---|---|---|---|---|---|
| | | 1# | 2# | 3# | 4# | 5# |
| 龙脷叶提取物 | | 2 | 1 | 1.5 | 2.5 | 3 |
| 乳化剂 | PEG-40 氢化蓖麻油 | 1 | 0.3 | 1 | 2 | 2 |
| | 鲸蜡硬脂醇橄榄油酸酯 | 1 | 0.4 | 0.5 | 1 | 1 |
| | 山梨坦橄榄油酸酯 | 1 | 0.3 | 0.5 | 1 | 2 |
| 柔润剂 | 橄榄油 PEG-8 酯类 | 2 | 0.5 | 2 | 3 | 3 |
| | 鲸蜡醇乙基己酸酯 | 2 | 1 | 1 | 3 | 3 |
| | 棕榈酸乙基己酯 | 2 | 0.5 | 1 | 2 | 4 |
| 保湿剂 | 甘油 | 3 | 2 | 3 | 4 | 9 |
| | 丙二醇 | 3 | 2 | 2 | 8 | 5 |
| | 丁二醇 | 7 | 3 | 5 | 4 | 5.5 |
| | 甜菜碱 | 3.9 | 2.9 | 3.9 | 4.9 | 5.4 |
| | 透明质酸钠 | 0.1 | 0.1 | 0.1 | 0.1 | 0.1 |
| 增稠剂 | 卡波姆 | 0.5 | 0.25 | 0.25 | 1 | 1 |
| | 黄原胶 | 0.5 | 0.25 | 0.5 | 0.25 | 0.5 |
| 抗敏剂 | 甘草酸二钾 | 0.5 | 0.1 | 0.3 | 0.8 | 1 |
| 防腐剂 | 山梨酸钾 | 0.02 | 0.01 | 0.01 | 0.04 | 0.05 |
| | 苯甲酸钠 | 0.03 | 0 | 0.02 | 0.04 | 0.05 |
| 去离子水 | | 70.45 | 85.39 | 77.42 | 62.37 | 54.4 |

**制备方法**

(1) 将乳化剂、柔润剂、保湿剂、增稠剂、抗敏剂、去离子水混合加入搅拌锅中，加热至75～80℃，搅拌溶解完全；

(2) 降温至45～55℃，加入龙脷叶提取物、防腐剂，搅拌溶解均匀后，冷却出料。

**原料介绍** 所述龙脷叶提取物的制备方法为：将龙脷叶干燥粉碎，过20～40目筛，按料液比1∶(10～20) 加入70%～95%乙醇，于70～90℃下回流提取2次，每次1～2h，过滤、合并滤液，将滤液旋转蒸发除去乙醇，得到龙脷叶提取物。

**产品应用** 本品是一种美白祛斑面膜。

**产品特性** 本产品具有很好的美白、保湿和祛斑效果。

# 配方 17　美白祛斑中草药面膜

**〈原料配比〉**

| 原料 | | 配比(质量份) | | | | | |
|---|---|---|---|---|---|---|---|
| | | 1# | 2# | 3# | 4# | 5# | 6# |
| 中草药提取液 | | 35 | 7 | 60 | 80 | 35 | 35 |
| 乳化剂 | | 10 | 8 | 5 | 19 | 10 | 10 |
| 保湿剂 | | 10 | 35 | 10 | — | 10 | 10 |
| 滋补剂 | | 7 | 20 | 10 | — | 7 | 7 |
| 增稠剂 | | 0.5 | 2 | 5 | — | 0.5 | 0.5 |
| 珠光剂 | 珍珠粉 | 5 | 3 | 1 | — | 5 | 5 |
| 成膜物质 | 固含量为40%的丙烯酸乳液 | 2 | 8 | 2 | 1 | 2 | 2 |
| 香精 | | 0.5 | 2 | — | — | 0.5 | 0.5 |
| 水 | | 30 | 15 | 7 | — | 30 | 30 |
| 中草药提取液 | 新鲜白及块茎 | 10 | 6 | 10 | 10 | 10 | 10 |
| | 白术根茎 | 7 | 9 | 7 | 7 | 7 | 7 |
| | 白芷根茎 | 6 | 10 | 6 | 6 | 6 | 6 |
| | 白茯苓根茎 | 12 | 7 | 12 | 12 | 12 | 12 |
| | 白蔹根茎 | 6 | 9 | 6 | 6 | 6 | 6 |
| | 白豆蔻 | 7 | 10 | 15 | 18 | 7 | 15 |
| 中草药提取液 | 白附子块茎 | 7 | 8 | 7 | 7 | 7 | 7 |
| | 积雪草 | 4 | 5 | 4 | 4 | 4 | 4 |
| 乳化剂 | 甘油脂肪酸酯 | 3 | 3 | 3 | 3 | 3 | |
| | 月桂酸单甘油酯 | 2 | 2 | 2 | 2 | 2 | 1 |
| | 硬脂酰乳酸钠 | 1 | 1 | 1 | 1 | 1 | 1 |
| 保湿剂 | 甘油 | 2 | 2 | 2 | 2 | 2 | 10 |
| | 果糖 | 1 | 1 | 1 | 1 | 1 | — |
| 滋补剂 | 蜂蜜 | 1 | 1 | 1 | 1 | 1 | — |
| | 超氧化物歧化酶 | 3 | 3 | 3 | 3 | 3 | 3 |
| | 维生素 A | 1 | 1 | 1 | 1 | 1 | 1 |
| | 维生素 E | 1 | 1 | 1 | 1 | 1 | 1 |
| 增稠剂 | 海藻酸钠 | 1 | 1 | 1 | 1 | 1 | 1 |
| | 氯化钠 | 2 | 2 | 2 | 2 | 2 | 2 |

**〈制备方法〉** 将中草药提取液、乳化剂、保湿剂、滋补剂、增稠剂、珠光剂、成膜物质、香精和水加入到均质机中，在温度为50～80℃、压力为2～45MPa条件下至少均质一次，得到美白祛斑面膜。

**〈原料介绍〉** 所述乳化剂是甘油脂肪酸酯、月桂酸单甘油酯、丙二醇脂肪酸酯、山梨醇酐单棕榈酸酯、硬脂酰乳酸钠、双乙酰酒石酸单甘油酯、壬基酚聚氧乙烯醚、油酸聚氧乙烯酯、硬脂酸聚氧乙烯酯、失水山梨醇脂肪酸酯、二聚甘油、二异辛基丁二酸酯磺酸钠和脂肪酸聚氧乙烯酯中的一种或者任意比例的两种以上；

所述保湿剂是甘油、果糖、丙二醇、山梨醇、聚谷氨酸、烟酰胺、聚乙二醇和木糖醇中的一种或者任意比例的两种以上；

所述滋补剂是蜂蜜、水杨酸钠、超氧化物歧化酶、维生素 A、β-葡聚糖、维生素 E、赖氨酸钠中的一种或者任意比例的两种以上；

所述增稠剂是氯化钠、羧甲基纤维素钠、明胶、海藻酸钠和干酪素中的一种或者任意比例的两种以上；

所述珠光剂是珍珠粉、硬脂酸乙二醇双酯、乙二醇双硬脂酸和云母粉中的一种或者任意比例的两种以上；

所述成膜物质是聚乙烯醇溶液、海藻酸钠、聚丙烯酰胺、丙烯酸乳液和乙酸乙烯乳液中的一种或者任意比例的两种以上。

所述中草药提取液的制备方法：

① 配制中草药组合物：按照质量份数称取新鲜白及 5～20 份、白术 5～20 份、白芷 5～20 份、白茯苓 5～20 份、白蔹 5～20 份、白豆蔻 5～20 份、白附子 5～20 份和积雪草 2～10 份，得到中草药组合物；

② 制备产品 A：将中草药组合物加入榨汁机中榨汁，所得汁液即为产品 A；

③ 制备产品 B：将榨完汁的残渣加入搅拌釜中，并加入溶剂，残渣和溶剂的质量比为 1∶(2～15)，在温度为 60～100℃、压力为 0～5MPa 条件下，搅拌煎煮 20～120min，得到产品 B；

④ 制备产品 C：合并产品 A 和 B，灭菌，得到产品 C；

⑤ 制备中草药提取液：将产品 C 加入均质机中，在温度为 50～80℃条件下，至少均质一次，均质后所得悬浮液即为悬浮中草药提取液，也对产品 C 进行过滤，所得滤液即为中草药提取液。

所述溶剂是水、乙醇、山梨醇、斯盘-80 和丙三醇中的一种或任意比例的两种以上。

**产品应用** 本品主要用于美白、防晒、祛斑、保湿和滋养肌肤。

**产品特性**

(1) 本产品采用压榨和水煮两种方式结合提取，不加任何化学成分，最大限度地保证提取物的天然性。

(2) 本产品采用均质机对提取物进行均质，使悬浮液稳定，不会发生沉淀。

(3) 本产品采用八种中草药复配，美白祛斑效果突出。

(4) 本产品中的积雪草可刺激深层皮肤细胞的更替，美白祛斑效果特别好。

## 配方 18 美白祛斑面膜膏

**原料配比**

| 原料 | 配比(质量份) |
|---|---|
| 人参 | 180 |
| 金银花 | 50 |
| 益母草 | 60 |
| 黄芪 | 40 |
| 炙甘草 | 60 |

续表

| 原料 | 配比(质量份) |
| --- | --- |
| 鲜牛奶 | 80 |
| 芦荟提取物 | 130 |
| 海藻酸钠 | 30 |
| 鲜黄瓜提取液 | 70 |
| 洋甘菊提取液 | 60 |
| 蜂蜜 | 90 |
| 珍珠粉 | 100 |
| 鸡蛋清 | 50 |

**《制备方法》**

(1) 按照配方量称取各原料。

(2) 步骤 (1) 得到的人参、金银花、益母草、黄芪、炙甘草晾干、剪碎，再用红外线消毒杀菌，得到杀菌后的原料。

(3) 将步骤 (2) 得到的杀菌后的原料在水中浸泡 12h，再进行熬煮，熬煮后去渣留液，得到熬煮药液；熬煮的过程为：先用 150～180℃火熬煮 5h，再用 100～120℃火熬煮 4h。

(4) 将步骤 (3) 得到的熬煮药液在锅中炖煮去水，再收膏，得到药膏。

(5) 将步骤 (4) 得到的药膏自然冷却至室温，然后依次加入芦荟提取物、鲜黄瓜提取液、洋甘菊提取液、珍珠粉、鸡蛋清，搅拌得混合膏。

(6) 将步骤 (5) 得到的混合膏中依次加入鲜牛奶、蜂蜜、海藻酸钠，搅拌后杀菌，即可得美白祛斑面膜膏。

**《原料介绍》** 所述鲜黄瓜提取液的提取工艺为：取新鲜黄瓜，洗净，切块，用榨汁机破碎，将破碎后的浆液过滤，所得滤液即为黄瓜提取液。

所述洋甘菊提取液的提取工艺为：将洋甘菊清洗干净，用榨汁机破碎，然后使用浓度为 45%～50%的乙醇水溶液浸泡 40min；将浸泡后的洋甘菊液放入离心机，在 1000～1500r/min 下离心 20min，得到离心液；将上述离心液在 1.0MPa、80℃下蒸馏，除去溜出物，收集剩余的液体，得到一次提取液；将提取液用 300 目的筛网过滤，将滤液加入 65%～70%的乙醇溶液中混合均匀，然后在 1.0MPa、100℃下蒸馏，去除溜出物，得到剩余物即为洋甘菊提取液。

所述芦荟提取物的提取工艺为：挑取表面无病害、无斑点的芦荟，清洗绞碎后，加乙醇使含醇量的体积分数达 60%，搅拌，静置 36h；过滤，滤液浓缩、萃取，得萃取物；将萃取物继续浓缩，得芦荟提取物。

**《产品应用》** 本品主要用于治疗黑斑、黄褐斑、双颊斑等症状，效果显著。

**《产品特性》** 本产品可有效祛除脸上斑痕，同时可使皮肤细嫩白皙；本产品原料易得，制备方法简单，使用方便，且无毒无副作用，性能温和，对皮肤无刺激性。

# 配方 19　美白去皱胶原蛋白凝胶面膜

**原料配比**

| 原料 | | 配比(质量份) | |
|---|---|---|---|
| | | 1# | 2# |
| 人参花纯露 | | 13 | 12 |
| 黄瓜汁 | | 4 | 4 |
| 中药提取液 | | 8 | 9 |
| 芦荟油 | | 2 | 2 |
| 小麦胚芽油 | | 2 | 2 |
| 玫瑰精油 | | 0.3 | 0.5 |
| 胶原蛋白酶 | | 0.8 | 0.8 |
| 卡波姆 940 | | 4 | 5 |
| γ-聚谷氨酸 | | 3 | 3 |
| 卡拉胶 | | 0.7 | 0.6 |
| 聚乙烯醇 | | 8 | 8 |
| 去离子水 | | 160 | 160 |
| 中药提取液 | 银杏叶 | 8 | 6 |
| | 雪莲花 | 24 | 22 |
| | 黑枸杞 | 18 | 18 |
| | 白芷 | 10 | 10 |
| | 白茯苓 | 13 | 12 |
| | 白及 | 5 | 5 |
| | 银耳 | 10 | 10 |
| | 甘草 | 12 | 13 |

**制备方法**

(1) 中药提取液的制备：将银杏叶、雪莲花、黑枸杞、白芷、白茯苓、白及、银耳、甘草 8 味原料药清洗干净并切碎，加入上述原料药总质量的 25～30 倍的水，浸泡 3～5h，加热至 90～100℃，煎煮 1.5～2.5h，用 4 层纱布过滤得药液，加热浓缩至总原料药质量的 3～5 倍，用双层纱布过滤，待用。

(2) 人参花纯露的制备：称取人参花干花适量，清水洗净，放入容器中，并加入 2～4 倍的水，浸泡 23～25h，然后将人参花捞出，用纱布包好，放入蒸片里，将浸泡后的水倒入纯露机底锅中，开始水上蒸汽加热常压蒸馏，收集蒸馏液，待收集的蒸馏液达到加入水质量的 75%～85%时，停止蒸馏，得人参花纯露；其中，加热温度为 100～110℃。

(3) 黄瓜汁的制备：选取新鲜的黄瓜，清洗晾干后去除表皮，切成 1～2cm 的小块，放入打浆机后，加入 1.5～2.5 倍于其质量的去离子水打浆，然后将浆液过 80～100目筛过滤，得黄瓜汁，待用。

(4) 将卡波姆 940、卡拉胶溶于去离子水中，升温至 60～70℃，搅拌 2～4h 后加入乳酸钠，调节 pH 值至 6～7，然后加入芦荟油、小麦胚芽油、γ-聚谷氨酸和聚

乙烯醇，搅拌混合均匀，形成凝胶基质1。

(5) 向步骤 (4) 所得的凝胶基质1中加入步骤 (1) 所得的中药提取液、步骤 (2)所得的人参花纯露、步骤 (3) 所得的黄瓜汁，搅拌混合均匀，得凝胶基质2。

(6) 向步骤 (5) 所得的凝胶基质2中加入玫瑰精油和胶原蛋白酶，搅拌混合均匀，冷却至室温，即得美白去皱胶原蛋白凝胶面膜。

**《产品应用》** 本品是一种美白去皱胶原蛋白凝胶面膜。

**《产品特性》** 本产品原料中的中药提取液具有美白去皱、保湿抗衰老等功效；人参花纯露可有效保湿、养颜、美白、抗老；黄瓜汁中的黄瓜酶是一种有很强生物活性的生物酶，能有效促进机体的新陈代谢，增强皮肤的氧化还原作用，有令人惊异的润肤美容去皱效果；芦荟油和小麦胚芽油富含多种营养精华，具有无法替代的保健和美容作用。将中药提取液和各种天然植物精华搭配，各成分相辅相成，有良好的美白去皱等功效，且外观柔软滑润，使用舒适；同时原材料安全易得，制备方法简单，易于被消费者接受。

## 配方 20 蒙旦蜡树脂美白面膜

**《原料配比》**

| 原料 | | 配比(质量份) | | |
|---|---|---|---|---|
| | | 1# | 2# | 3# |
| 蒙旦蜡树脂膏体物 | | 70 | 60 | 50 |
| 甘醇酸 | | 1.2 | 1.7 | 2.3 |
| 抗坏血酸磷酸酯镁 | | 0.5 | 1 | 1.5 |
| 透明质酸 | | 0.6 | 0.2 | 0.4 |
| 油醇聚氧乙烯醚 | | 1 | 1.7 | 2.5 |
| 羟苯乙酯 | | 0.1 | 0.03 | 0.07 |
| 精氨酸 | | 0.5 | 0.6 | 0.7 |
| 卡波姆 | | 0.3 | 0.4 | 0.5 |
| 去离子水 | | 加至100 | 加至100 | 加至100 |
| 蒙旦蜡树脂膏体物 | 蒙旦蜡树脂 | 10 | 10 | 10 |
| | 无水乙醇 | 80 | 120 | 150 |
| | 乙氧基化甲基葡萄糖苷硬脂酸酯 | 1 | 1 | 1 |
| | 乙醇 | 7 | 10 | 5 |
| | 甘油 | 3 | 4 | 1 |
| | 28%的过氧化氢溶液 | 16 | 10 | 11 |
| | 聚乙二醇 | 1 | 1.5 | 2 |
| | 石榴精油 | 1 | 2 | 3 |

**《制备方法》**

(1) 准确称量蒙旦蜡树脂，加入树脂8～15倍质量的无水乙醇，加热萃取，直至溶液呈无色，挥发提取液中的乙醇，真空干燥后得到蒙旦蜡树脂精制品。

(2) 将上述蒙旦蜡树脂精制品置于反应釜内，加入树脂助溶剂，在70～80℃的条件下机械搅拌，搅拌转速为30～50r/min，搅拌20～30min后，向反应釜中加入树脂降解剂，搅拌转速调整为70～90r/min，在相同温度条件下搅拌反应2～3h，然后加入聚乙二醇和石榴精油，在50～60℃的条件下继续搅拌10～20min，得到树脂膏体物。

(3) 将甘醇酸、抗坏血酸磷酸酯镁、透明质酸、油醇聚氧乙烯醚、羟苯乙酯、精氨酸、卡波姆依次加入50～60℃的去离子水中，然后将该液体在等温条件下加入步骤 (2) 制备的树脂膏体物中，室温下均质5～10min，得到棕色细腻膏体，即为蒙旦蜡树脂美白面膜。

**产品应用** 本品是一种蒙旦蜡树脂美白面膜。

**产品特性**

(1) 本产品美白效果显著、迅速，使用两个月后肌肤就可变得白皙、细腻、柔滑，散发出自然净透的光彩，而且产品无毒副作用，也不会引起皮肤过敏。本产品制备工艺过程可控，产品质量稳定，适于规模化生产。

(2) 本产品的活性成分为安全高效的天然提取物，可以在不破坏皮肤黑色素正常新陈代谢的情况下，通过加速黑色素代谢过程，同时加速角质层脱落，避免因黑色素过度沉积而形成色斑，使皮肤真正达到从内而外的白皙，美白方式及效果更加健康、可靠、持久。

## 配方21 缬草美白面膜

**原料配比**

| 原料 | 配比(质量份) | | | | | | |
|---|---|---|---|---|---|---|---|
| | 1# | 2# | 3# | 4# | 5# | 6# | 7# |
| 缬草提取物 | 20 | 15 | 10 | 8 | 5 | 2 | 1 |
| 七叶皂苷 | 1 | 1 | 1 | 1 | 1 | 1 | 1 |
| 维生素E磷酸酯镁 | 15 | 15 | 15 | 15 | 15 | 15 | 15 |
| 聚甘油-3双异硬脂酸酯 | 28 | 28 | 28 | 28 | 28 | 28 | 28 |
| 甘醇酸 | 24 | 24 | 24 | 24 | 24 | 24 | 24 |
| 亚麻油 | 30 | 30 | 30 | 30 | 30 | 30 | 30 |
| 透明质酸 | 40 | 40 | 40 | 40 | 40 | 40 | 40 |

**制备方法** 将缬草提取物与七叶皂苷混合，依次加入维生素E磷酸酯镁、聚甘油-3双异硬脂酸酯、甘醇酸、亚麻油，加热搅拌溶解，将其降温至约30～50℃，加入透明质酸，使其溶解，得到油相，将水相加热到约90℃，搅拌加入油相，匀浆，进行乳化搅拌，冷却降温，成膏即得。

**原料介绍** 所述的缬草提取物的制作工艺为：

(1) 将真空干燥后的缬草在粉碎机中粉碎，得到缬草粉末，将缬草粉末置于超临界萃取的萃取釜中。

(2) 使用超临界 $CO_2$ 作为溶剂，浓度为65%的乙醇作夹带剂。

（3）调节萃取釜，将萃取压力控制在 25～30MPa，温度控制在 45℃，$CO_2$ 流量控制在 9L/h，萃取时间控制在 2h，得缬草提取物。

**〈产品应用〉** 本品是一种缬草美白面膜。

**〈产品特性〉** 本产品以缬草提取物为主要原料，加入七叶皂苷以及一些基质，价格低廉。缬草提取物与少量的七叶皂苷混合，具有很好的协同美白效果，特别是缬草提取物与七叶皂苷的质量比在（15∶1）～(20∶1）时美白效果大幅度提高。

## 配方 22 以蜂蜜粉为基料的美白抗敏面膜粉

**〈原料配比〉**

| 原料 | 配比(质量份) | | |
|---|---|---|---|
| | 1# | 2# | 3# |
| 蜂蜜粉 | 80 | 100 | 90 |
| 小分子水解配方奶粉 | 60 | 80 | 70 |
| 珍珠粉 | 40 | 50 | 45 |
| 番茄干粉 | 25 | 35 | 30 |
| 猕猴桃粉 | 4 | 9 | 7 |
| 从核桃中提取的天然褪黑素粉 | 2 | 7 | 5 |
| 姜粉 | 47 | 60 | 54 |
| 人参粉 | 25 | 36 | 31 |
| 枳实粉 | 25 | 36 | 31 |
| 椿白皮粉 | 12 | 20 | 16 |
| 月桂叶粉 | 3 | 12 | 6 |
| 赤芍粉 | 7 | 9 | 8 |
| 海藻粉 | 20 | 30 | 26 |
| 芦荟粉 | 20 | 30 | 26 |
| 魔芋粉 | 10 | 20 | 15 |
| 淀粉 | 10 | 20 | 15 |

**〈制备方法〉**

（1）按配比将蜂蜜粉、小分子水解配方奶粉与三分之一质量份的魔芋粉、三分之一质量份的淀粉在干燥环境下混合搅拌 15～20min 后，置于超微粉碎设备中，在温度为 5～12℃、1～1.2MPa 的高压气流带动下通过碰撞、摩擦进行粉碎，制备成 800～1000 目的 A 组混合粉；

（2）按配比将珍珠粉、番茄干粉、猕猴桃粉、天然褪黑素粉与三分之一质量份的魔芋粉、三分之一质量份的淀粉在干燥环境下混合搅拌 15～20min 后，置于超微粉碎设备中，在温度为 4～9℃、1～1.2MPa 的高压气流带动下通过碰撞、摩擦进行粉碎，制备成 800～1000 目的 B 组混合粉；

（3）按配比将姜粉、人参粉、枳实粉、椿白皮粉、月桂叶粉、赤芍粉与三分之一质量份的魔芋粉、三分之一质量份的淀粉在干燥环境下混合搅拌 15～20min 后，置于超微粉碎设备中，在温度为 4～9℃、1～1.2MPa 的高压气流带动下通过碰撞、摩擦进行粉碎，制备成800～1000目的C组混合粉；

(4) 将步骤 (1)、(2)、(3) 制得的A组混合粉、B组混合粉、C组混合粉置于玛瑙振动型球磨机中，制成大于7000目的混合面膜粉；

(5) 将步骤 (4) 制得的混合面膜粉与配方量的海藻粉、芦荟粉在干燥环境下混合搅拌15～20min后，置于振荡设备中进行预防结块的松粉处理；

(6) 将松粉处理后的面膜粉置于分装设备，并用铝箔复合包装，进行抽真空分装以贮存。

**《产品应用》** 本品主要用于过敏体质和孕妇人群，具有美白、润肤、抗敏、消炎等多重功效。

**《产品特性》** 本产品以蜂蜜粉为主要基料，制成的固态面膜粉较其他以天然液态蜂蜜为主要成分的敷贴式面膜，具有易于贮存、省去化学防腐添加的显著优势；与此同时，较采用蜂花粉为主要基料的固态粉状面膜，又具有适用于花粉过敏体质人群使用的特质，且面膜粉各成分均为天然生物粉末状制剂，孕妇及过敏体质者均适用，受众面更广，更为安全。

## 配方 23 核桃美白保湿面膜霜

**《原料配比》**

| 原料 | 配比(质量份) | | | | | |
|---|---|---|---|---|---|---|
| | 1# | 2# | 3# | 4# | 5# | 6# |
| 核桃仁 | 0.5 | 1 | 1.5 | 0.5 | 1 | 1.5 |
| 甘油 | 0.5 | 2 | 1.5 | 0.5 | 2 | 1.5 |
| 果蔬酵素液 | 0.2 | 0.5 | 0.8 | 0.2 | 0.5 | 0.8 |
| 珍珠粉 | 1.5 | 2 | 2.5 | 1.5 | 2 | 2.5 |
| 余甘子汁 | 1.5 | 2 | 2.5 | 1.5 | 2 | 2.5 |
| 黄瓜汁 | 1.5 | 2 | 2.5 | 1.5 | 2 | 2.5 |
| 黄原胶 | — | — | — | 0.03 | 0.04 | 0.05 |

**《制备方法》**

(1) 将核桃仁研磨成糊状，将核桃糊与果蔬酵素液按质量比1∶0.5混合后搅拌5min，得到混合物Ⅰ；

(2) 将步骤 (1) 的混合物Ⅰ在15～20℃下酶解10～12h后，在70～90℃下灭菌灭酶5min；

(3) 将步骤 (2) 中的混合物Ⅰ与和核桃仁等量的甘油搅拌混合5min，过滤后取滤液；

(4) 制取余甘子汁：将余甘子果放入沸水中，煮1～2min，去果核后榨汁，过滤后取余甘子汁；

(5) 将珍珠粉和黄原胶按质量份称取后混合，手动搅拌8min，得到混合物Ⅱ；

(6) 将步骤 (3) 中的滤液、步骤 (4) 中的余甘子汁、步骤 (5) 中的混合物Ⅱ

按质量份称取后，加入黄瓜汁，快速搅拌 5min 后，在 4～6℃下静置 24h，制得成品核桃美白保湿面膜霜。

**〈产品应用〉** 本品是一种核桃美白保湿面膜霜。

**〈产品特性〉**

（1）本品将核桃糊与果蔬酵素液混合常温酶解，有效提取核桃中的有效美白保湿护肤成分；余甘子汁中含有大量维生素和氨基酸成分，能促进脸部皮肤收敛，具有抗氧化、防衰老的作用；黄瓜汁中含有大量水分，可补充皮肤水分，使皮肤更富弹性。

（2）本品配方合理，工艺科学，过程中不使用添加剂，有效地将核桃中的护肤成分提取，真正做到绿色环保。

（3）本品采用植物成分，绿色安全，适用于各类皮肤。

# 参 考 文 献

中国专利公告
CN—201810085215.6
CN—201810084661.5
CN—201410049285.8
CN—201310340616.9
CN—201610745265.3
CN—201210283417.4
CN—201510896405.2
CN—201710129070.0
CN—201710612579.0
CN—201710536909.2
CN—201711277270.7
CN—201610912353.8
CN—201711300916.9
CN—201711155783.0
CN—201611128313.0
CN—201710001285.4
CN—201510860371.1
CN—201210477216.8
CN—201610168829.1
CN—201710194164.6
CN—201611061374.X
CN—201710285378.4
CN—201310353544.1
CN—201711299194.X
CN—201610477186.9
CN—201710478750.3
CN—201410049292.8
CN—201310488024.1
CN—201410049231.1
CN—201711364547.X
CN—201710094384.1
CN—201711366173.5
CN—201710148746.0
CN—201710680592.X
CN—201711364513.0
CN—201711272441.7
CN—201711062459.4
CN—201710803914.5
CN—201711366171.6
CN—201711440875.3
CN—201711383144.X
CN—201710547307.7
CN—201410009075.6
CN—201410099026.6
CN—201610555240.7
CN—201610714881.2
CN—201610772038.X
CN—201510461215.8
CN—201710350142.4
CN—201711446902.8
CN—201710624665.3
CN—201410698903.1
CN—201510636097.X
CN—201810153457.4
CN—201610350957.8
CN—201410621727.1
CN—201511010772.4
CN—201210554473.7
CN—201711062423.6
CN—201711411239.8
CN—201710386358.6
CN—201610029026.8
CN—201610809568.7
CN—201710512758.7
CN—201410049232.6
CN—201110035887.4
CN—201510801672.7
CN—201410049235.X
CN—201410049229.4
CN—201711500836.8
CN—201711370990.8
CN—201610695764.6
CN—201710114805.2
CN—201710512761.9
CN—201710512757.2
CN—201710713947.0
CN—201710629199.8
CN—201710416514.9
CN—201710416547.3
CN—201711298204.8
CN—201710385697.2
CN—201710240259.7
CN—201710416525.7
CN—201710818856.3
CN—201710761683.6
CN—201710761652.0
CN—201710564568.X
CN—201711055916.7
CN—201711272572.5
CN—201710418759.5
CN—201711065697.0
CN—201711056099.7
CN—201710761780.5
CN—201711374411.7
CN—201710761588.6
CN—201711055471.2
CN—201711062742.7
CN—201711334349.9
CN—201711264076.5
CN—201711055724.6
CN—201711053446.0
CN—201710119938.9
CN—201711097848.0
CN—201710740944.6
CN—201710368528.8
CN—201710416518.7
CN—201711278860.1
CN—201710603099.8
CN—201711026838.8
CN—201711378588.4
CN—201710336171.5
CN—201810082026.3
CN—201710362149.8
CN—201710512745.X
CN—201711313513.8
CN—201711062509.9
CN—201710846458.2
CN—201710512762.3
CN—201710361019.2
CN—201710465988.2

CN—201710398901.4
CN—201710289412.5
CN—201710634253.8
CN—201710097982.4
CN—201710862673.1
CN—201710862674.6
CN—201710875539.5
CN—201710527485.3
CN—201710512750.0
CN—201710386506.4
CN—201710416552.4
CN—201710399727.5
CN—201711126130.X
CN—201711404833.4
CN—201710424002.7
CN—201710425317.3
CN—201710416553.9
CN—201710313387.X
CN—201711032676.9
CN—201710113044.9
CN—201710114804.8
CN—201710530342.8
CN—201710245788.6
CN—201710881517.X
CN—201810083848.3
CN—201711439383.2
CN—201711272574.4
CN—201810022306.5
CN—201711258207.9
CN—201711257702.8
CN—201810223643.0
CN—201711492915.9
CN—201710115744.1
CN—201711375910.8
CN—201810131776.5
CN—201711378614.3
CN—201711004897.5
CN—201711255952.8
CN—201710115630.7
CN—201711484751.5
CN—201710243167.4
CN—201711498272.9
CN—201710637516.0
CN—201711377414.6
CN—201711295314.9
CN—201711433906.2
CN—201711257703.2
CN—201711265151.X
CN—201810024063.9
CN—201810173095.5
CN—201711439770.6
CN—201711297075.0
CN—201711377421.6
CN—201711442110.3
CN—201711257704.7
CN—201711258169.7
CN—201710572303.4
CN—201710547053.9
CN—201810102588.X
CN—201710485825.0
CN—201810223642.6
CN—201711390744.9
CN—201710824033.1
CN—201711247801.8
CN—201710375990.0
CN—201710630130.7
CN—201711397062.0
CN—201710422115.3
CN—201710998148.2
CN—201711259893.1
CN—201710544460.4
CN—201810015844.1